高等职业教育系列教材
大数据系列

大数据采集与爬虫

主　编　李俊翰　付　雯
副主编　王正霞　胡心雷
参　编　卢建云

机 械 工 业 出 版 社

本书主要讲解了如何使用 Python 编写网络爬虫程序，内容包括 Python 环境搭建、Python 的基础语法、爬虫基础知识、网络基础知识、常用爬虫库和解析库、数据持久化存储、Web API 和异步数据抓取技术、Selenium 和 ChromeDriver 的用法，以及 Scrapy 爬虫框架的基本原理和操作。最后介绍了一个网络爬虫的综合案例，以巩固前面所学的知识。

本书适合作为高等职业院校大数据技术与应用专业的教材，也适合有一定 Python 编程经验并且对爬虫技术感兴趣的读者阅读。

本书配有微课视频、电子课件和习题答案，需要的教师可登录 www. cmpedu. com 进行免费注册，审核通过后可下载，或联系编辑索取（微信：jsj15910938545，QQ：1239258369，电话：010-88379739）。

图书在版编目(CIP)数据

大数据采集与爬虫/李俊翰,付雯主编．—北京:机械工业出版社,2020. 5
(2023. 1 重印)
高等职业教育系列教材
ISBN 978-7-111-65126-0

Ⅰ. ①大… Ⅱ. ①李… ②付… Ⅲ. ①数据采集-高等职业学校-教材
Ⅳ. ①TP274

中国版本图书馆 CIP 数据核字(2020)第 049549 号

机械工业出版社(北京市百万庄大街 22 号 邮政编码 100037)
策划编辑：王海霞　　责任编辑：王海霞　鹿　征
责任校对：张艳霞　　责任印制：李　昂

北京中科印刷有限公司印刷

2023 年 1 月第 1 版 · 第 6 次印刷
184mm×260mm · 13. 5 印张 · 332 千字
标准书号：ISBN 978-7-111-65126-0
定价：45. 00 元

电话服务
客服电话：010-88361066
010-88379833
010-68326294

网络服务
机　工　官　网：www. cmpbook. com
机　工　官　博：weibo. com/cmp1952
金　　书　　网：www. golden-book. com
机工教育服务网：www. cmpedu. com

前 言

为什么写这本书

在这个数据爆炸的时代，不论是提供底层基础架构的云计算，还是实现各种人工智能的应用，都离不开其核心的源泉——数据。由于网络中的数据太多、太宽泛，人们需要通过特殊的技术和方法实现在海量的数据中搜集到真正有价值的数据，从而为下一步的数据清洗、分析和可视化等技术提供数据支撑。因此，网络爬虫应运而生。

本书从基础的 Python 环境搭建、Python 基础语法、网络基础知识入手，结合实例，由浅入深地讲解了常用爬虫库和解析库、数据持久化存储、Web API 和异步数据抓取技术、Selenium 和 Chrome Driver 操作、Scrapy 爬虫框架的基本原理和操作。本书提供了爬虫案例和源代码，以便读者能够更加直观和快速地学会爬虫的编写技巧。

希望本书对大数据从业人员或者网络爬虫爱好者具有一定的参考价值，通过对本书的学习能够更好地解决工作和学习过程中遇到的问题，少走弯路。

本书的读者对象

- 高等职业院校大数据技术与应用专业的学生。
- Python 网络爬虫初学者。
- 网络爬虫工程师。
- 大数据及数据挖掘工程师。
- 其他对 Python 或网络爬虫感兴趣的人员。

本书内容介绍

本书分为两大部分：理论知识（任务 1~8）和综合案例（任务 9）。

任务 1：讲解了 Python 环境搭建和 Python 基础语法，让读者能够了解 Python 的基础知识。

任务 2：通过抓取百度官方网站页面，阐述了爬虫的基本概念、工作过程，以及 Web 前端和网络基础知识，让读者能够更好地理解网络爬虫。

任务 3：通过实现学生就业信息数据读/写和数据持久化，阐述了 MySQL 的基本知识和安装过程，并使用 PyMySQL 库在 Python 环境中实现了对 CSV 和 JSON 格式数据的读/写操作。

任务 4：通过使用 Web API 采集 GitHub API 的项目数据，阐述了 GitHub 的使用方法和 GitHub API 项目数据的抓取方法。

任务 5：通过使用 AJAX 采集汽车之家网站的数据，阐述了 AJAX 的基本原理和特点、静态数据和动态数据的区别，以及结合浏览器页面分析工具用 AJAX 提取数据的方法。

任务 6：阐述了使用 tesserocr 库、Selenium 和 ChromeDriver 解析当前主流验证码的方法。

任务 7：介绍了计算机网络中 GET 和 POST 请求的基本内容和区别，并阐述了使用 Cookie、Selenium 和 ChromeDriver 实现对网站进行模拟登录的方法。

任务 8：介绍了 Scrapy 爬虫框架的基本内容和工作原理，并阐述了使用 Scrapy 实现对网站数据进行采集的方法。

任务9：综合运用前面学习的知识，实现一个网络爬虫的综合案例。

勘误和支持

由于编者水平有限，书中难免存在一些疏误之处，恳请各位读者不吝指正。

致谢

感谢机械工业出版社编辑人员对编者工作的理解、帮助和支持。

感谢重庆电子工程职业学院的付雯老师、王正霞老师、胡心雷老师的共同参与和辛勤付出。

感谢为本书做出贡献的每一个人。

谨以此书献给热爱 Python 爬虫技术的朋友们！

重庆电子工程职业学院　李俊翰

目　　录

任务1 Python环境搭建

学习目标

- 了解Python的基础知识。
  - 了解Python编程环境的搭建。
  - 掌握Python在各个操作系统中的安装步骤。
  - 掌握集成开发环境PyCharm的安装。
  - 掌握Python的基础语法。
  - 掌握通过PyCharm实现一些简单的实例。

Python
环境搭建

1.1 任务描述

Python作为一种能够跨平台的编程语言，在不同的操作系统中有不同的安装方式。只有安装并配置好了有效的开发环境，大家才能够事半功倍地开展进一步的学习。本任务是在不同操作系统中搭建Python的编程环境，并安装Python的集成开发环境PyCharm；学习Python的数据类型以及语句和函数；通过PyCharm实现一个Python小程序——Welcome to Python!

1.2 Python概述

Python是一种编程效率非常高效的计算机语言。它使用代码量相对较少，代码更容易理解、阅读、调试和扩展。Python可以应用于多个业务领域：Web程序设计、数据库接入、桌面GUI、软件游戏编程、数据科学计算、数据采集、清洗和分析等。

无论是第一次编程还是对其他计算机语言有经验，Python都很容易上手。Python拥有非常成熟的社区和大量的第三方模块，能够帮助学习者高效、友好和容易地学习和解决各种问题。Python是在OSI认可的开源许可协议下开发的，它可以自由使用和分发，甚至可以用于商业环境。Python的许可证由Python软件基金会管理。

1.3 Python编程环境搭建

1.3.1 在Windows操作系统下安装Python

由于Windows操作系统没有默认安装Python，因此首先要下载和安装Python。在

Windows 操作系统下安装 Python 有两种方式。

1. Python 源码安装

1）访问 Python 官方下载地址 https://www.python.org/downloads，根据系统环境下载对应的 Python 安装包，如图 1-1 所示。

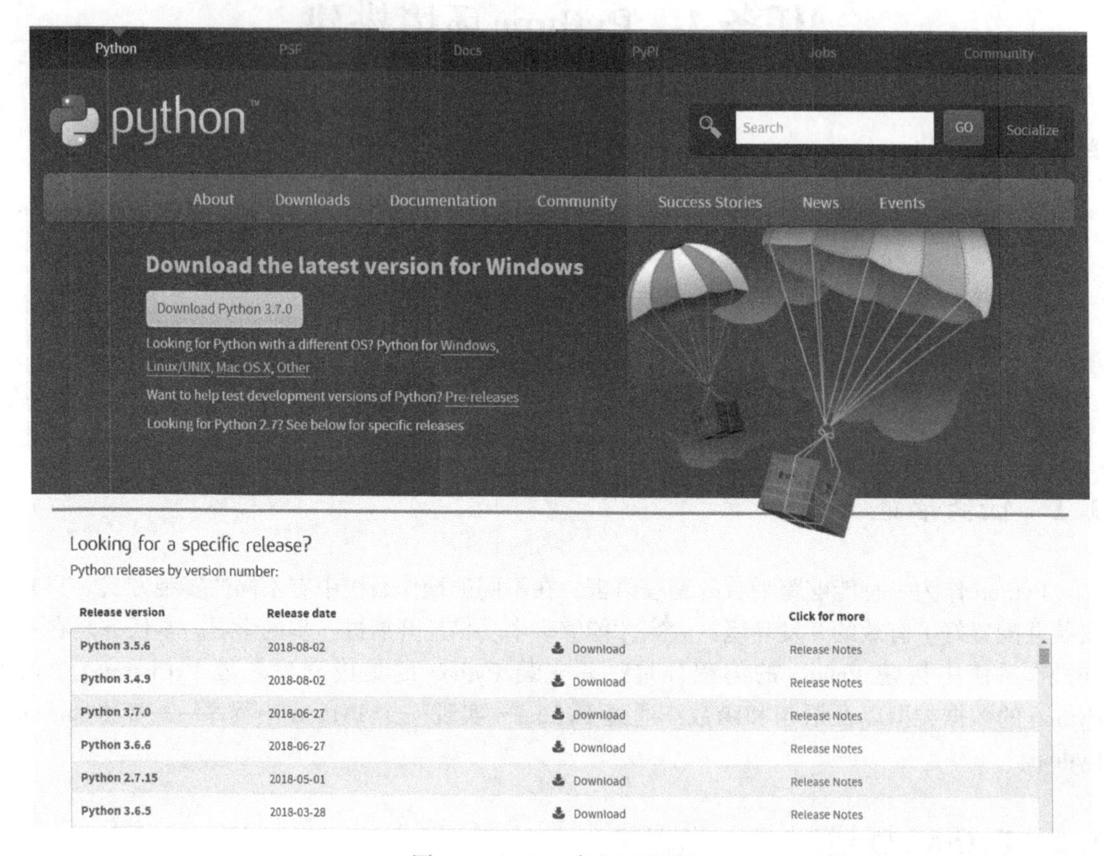

图 1-1　Python 官方下载网站

2）打开安装包，按照提示逐步安装即可。这里需要勾选“Add Python 3.7 to PATH”复选框，目的是将 Python 添加到环境变量当中。如果在此没有勾选该复选框，则需要在安装完成之后手动将其安装目录和安装目录中的 Scripts 目录添加到环境变量中。然后选择“Customize installation”选项，如图 1-2 所示。如果选择“Install Now”选项，则表示按默认安装配置安装。

3）在“Optional Features”界面中，勾选所有复选框，如图 1-3 所示。其中，勾选“Documentation”复选框表示安装 Python 相关的文档文件；勾选“pip”复选框表示能够用来下载和安装其他的 Python 依赖包；勾选“td/tk and IDLE”复选框表示安装 td/tk and IDLE 开发环境；勾选“Python test suite”复选框表示安装标准库测试套件；勾选“py launcher”和“for all users（requires elevation）”复选框表示从之前的版本升级全局 py 启动器。然后单击“Next”按钮。

图 1-2　选择 Python 安装类型

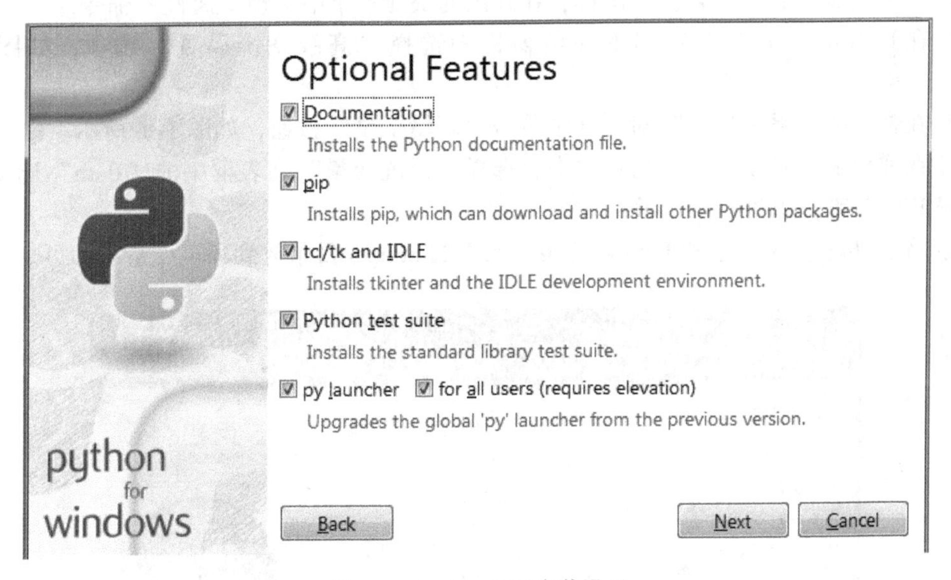

图 1-3　Python 工具安装设置

4）在“Advanced Options”界面中，勾选“Associate files with Python（requires the py launcher)”复选框，表示自动关联所有 Python 相关的文件；勾选“Create shortcuts for installed applications”复选框，表示为安装的应用程序创建快捷方式；勾选“Add Python to environment variables”复选框，表示将 Python 添加到环境变量中。然后单击“Browse”按钮，选择自定义安装路径，再单击“Install”按钮，如图 1-4 所示。

5）如果在图 1-2 中没有勾选“Add Python 3.7 to PATH”复选框，可以通过手工方式设置 Python 环境变量。下面以 Windows 7 操作系统为例进行介绍，具体方法如下。

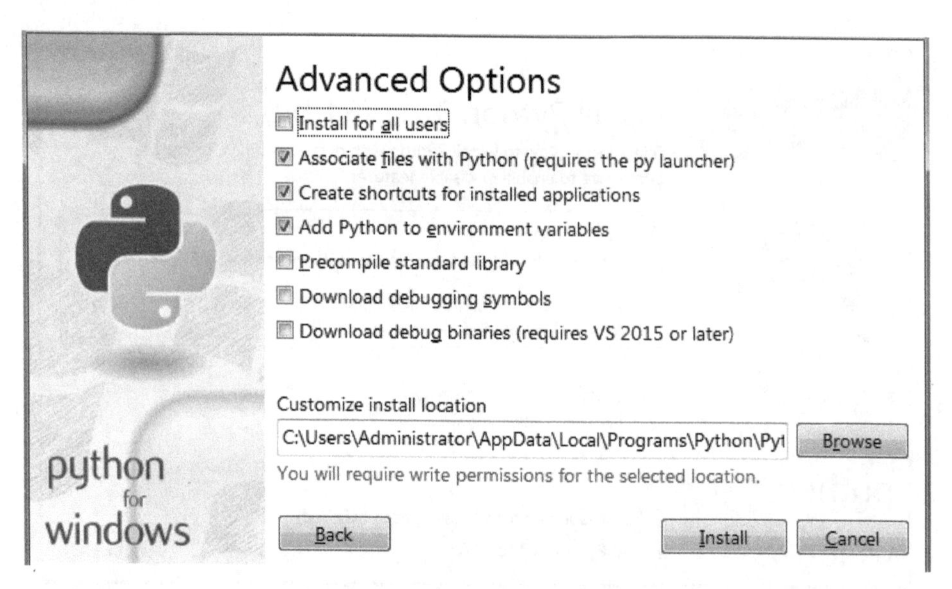

图 1-4　Python 文件路径设置

① 右击桌面上的“计算机”图标，在弹出的快捷菜单中选择“属性”命令。

② 在打开的“系统”窗口的左侧窗格中选择“高级系统设置”选项，如图 1-5 所示。

③ 在弹出的“系统属性”对话框中单击“环境变量”按钮，如图 1-6 所示。

④ 在弹出的“环境变量”对话框中，选择“系统变量”列表框中的“Path”选项，单击“编辑”按钮，如图 1-7 所示。

⑤ 将 Python 安装目录和 Python 安装目录下的 Scripts 目录放到环境变量中即可。

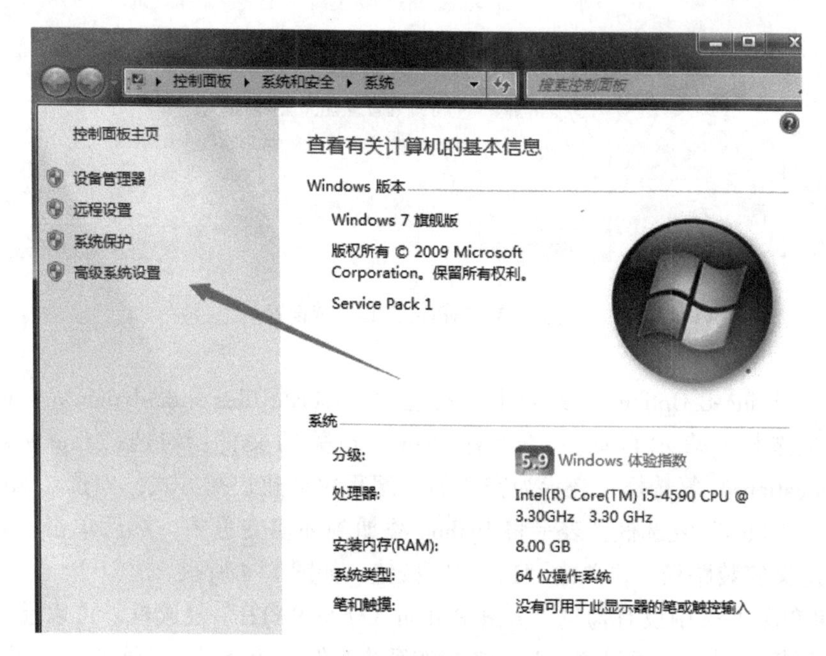

图 1-5　“系统”窗口

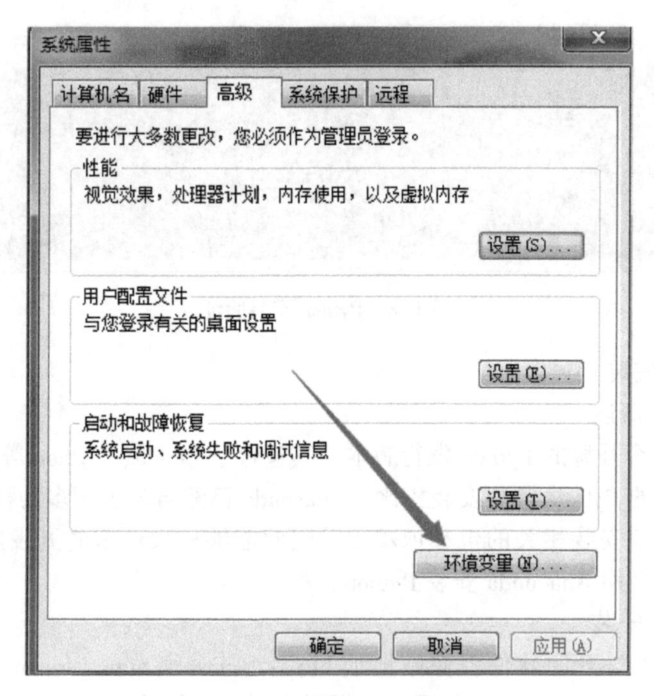

图 1-6 “系统属性”对话框

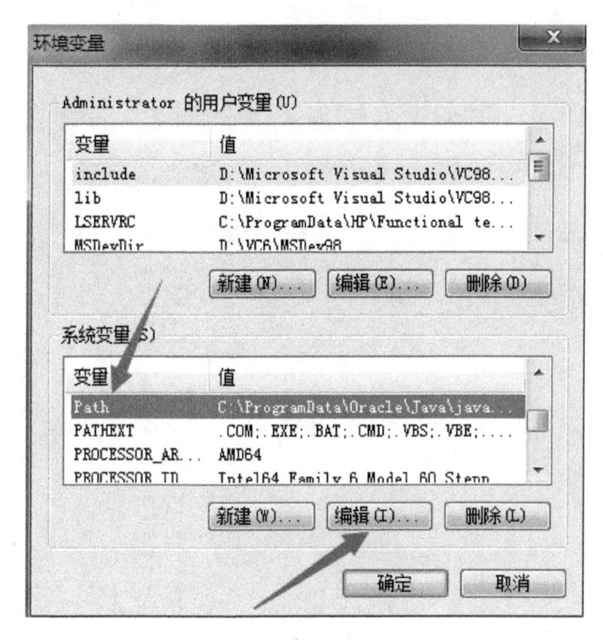

图 1-7 “环境变量”对话框

6）安装验证。在完成前面的安装步骤之后，在桌面左下角单击“开始”按钮，在弹出的“开始”菜单的“搜索程序和文件”文本框中输入“CMD”并按〈Enter〉键，可以打开命令行窗口。在命令提示符下输入“python”命令并按〈Enter〉键，如果安装成功，将会显示如图 1-8 所示的信息。

图 1-8　Python 安装验证

2. Anaconda 安装

（1） Anaconda 概述

Anaconda 是一个开源的 Python 发行版本，其包含了 Conda、Python 等 180 多个科学包及其依赖项。与前面的 Python 源码安装相比，Anaconda 已经自带了很多的科学包及其依赖项，开发人员不用再单独安装相关的包和依赖项，因此能够极大地节省开发时间，提高开发效率。所以本书推荐使用 Anaconda 安装 Python。

（2） Anaconda 安装

1） 访问清华大学开源软件镜像站地址 https://mirrors. tuna. tsinghua. edu. cn/anaconda/archive，选择并下载对应的版本，如图 1-9 所示。本书选择的是 Anaconda3-5. 3. 0-Windows-x86_64. exe。

https://mirrors.tuna.tsinghua.edu.cn/anaconda/archive/

清华大学开源软件镜像站

Index of /anaconda/archive/

Last Update: {{nowBrowsingMirror.last_update}} {{nowBrowsingMirror.status}}

File Name ↓	File Size ↓	Date ↓
Parent directory/	-	-
Anaconda-1.4.0-Linux-x86.sh	220.5 MiB	03 Jul 2013 17:47:11 +0000
Anaconda-1.4.0-Linux-x86_64.sh	286.9 MiB	04 Jul 2013 09:26:08 +0000
Anaconda-1.4.0-MacOSX-x86_64.sh	156.4 MiB	04 Jul 2013 09:40:18 +0000
Anaconda-1.4.0-Windows-x86.exe	210.1 MiB	04 Jul 2013 09:48:03 +0000
Anaconda-1.4.0-Windows-x86_64.exe	241.4 MiB	04 Jul 2013 09:58:34 +0000
Anaconda-1.5.0-Linux-x86.sh	238.8 MiB	04 Jul 2013 10:10:30 +0000
Anaconda-1.5.0-Linux-x86_64.sh	306.7 MiB	04 Jul 2013 10:22:16 +0000
Anaconda-1.5.0-MacOSX-x86_64.sh	166.2 MiB	04 Jul 2013 10:37:40 +0000
Anaconda-1.5.0-Windows-x86.exe	236.0 MiB	04 Jul 2013 10:45:49 +0000
Anaconda-1.5.0-Windows-x86_64.exe	280.4 MiB	04 Jul 2013 10:57:26 +0000
Anaconda-1.5.1-MacOSX-x86_64.sh	166.2 MiB	04 Jul 2013 11:11:22 +0000
Anaconda-1.6.0-Linux-x86.sh	241.6 MiB	04 Jul 2013 11:19:38 +0000
Anaconda-1.6.0-Linux-x86_64.sh	309.5 MiB	04 Jul 2013 11:32:14 +0000
Anaconda-1.6.0-MacOSX-x86_64.sh	169.0 MiB	04 Jul 2013 11:47:46 +0000
Anaconda-1.6.0-Windows-x86.exe	244.9 MiB	04 Jul 2013 11:56:10 +0000
Anaconda-1.6.0-Windows-x86_64.exe	290.4 MiB	04 Jul 2013 12:09:06 +0000
Anaconda-1.6.1-Linux-x86.sh	247.1 MiB	05 Jul 2013 00:34:14 +0000
Anaconda-1.6.1-Linux-x86_64.sh	317.6 MiB	05 Jul 2013 01:20:23 +0000
Anaconda-1.6.1-MacOSX-x86_64.pkg	197.3 MiB	05 Jul 2013 02:05:34 +0000
Anaconda-1.6.1-MacOSX-x86_64.sh	170.0 MiB	05 Jul 2013 04:20:52 +0000
Anaconda-1.6.1-Windows-x86.exe	244.4 MiB	05 Jul 2013 04:29:26 +0000
Anaconda-1.6.1-Windows-x86_64.exe	289.9 MiB	05 Jul 2013 04:49:06 +0000
Anaconda-1.6.2-Windows-x86.exe	244.4 MiB	09 Jul 2013 22:19:42 +0000
Anaconda-1.6.2-Windows-x86_64.exe	289.9 MiB	09 Jul 2013 23:04:39 +0000
Anaconda-1.7.0-Linux-x86.sh	381.0 MiB	19 Sep 2013 17:04:23 +0000
Anaconda-1.7.0-Linux-x86_64.sh	452.6 MiB	19 Sep 2013 18:49:21 +0000
Anaconda-1.7.0-MacOSX-x86_64.pkg	256.7 MiB	19 Sep 2013 21:04:57 +0000

图 1-9　清华大学开源软件镜像站

2） 下载之后，双击该可执行文件即可开始安装。这里单击 “Next” 按钮，如图 1-10 所示。

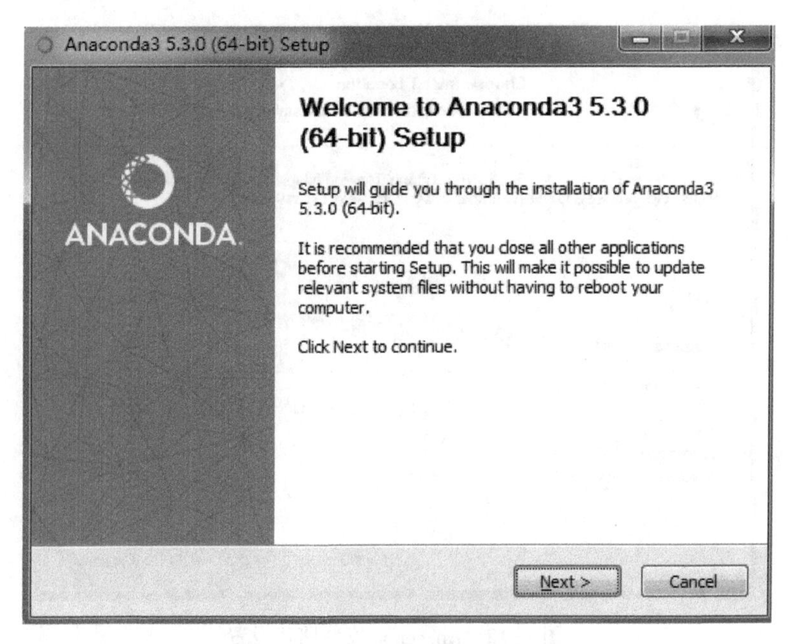

图 1-10　Anaconda 安装欢迎界面

3）选择“Just Me（recommended）”单选按钮，表示能够执行该 Anaconda 版本的用户只能是本人。这也是系统推荐的方式。然后单击“Next”按钮，如图 1-11 所示。

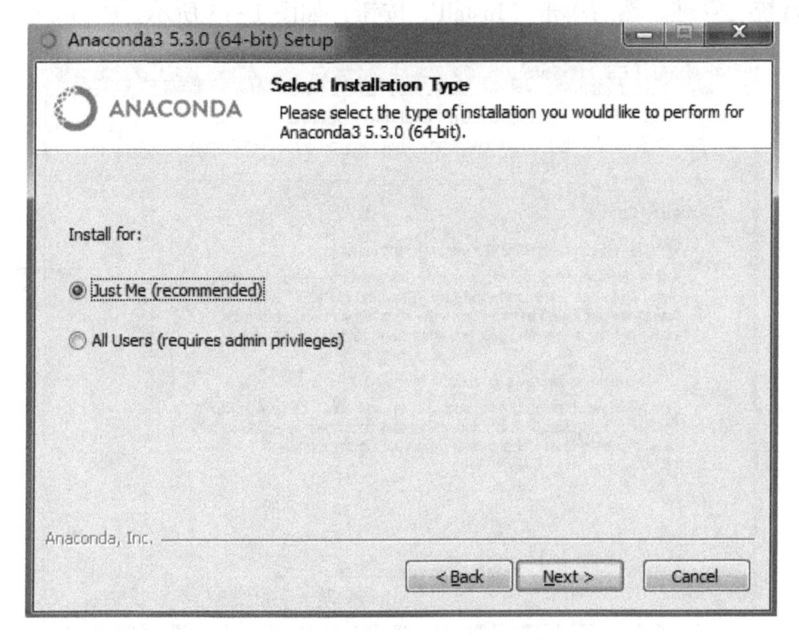

图 1-11　选择 Anaconda 安装类型

4）单击“Browse”按钮，选择 Anaconda 的安装路径。如果不设置安装路径，系统将使用默认安装路径。然后单击“Next”按钮，如图 1-12 所示。

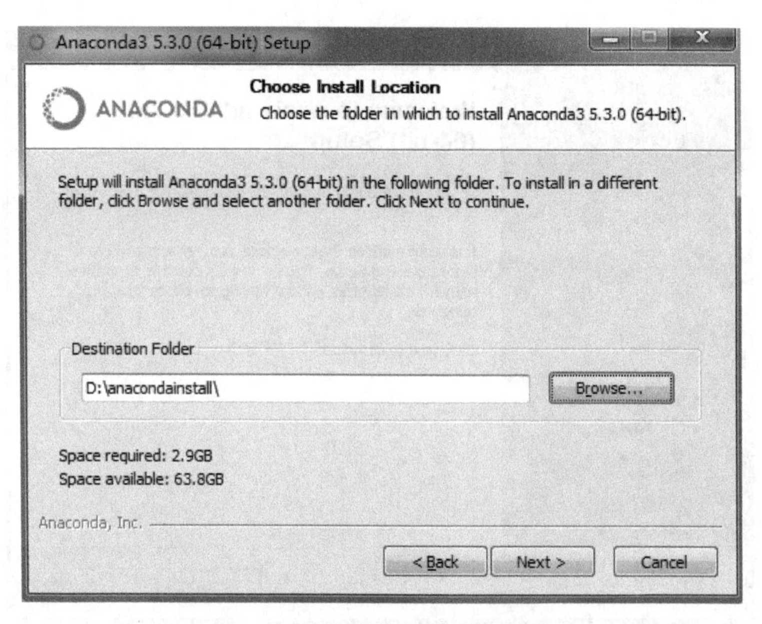

图 1-12　Anaconda 安装路径设置

5）如果之前已经安装过其他版本的 Python，这里可以先不勾选“Add Anaconda to my PATH environment variable”复选框，可以在 Anaconda 安装完成之后手动完成环境变量的配置，也可以直接将原来安装 Python 的整个文件夹复制到 Anaconda 的 envs 目录下，实现由 Anaconda 进行统一管理。然后单击“Install”按钮，如图 1-13 所示。

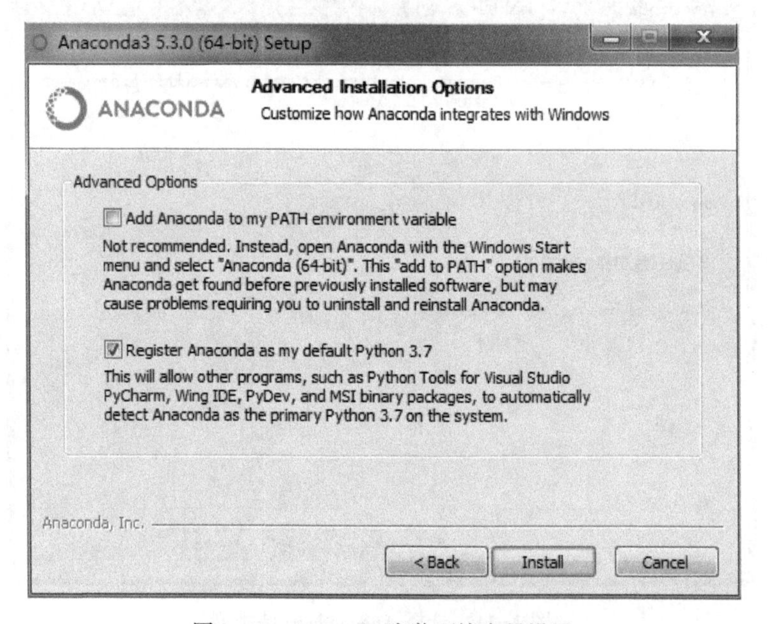

图 1-13　Anaconda 安装环境变量设置

6）由于 Anaconda 和 Microsoft 是合作伙伴关系，所以这里会出现一个是否安装 VSCode 平台的界面。VSCode 平台是一个免费、开源、跨平台的代码编辑器。VSCode 能够很好地支持 Python 编辑、调试和版本控制等工作。如果需要安装 VSCode 平台，则需要管理员权限和网络连接畅通。这里单击“Skip”按钮，跳过安装微软的 VSCode 平台，如图 1-14 所示。

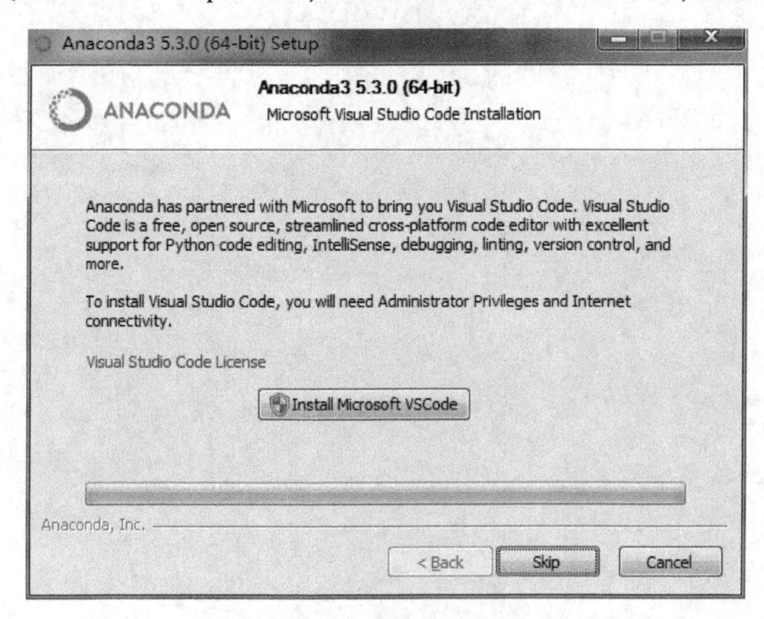

图 1-14　是否安装 VSCode 设置

7）单击“Finish”按钮，完成安装，如图 1-15 所示。

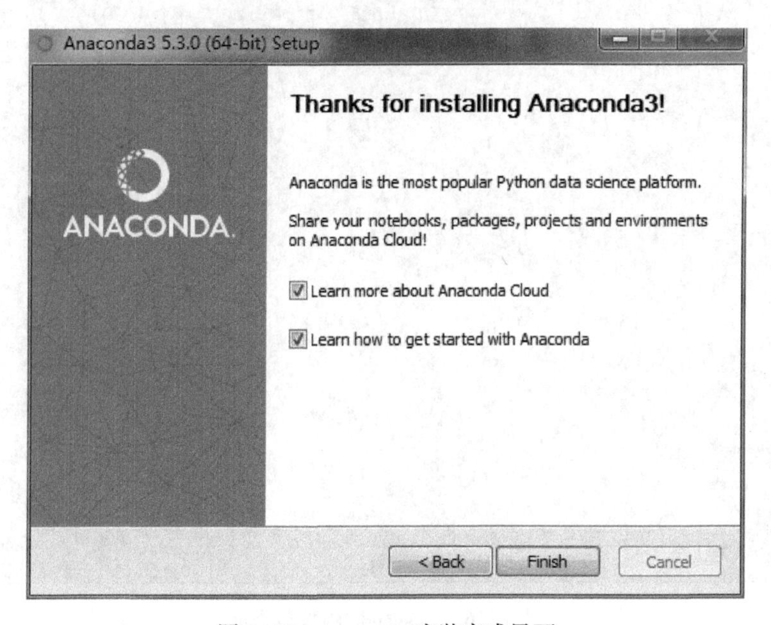

图 1-15　Anaconda 安装完成界面

8）安装完成后，打开 Windows 的命令行窗口，输入“conda list”命令就可以查询当前安装了哪些库，常用的 numpy、scipy 名列其中，如图 1-16 所示。如果需要安装其他包，可以执行“conda install XXX”命令来进行安装。如果某个包的版本不是最新的，可以执行“conda update XXX”命令进行更新。其中，XXX 为需要的包的名称。

```
管理员: C:\Windows\system32\cmd.exe
C:\Users\Administrator>conda list
# packages in environment at D:\anacondainstall:
#
# Name                    Version                   Build  Channel
_ipyw_jlab_nb_ext_conf    0.1.0                    py37_0    defaults
alabaster                 0.7.11                   py37_0    defaults
anaconda                  5.3.0                    py37_0    defaults
anaconda-client           1.7.2                    py37_0    defaults
anaconda-navigator        1.9.2                    py37_0    defaults
anaconda-project          0.8.2                    py37_0    defaults
appdirs                   1.4.3            py37h28b3542_0    defaults
asn1crypto                0.24.0                   py37_0    defaults
astroid                   2.0.4                    py37_0    defaults
astropy                   3.0.4            py37hfa6e2cd_0    defaults
atomicwrites              1.2.1                    py37_0    defaults
attrs                     18.2.0           py37h28b3542_0    defaults
automat                   0.7.0                    py37_0    defaults
babel                     2.6.0                    py37_0    defaults
backcall                  0.1.0                    py37_0    defaults
backports                 1.0                      py37_1    defaults
backports.shutil_get_terminal_size 1.0.0                    py37_2    defaults
beautifulsoup4            4.6.3                    py37_0    defaults
bitarray                  0.8.3            py37hfa6e2cd_0    defaults
bkcharts                  0.2                      py37_0    defaults
blas                      1.0                         mkl    defaults
blaze                     0.11.3                   py37_0    defaults
bleach                    2.1.4                    py37_0    defaults
blosc                     1.14.4               he51fdeb_0    defaults
bokeh                     0.13.0                   py37_0    defaults
boto                      2.49.0                   py37_0    defaults
bottleneck                1.2.1            py37h452e1ab_1    defaults
bzip2                     1.0.6                hfa6e2cd_5    defaults
ca-certificates           2018.03.07                    0    defaults
certifi                   2018.8.24                py37_1    defaults
cffi                      1.11.5           py37h74b6da3_1    defaults
chardet                   3.0.4                    py37_1    defaults
click                     6.7                      py37_0    defaults
cloudpickle               0.5.5                    py37_0    defaults
clyent                    1.2.2                    py37_1    defaults
colorama                  0.3.9                    py37_0    defaults
comtypes                  1.1.7                    py37_0    defaults
conda                     4.5.11                   py37_0    defaults
conda-build               3.15.1                   py37_0    defaults
conda-env                 2.6.0                h36134e3_1    defaults
console_shortcut          0.1.1                         3    defaults
constantly                15.1.0           py37h28b3542_0    defaults
contextlib2               0.5.5                    py37_0    defaults
cryptography              2.3.1            py37h74b6da3_0    defaults
curl                      7.61.0               h7602738_0    defaults
cycler                    0.10.0                   py37_0    defaults
cython                    0.28.5           py37h6538335_0    defaults
cytoolz                   0.9.0.1          py37hfa6e2cd_1    defaults
dask                      0.19.1                   py37_0    defaults
dask-core                 0.19.1                   py37_0    defaults
datashape                 0.5.4                    py37_1    defaults
decorator                 4.3.0                    py37_0    defaults
defusedxml                0.5.0                    py37_1    defaults
distributed               1.23.1                   py37_0    defaults
docutils                  0.14                     py37_0    defaults
entrypoints               0.2.3                    py37_2    defaults
et_xmlfile                1.0.1                    py37_0    defaults
fastcache                 1.0.2            py37hfa6e2cd_2    defaults
```

图 1-16　Anaconda 函数包查询

9）在 Anaconda 中管理之前版本的 Python。

如果在安装 Anaconda 的过程中未勾选“Add Anaconda to my PATH environment variable”复选框，可以在 Anaconda 安装完成之后将对应的环境变量添加上。在此列出作者的 Anaconda 安装目录作为示范：D:\anacondainstall;D:\anacondainstall\Scripts;D:\anacondainstall\Library\bin。并在系统环境变量中找到之前安装 Python 的路径并删除。

执行命令：conda create --name python36 python=3.6。该命令的作用是根据当前环境创建一个名为 python36 的文件夹到 envs 目录中，并下载 Python 3.6 版本。

执行命令：conda info -e。使用该命令查询后会发现在 conda 环境信息中多了一个之前版本的 Python36。

执行命令：activate python36 和 deactivate。该命令可进行多个环境的切换。

命令执行结果如图 1-17 所示。

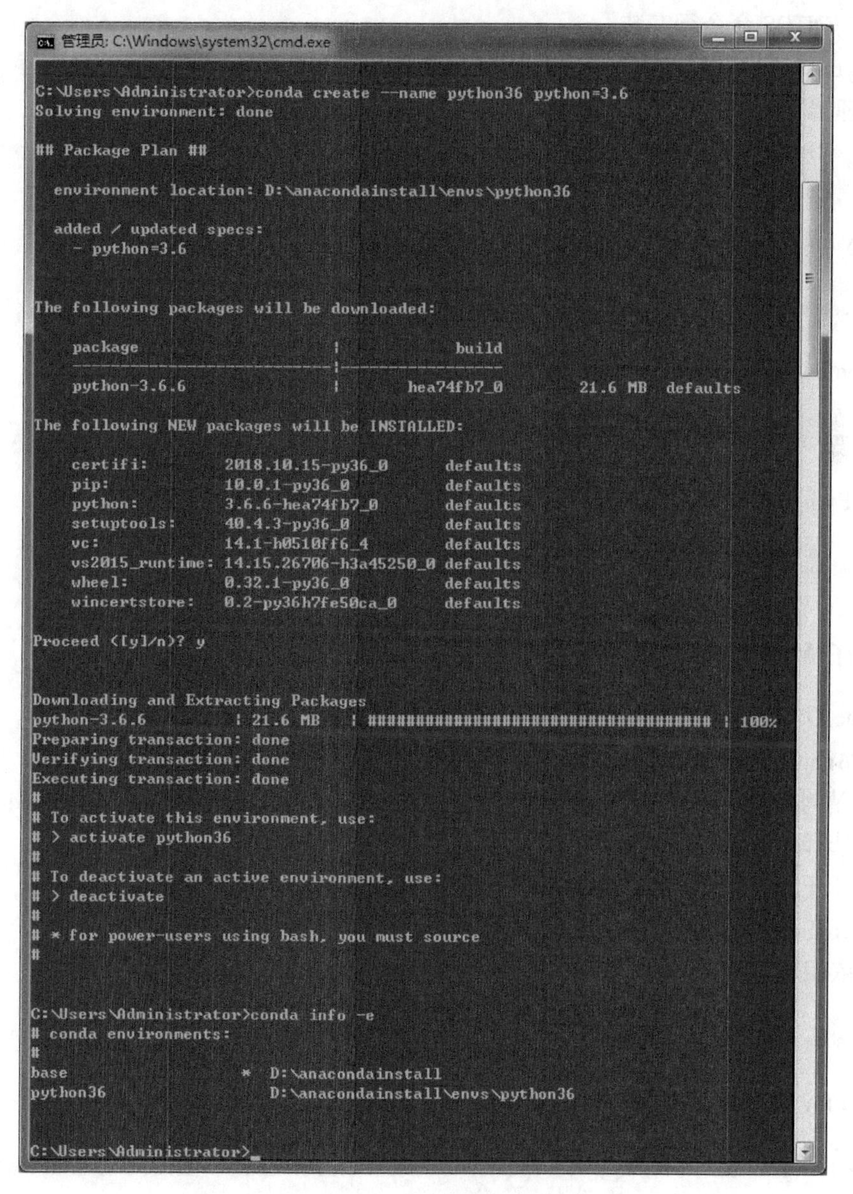

图 1-17　在 Anaconda 中管理其他版本的 Python

1.3.2　在 Linux 操作系统下安装 Python

在大多数的 Linux 系统中都已经安装了 Python。因此要先验证 Python 是否已存在，可通过 Linux 的 Terminal 输入“python”命令予以查看。如果系统中安装的是 Python 2 版本，可以通过以下两种方式安装 Python 3。

（1）Anaconda 安装（推荐）

先从清华大学开源软件镜像站地址 https://mirrors.tuna.tsinghua.edu.cn/anaconda/archive 中选择并下载对应的版本。

然后，打开安装文件，按提示进行操作即可完成 Python 3 的环境配置。

（2）CENTOS 命令行安装

使用 yum 组件安装 ius-release.rpm。（rpm 是 red hat package manager 的缩写，意为 Linux 软件包管理器）

```
sudo yum install -y https://centos7.iuscommunity.org/ius-release.rpm
```

使用 yum 组件更新安装后的内容。

```
sudo yum update
```

使用 yum 组件安装 Python 3。

```
sudo yum install -y python36u python36u-pip python36u-devel
```

验证 Python 3 安装是否成功。

```
python -V
```

1.3.3 在 Mac OS 操作系统下安装 Python

在 Mac OS 操作系统下可以通过以下两种方式安装 Python 3。

（1）Anaconda 安装（推荐）

先从清华大学开源软件镜像站地址 https://mirrors.tuna.tsinghua.edu.cn/anaconda/archive 中选择并下载对应的版本。

然后打开安装文件，按提示进行操作即可完成 Python 3 的环境配置。

（2）Homebrew 安装

使用依赖包 xcode。

```
xcode-select --install
```

使用 ruby 语言从指定网站下载安装 Homebrew。

```
ruby -e"$(curl -fsSL http://raw.githubusercontent.com/Homebrew/install/master/install)"
```

验证 Homebrew 是否安装成功。

```
brew doctor
```

安装 Python 3。

```
brew install python3
```

验证 Python 3 是否安装成功。

```
python --version
```

1.4 安装集成开发环境 PyCharm

1.4.1 PyCharm 概述

PyCharm 是一个可以工作在 Windows、Mac OS 和 Linux 操作系统上的跨平台的集成开发环境。PyCharm 能够开发基于 Python 的应用程序。另外，PyCharm 是一个专业的编辑器，不仅能够支持开发 Django、Flask 和 Pyramid 应用程序，也可以通过插件绑定的形式完全支持 HTML（包括 HTML5）、CSS、JavaScript 和 XML。

1.4.2 PyCharm 的安装和运行

1. 下载和安装 PyCharm

1）访问 PyCharm 的官方下载地址 https://www.jetbrains.com/pycharm。单击“DOWNLOAD NOW”按钮下载 PyCharm 安装文件，如图 1-18 所示。

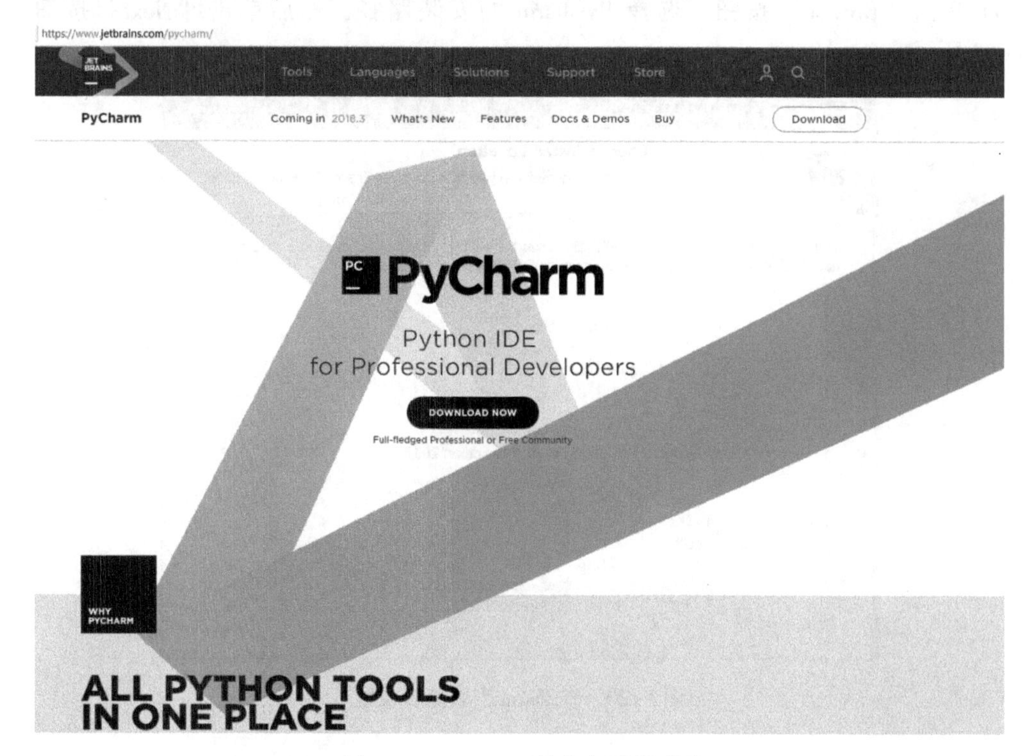

图 1-18　PyCharm 的官方下载页面

2）双击下载的文件，运行安装程序，打开 PyCharm 安装欢迎界面，单击“Next”按钮，如图 1-19 所示。

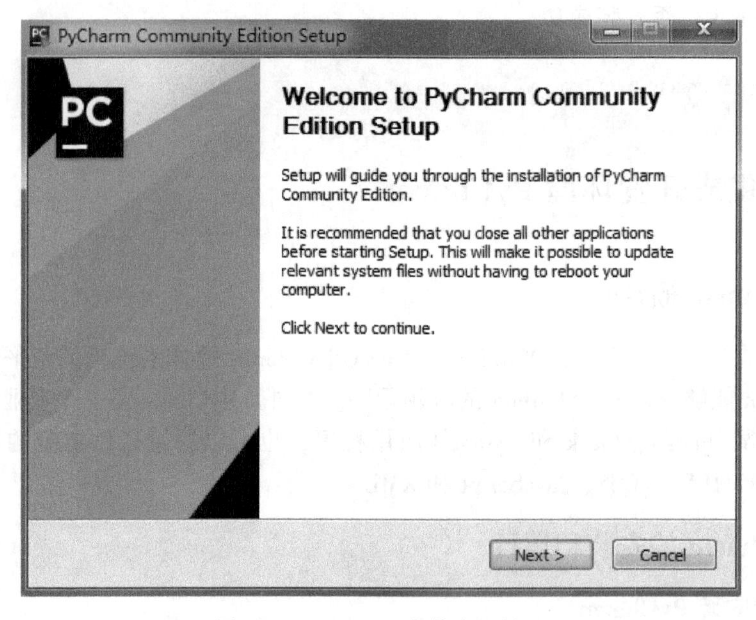

图 1-19　PyCharm 安装欢迎界面

3）单击“Browse”按钮，选择 PyCharm 的安装路径，然后单击“Next”按钮，如图 1-20 所示。

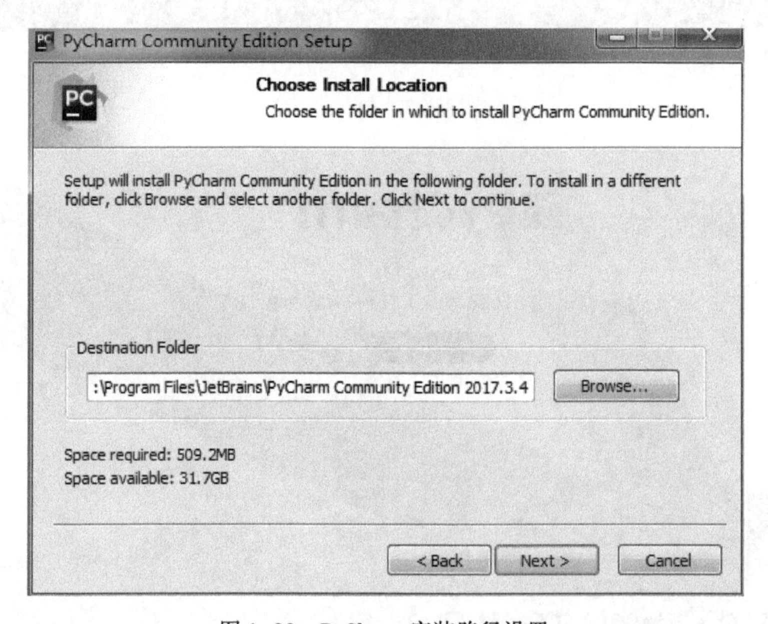

图 1-20　PyCharm 安装路径设置

4）根据本机情况选择 32 位或 64 位启动器，并创建 .py 文件关联，勾选“Download and install JRE x86 by JetBrains”复选框，然后单击“Next”按钮，如图 1-21 所示。

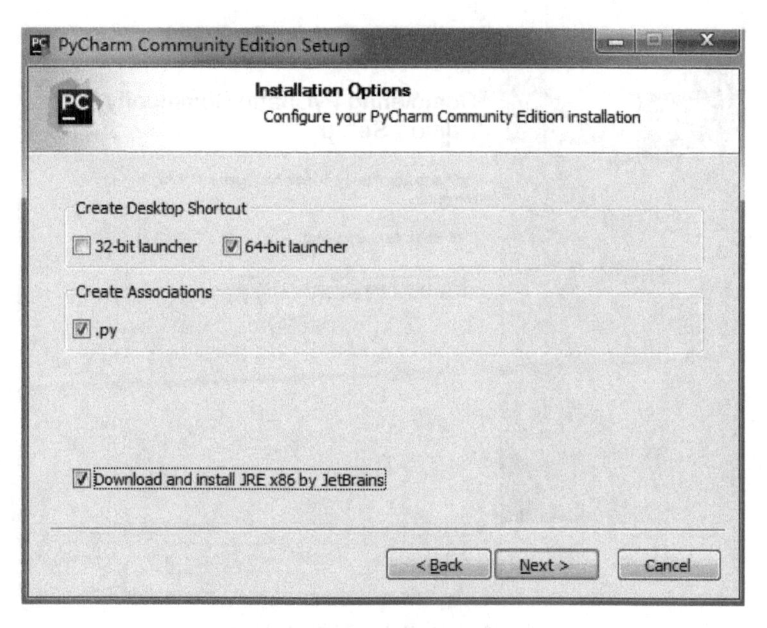

图 1-21　配置 PyCharm

5）将“开始”菜单中的文件夹名自定义为“JetBrains”，然后单击“Install”按钮，如图 1-22 所示。

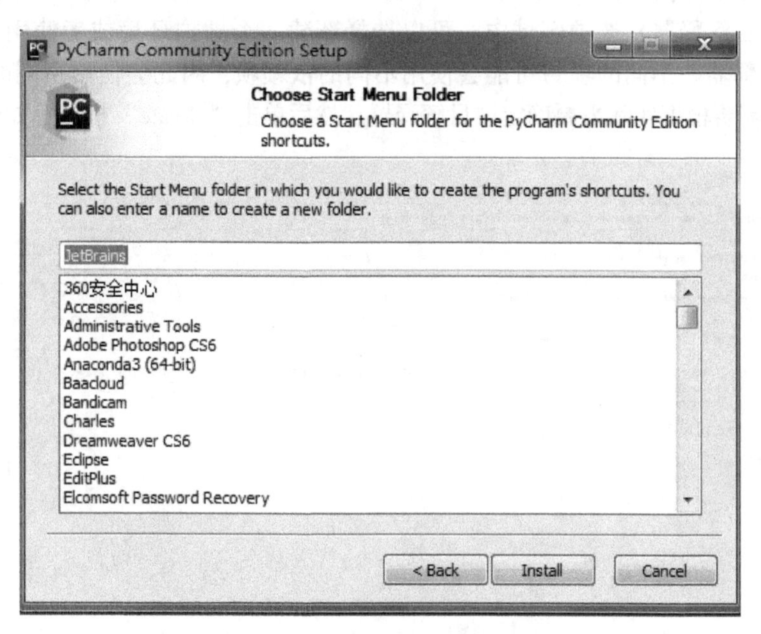

图 1-22　配置 PyCharm 开始菜单

6）安装完成后，单击“Finish”按钮，如图 1-23 所示。如果需要直接运行 PyCharm，则在此勾选“Run PyCharm Community Edition”复选框。

2. 运行 PyCharm

在成功安装 PyCharm 之后，我们将使用 PyCharm 创建一个项目。

1）双击桌面上的 PyCharm 图标，打开 PyCharm 程序。选择“File”→“New Project”菜

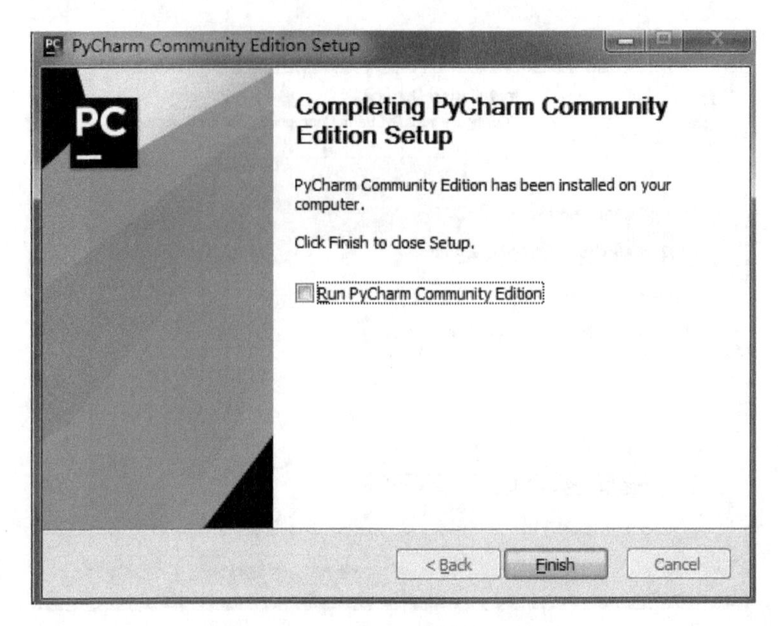

图 1-23　PyCharm 安装完成界面

单命令，弹出“Create Project”对话框，在“Location”文本框中自定义项目名称为 unit1-1，并将该项目保存在 D:\simon\SoftwareForEnglishDemand\training 路径。在下面的“Project Interpreter”（项目解释器）选项区域中，可以选择新建一个虚拟环境或者使用一个之前已经存在的项目解释器。不同的项目可能会使用不同的依赖项，因此会使用不同的项目解释器，所以开发人员需要根据实际需要确定项目解释器。然后单击“Create”按钮，如图 1-24 所示。

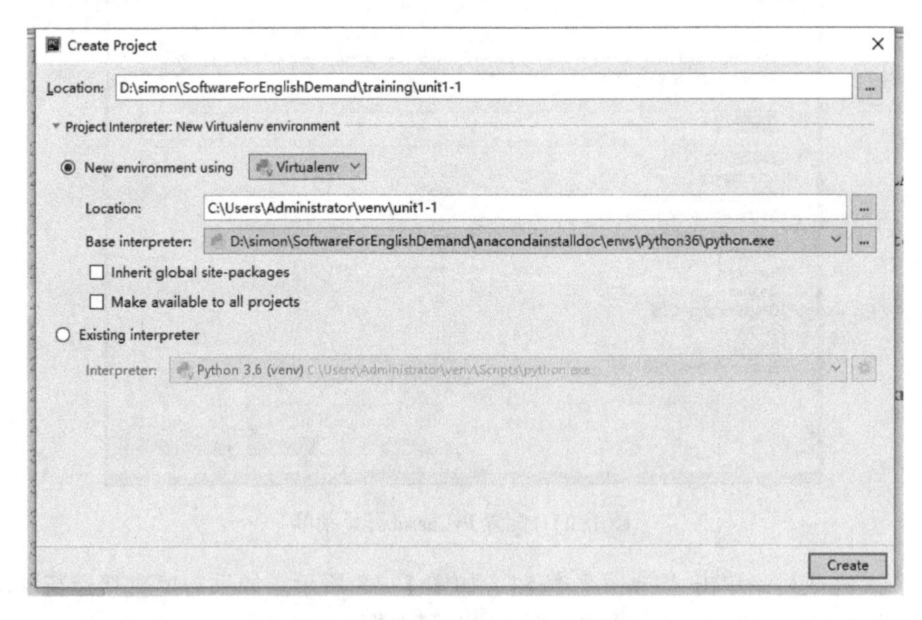

图 1-24　“Create Project”对话框

2）进入 PyCharm 主界面，左侧窗格中显示的是项目工程目录，包括项目根节点 D:\simon\SoftwareForEnglishDemand\training\unit1-1 和外部库 External Libraries，右侧是项目编

辑区域，如图 1-25 所示。

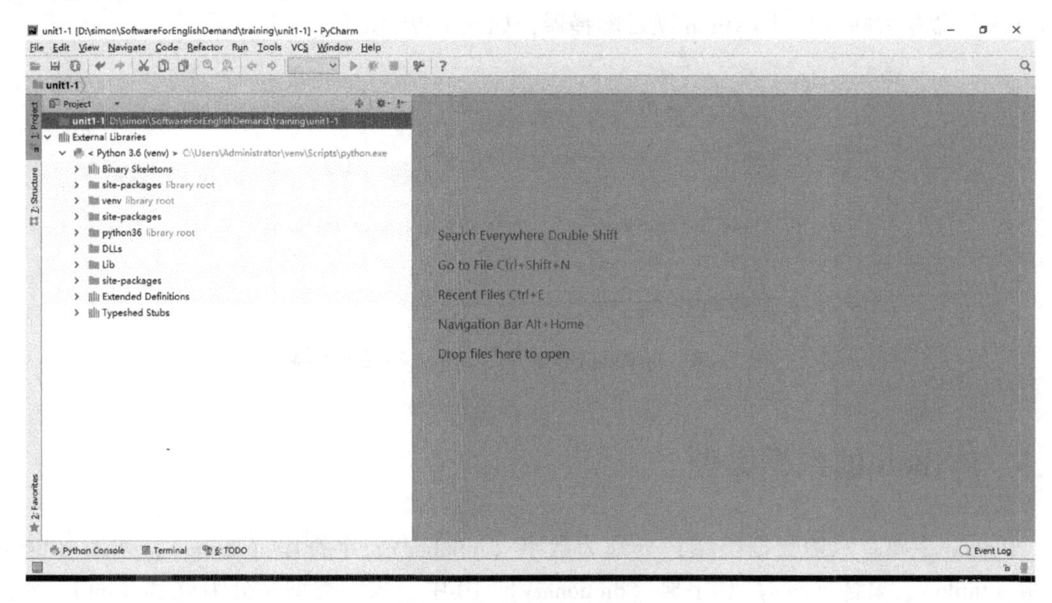

图 1-25　PyCharm 主界面

3）在项目根节点上右击，在弹出的快捷菜单中选择“New”→“Python File”命令，如图 1-26 所示，在 PyCharm 中创建一个 Python 3.6 项目解释器作为编程环境的 Python 文件。在此将该文件命名为“unit1-1”，如图 1-27 所示。

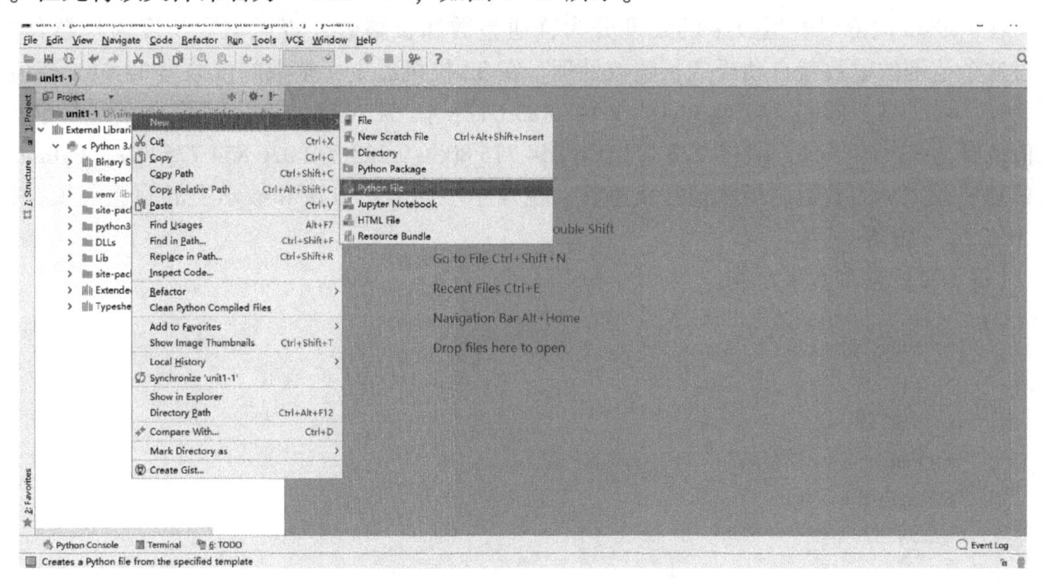

图 1-26　选择创建 Python 文件命令

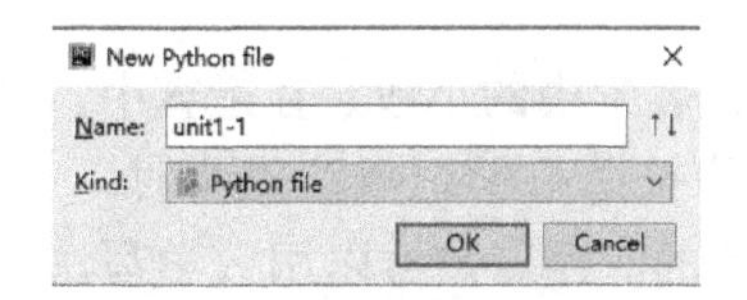

图 1-27　给 Python 文件命名

4）单击主界面下端的“Terminal”标签，可以在 PyCharm 中打开 CMD 命令行。运行“python”命令后即可打开 Python 项目解释器，如图 1-28 所示。

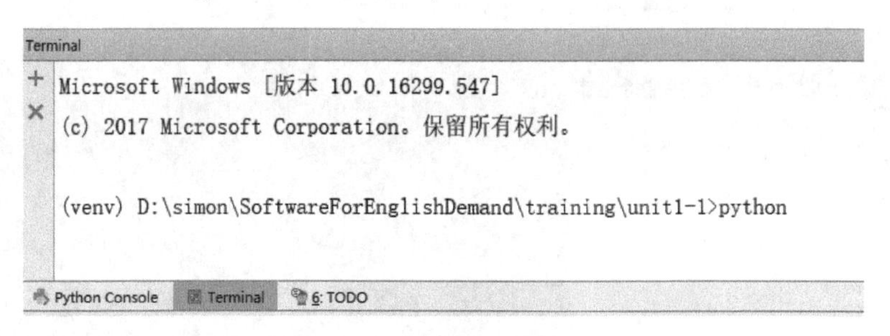

图 1-28　在 Terminal 中开启 Python 项目解释器

1.5　Python 的数据类型

Python 主要有六种数据类型，分别为数字（number）、字符串（string）、列表（list）、元组（tuple）、集合（sets）和字典（dictionary）。其中，数字类型又分为整型（int）、浮点型（float）、布尔型（boolean）和复数类型（complex）四种数据类型。Python 是一种弱类型语言，所以变量都不需要提前声明，可以直接拿来使用。

1.5.1　整型

在 Python 内部对整型数字的处理分为普通整数和长整数，普通整数长度为机器位长，超过这个范围的整数就自动当成长整数处理。在 32 位机器上，整数的位数为 32 位，取值范围为 -2^{31} ~ $2^{31}-1$，即 -2 147 483 648 ~ 2 147 483 647；在 64 位机器上，整数的位数为 64 位，取值范围为 -2^{63} ~ $2^{63}-1$，即 -9 223 372 036 854 775 808 ~ 9 223 372 036 854 775 807。Python 可以处理任意大小的整数，当然包括负整数，在程序中的表示方法和数学上的写法一模一样，如 5、23、-10 等。

【例 1-1】 整型数字示例。

```
>>> number=123456789
>>> print(number)
123456789
>>> number=-123456789
>>> print(number)
-123456789
```

1.5.2　浮点型

Python 中的浮点型数字就是数学中的小数。在运算中，整数与浮点数运算的结果是浮点数。之所以称为浮点数，是因为按照科学记数法表示时，一个浮点数的小数点位置是可变的，如 1.23e9 和 12.3e8 是相等的。浮点数可以用数学写法，如 4.56、2.34、-8.21。但是对于很大或很小的浮点数，就必须用科学计数法表示，把 10 用 e 代替，如将 0.000023 写成

2.3e-5。整数和浮点数在计算机内部的存储方式是不同的，整数运算永远是精确的，而浮点数运算则可能会有四舍五入的误差。变量在定义赋值时，只要赋值为小数，该变量就被定义成浮点型。

【例 1-2】浮点型数字示例。

```
>>> number=1.23456789                   #声明变量 number 并赋值 1.23456789
>>> print(number)                       #使用 print 函数输出变量 number
1.23456789
>>> number=-0.123456789                 #声明变量 number 并赋值-0.123456789
>>> print(number)                       #使用 print 函数输出变量 number
-0.123456789
>>> 0.2+0.1                             #使用浮点数进行运算可能会出现误差
0.30000000000000004
```

1.5.3 字符串类型

字符串是由数字、字母、下划线组成的一串字符。所有的字符串都是直接按照字面的意思来使用，没有转义特殊或不能打印的字符。原始字符串除在字符串的第一个引号前加上字母“r”（不区分大小写）以外，与普通字符串有着几乎完全相同的语法。

【例 1-3】普通字符串示例。

```
>>> str='this string \n belongs to Python'      #声明变量 str 并赋值
>>> print(str)                                  #使用 print 函数输出变量 str
this string
belongs to Python
```

原始字符串示例。

```
>>> str=r'this string \n belongs to Python'     #声明变量 str 并赋值,使用 r 输出原始字符串
>>> print(str)                                  #使用 print 函数输出变量 str
this string \n belongs to Python
```

Python 接受单引号（'）、双引号（"）、三引号（'''或"""）来表示字符串，引号的开始与结束类型必须一致，也就是说前面是单引号，后面也必须是单引号。其中三引号可以由多行组成，这也是编写多行文本的常用语法，经常用于处理文档字符串，但在文件的特定地点，会被当成注释来处理。

【例 1-4】用单引号括起来表示字符串，示例如下。

```
>>> print('this is the Python')
this is the Python
```

双引号中的字符串与单引号中的字符串用法完全相同，示例如下。

```
>>> print("this is the Python")
this is the Python
```

利用三引号表示多行字符串，可以在三引号中自由地使用单引号和双引号，示例如下。

```
>>> str = ''' this is the Python. this is the Python. this is the Python. this is the Python. this is the Python. this is the Python'''
>>> print(str)
this is the Python. this is the Python. this is the Python. this is the Python. this is the Python. this is the Python
```

1.5.4 列表类型

列表是任意对象的集合，所有元素都放在方括号“[ ]”中，元素之间使用逗号分隔，元素可以是单独的，也可以是嵌套关系。列表是一种有序的非泛型集合，内部可以加入类型不同的数据，并且使用数组下标作为索引。列表是可以修改的，对于需要不断更新的数据来说很适用。

【例 1-5】 列表示例。

```
>>> list=['this','is',123,'a','number']          #声明列表 list 并赋值
>>> print(list)                                  #使用 print 函数输出列表 list
['this', 'is', 123, 'a', 'number']
>>> print(list[0])                               #使用 print 函数输出列表 list 中的第一个元素
this
>>> print(list[-1])                              #使用 print 函数输出列表 list 中的最后一个元素
number
>>> print(list[1:3])                             #列表数组下标[1:3]表示元素下标 1 到 2,不包含 3
['is', 123]
```

为了更加方便地操作列表，可以使用列表函数实现列表的各种操作。

常用的列表函数示例如下。

1. 修改

【例 1-6】 声明一个列表 list，通过下标对列表 list 中的元素进行操作，实现对列表的内容修改。这里实现对 list 中元素下标为 2 的值进行修改。

```
>>> list=['this','is',123,'a','number']          #声明列表 list 并赋值
>>> list[2]=567                                  #对列表 list 中下标为 2 的元素的值进行修改
>>> print(list)                                  #使用 print 函数输出列表 list
['this', 'is', 567, 'a', 'number']
```

2. append(e)

【例 1-7】 该函数接收一个元素作为参数，作用是向列表 list 中的最后一位添加指定元素。

```
>>> list=['this','is',123,'a','number']
>>> list.append('here')                  #使用 append('here')向列表 list 的最后一位添加指定元素
```

```
>>> print(list)
['this', 'is', 123, 'a', 'number', 'here']
```

3. insert(index, e)

【例1-8】该函数接收两个参数，作用是向列表list中指定的元素下标插入元素。其中，index参数表示当前插入的位置，e参数表示需要插入的元素，在插入位置后面的元素依次往后移动一位。

```
>>> list=['this', 'is', 123, 'a', 'number', 'here']
>>> list.insert(0,'now')          #使用insert(0,'now')向列表list的第一位添加指定元素
>>> print(list)
['now', 'this', 'is', 123, 'a', 'number', 'here']
```

4. remove(e)

【例1-9】该函数接收一个元素作为参数，作用是移除列表中某个值的第一个匹配项。如果有多个相同的元素，则只删除第一个。

```
>>> list=['this','is','is',123,'a','number']
>>> list.remove('is')             #使用remove('is')删除列表list中的指定元素
>>> list
['this', 123, 'a', 'number']
```

5. reverse()

【例1-10】该函数的作用是反向列表中的元素。

```
>>> names=['james', 'lucy', 'simon', 'tom']
>>> names.reverse()               #使用reverse()将names中的元素顺序反向
>>> print(names)
['tom', 'simon', 'lucy', 'james']
```

6. sort()

【例1-11】该函数的作用是对原列表进行排序，默认是升序。

```
>>> names=[1,2,4,3]
>>> names.sort()                  #使用sort()将names中的元素进行排序
>>> print(names)
[1, 2, 3, 4]
```

7. index(e)

【例1-12】该函数接收一个元素作为参数，作用是从列表中找出某个值第一个匹配项的索引位置，索引编号从0开始。

```
>>> list=['this','is',123,'a','number']
>>> list.index('a')                          #使用 index('a')匹配元素为'a'的索引
3
```

8. count(e)

【例 1-13】该函数接收一个元素作为参数，作用是统计某个元素在列表中出现的次数。

```
>>> list=['this','is',123,'a','number']
>>> list.count('this')                       #使用 count('this')统计元素为'this'的个数
1
```

9. pop()

【例 1-14】该函数的作用是移除列表中的一个元素（默认是最后一个元素），并且返回该元素的值。

```
>>> list=['this','is',123,'a','number']
>>>list.pop()                                #使用 pop()删除列表中的最后一个元素,返回该元素的值
'number'
```

1.5.5 集合类型

集合类型有三个特点：无序；不重复；使用花括号表示。可以使用花括号“{ }”或者set()函数创建集合。

```
>>> numbers={11,33,22,55,44,11,33}    #此处定义一个带有重复元素的集合
>>> print(numbers)
{33, 11, 44, 22, 55}                         #输出结果已经没有重复的元素
```

常用的集合函数示例如下。

1. remove(e)

【例 1-15】该函数接收一个元素作为参数，作用是删除集合中指定的元素。

```
>>> numbers={11,33,22,55,44}
>>> numbers.remove(22)                       #使用 remove(22)删除 numbers 中指定的元素 22
>>> print(numbers)
{33, 11, 44, 55}
```

2. pop()

【例 1-16】该函数的作用是随机移除一个元素。

```
>>> numbers={11,33,22,55,44}
>>> numbers.pop()                            #使用 pop()删除 numbers 中的最后一个元素
33
```

3. len( )

【例 1-17】该函数的作用是获得集合中元素的个数。

```
>>> numbers={11,33,22,55,44}
>>> len(numbers)                    #使用 len(numbers)获得 numbers 的元素个数
5
```

4. clear( )

【例 1-18】该函数的作用是清除集合中的所有元素。

```
>>> numbers={11,33,22,55,44}
>>>numbers.clear()                  #使用 clear()清除 numbers 的所有元素
>>> print(numbers)
set()                               #set()代表空集合
```

5. add(e)

【例 1-19】该函数接收一个元素作为参数，作用是向集合中添加元素。

```
>>> numbers={11,33,22,55,44}
>>> numbers.add(66)                 #使用 add(66)向 numbers 中添加元素 66
>>> print(numbers)
{33, 66, 11, 44, 22, 55}
```

6. union(e)

【例 1-20】该函数接收一个集合作为参数，作用是合并两个集合。

```
>>> numbers={11,33,22,55,44}
>>> num={66,77,88,99}
>>> numbers.union(num)              #使用 union(num)向 numbers 中添加指定集合 num
{33, 66, 99, 11, 44, 77, 22, 55, 88}
```

1.5.6 字典类型

字典是一种无序存储结构，包括关键字（key）和关键字对应的值（value）。字典的格式为：dictionary={key:value}。通过关键字可以获得对应的值。

【例 1-21】字典示例。

```
>>> dictionary={'name':'simon','age':20}
>>> print(dictionary)
{'name': 'simon', 'age': 20}
>>> dictionary['name']
'simon'
```

常用的字典函数示例如下。

1. len(d)

【例 1-22】该函数接收一个字典作为参数，作用是计算字典元素个数，即键的总数。

```
>>> dictionary={'name':'simon','age':20}
>>> len(dictionary)                         #使用 len(dictionary)获得字典的元素个数
2
```

2. clear()

【例 1-23】该函数的作用是删除字典内所有元素。

```
>>> dictionary={'name':'simon','age':20}
>>> dictionary.clear()                      #使用 clear()清除字典的所有元素
>>> print(dictionary)
{}
```

3. copy()

【例 1-24】该函数的作用是返回一个字典的复制。

```
>>> dictionary={'name':'simon','age':20}
>>> dictionary_new=dictionary.copy()  #使用 copy()复制字典 dictionary 的元素,并赋给新的字典 dictionary
>>> print(dictionary_new)
{'name': 'simon', 'age': 20}
```

4. get(key, default=None)

【例 1-25】该函数接收两个参数——key 和默认返回值（当 key 不存在时），作用是返回指定键的值，如果该键不在字典中，则返回默认返回值 None。

```
>>> dictionary={'name':'simon','age':20}
>>> value=dictionary.get('name')            #使用 get('name')获得键为'name'的值
>>> print(value)
simon
>>> print(dictionary.get('gender'))         #使用 get('gender')获得键为'gender'的值
None                                        #由于键'gender'不存在,因此返回 None
```

5. keys()

【例 1-26】该函数的作用是以列表形式返回字典中的所有键。

```
>>> dictionary={'name':'simon','age':20}
>>> list=dictionary.keys()                  #使用 keys()获得字典 dictionary 中的所有键
>>> print(list)
dict_keys(['name', 'age'])                  #以列表形式返回
```

6. values()

【例 1-27】该函数的作用是以列表形式返回字典中的所有值。

```
>>> dictionary={'name':'simon','age':20}
>>> list=dictionary.values()                #使用 values()获得字典 dictionary 中的所有值
```

```
>>> print(list)
dict_values(['simon', 20])                #以列表形式返回
```

1.5.7 元组类型

元组具有和列表相似的数据结构，但它一旦初始化就不能更改，速度比列表快，同时元组不提供动态内存管理的功能，元组可以用下标返回一个元素或子元组。元组和列表有两个区别：元组不能修改里面的元素；元组使用圆括号“()”表示。同样，元组也使用数组下标进行操作。由于元组不可更改，因此可以存放适用于程序生命周期内的数据。

【例 1-28】元组示例。

```
>>> tuple=(12,34,56)                      #定义一个元组
>>> print(tuple)
(12, 34, 56)
>>> print(tuple[1])                       #使用数组下标获取元组的元素
34
```

常用的元组函数示例如下。

1. len(t)

【例 1-29】该函数接收一个元组作为参数，作用是计算元组元素个数。

```
>>> tuple1=(1,2,3,4)
>>> len(tuple1)                           #使用 len(tuple1)获得元组的元素个数
4
```

2. max(t)

【例 1-30】该函数接收一个元组作为参数，作用是返回元组中元素的最大值。

```
>>> tuple1 = (1,2,3,4)
>>> max(tuple1)                           #使用 max(tuple1)获得元组中的最大值
4
```

3. min(t)

【例 1-31】该函数接收一个元组作为参数，作用是返回元组中元素的最小值。

```
>>> tuple1=(1,2,3,4)
>>> min(tuple1)                           #使用 min(tuple1)获得元组中的最小值
1
```

4. tuple(list)

【例 1-32】该函数接收一个列表作为参数，然后将该列表转换为元组。

```
>>> list=['this','is',123,'a','number']
>>> tuple(list)                           #使用 tuple(list)将列表转换为元组
('this', 'is', 123, 'a', 'number')
```

1.6 Python 语句与函数

1.6.1 条件判断语句

在编程的过程中，经常会遇到各种逻辑判断。Python 提供 if 条件判断语句实现程序的逻辑判断。if 条件判断语句是通过一条或多条语句的执行结果（true 或 false）来决定执行的代码块。Python 中的 if 语句用于控制程序的执行，基本格式如下。

```
if 判断条件:
    执行语句…
else:
    执行语句…
```

【例 1-33】基本条件判断示例。

```
>>> number=10
>>> if number==10:
...     print('Hi,number is 10')
...
Hi,number is 10
```

如果是多条件判断，则需要使用如下格式。

```
if 判断条件 1:
    执行语句 1…
elif 判断条件 2:
    执行语句 2…
elif 判断条件 3:
    执行语句 3…
…
else:
    执行语句 n…
```

【例 1-34】多条件判断示例。

```
>>> number=12
>>> if number==10:
...     print('Hi,number 10')
... elif number<10:
...     print('less than number 10')
... else:
...     print('great than number 10')
...
great than number 10
```

由于 Python 并不支持 switch 语句，所以多个条件判断只能用 elif 来实现。如果需要多个条件同时判断时，可以使用 or（或），表示两个条件有一个成立时判断条件成立；使用 and（与），表示只有两个条件同时成立的情况下，判断条件才成立。

【例 1-35】同时判断多个条件示例。

```
>>> number=10
>>> name='simon'
>>> if number==10 and name=='simon':
...     print('Hi,simon,number 10')
...
Hi,simon,number 10
```

1.6.2 循环语句

Python 中提供了两种主要的循环语句：for 和 while。

1. for 循环

Python 中的 for 循环可以遍历任何序列的项目，如一个列表或一个字符串，直到遍历完为止。

for 循环语句的格式如下。

```
for 循环变量 in 循环项目:
    执行语句
```

【例 1-36】遍历列表示例。

```
>>> list=['Hi','my','name','is','simon']
>>> for str in list:
...     print(str)
...
Hi
my
name
is
simon
```

【例 1-37】遍历集合示例。

```
>>> set={1,2,3,4,5,6}
>>> for num in set:
...     print(num)
...
1
2
3
```

```
4
5
6
```

【例 1-38】遍历字典示例。

```
>>> dictionary={'color':'red','name':'tom'}
>>> for str in dictionary:
...     print(str)
...
color
name
```

2. while 循环

Python 中的 while 语句用于循环执行程序，即在某条件下，循环执行某段程序，以处理需要重复处理的相同任务。其基本格式如下。

```
while 判断条件:
    执行语句……
```

执行语句可以是单个语句或代码块。判断条件可以是任何表达式，任何非零或非空（null）的值均为 true。当判断条件为 false 时，循环结束。

【例 1-39】while 循环遍历小于 10 的数字示例。

```
>>> number=1
>>> while number<10:
...     print(number)
...     number=number + 1
...
1
2
3
4
5
6
7
8
9
```

1.6.3 自定义函数

函数是组织好的、可重复使用的、用来实现单一或相关联功能的代码块。函数能提高应用的模块性和代码的重复利用率。函数是具有名字的代码块，能够被程序根据实际需求进行调用，从事不同的具体工作。

自定义一个满足特定功能的函数，其规则如下。

① 函数代码块以 def 关键字开头，后接函数标识符名称和圆括号“()”。

② 任何传入参数和自变量必须放在圆括号中。

③ 函数的第一行语句可以有选择地使用文档字符串，用于存放函数说明。

④ 函数内容以冒号起始，并且缩进。

⑤ 函数中的 return [表达式] 表示有选择地返回一个值给调用方。不带表达式的 return 相当于返回 None。

Python 的函数分为自定义函数和内置函数，Python 中有很多内置函数，如 print() 等。下面我们来自定义简单的函数。

【例 1-40】 自定义不带参数和带参数的函数示例。

```
>>> def function1():
...         print('this is a function without parameter.')
...
>>>def function2(name='simon'):
...         print('this is a function with a parameter.')
...
>>> function1()
this is a function without parameter.
>>> function2()
this is a function with a parameter.
```

【例 1-41】 自定义不带 return 和带 return 的函数示例。

```
>>> def function1():
...         print('this is a function without return.')
...
>>> def function2(name='simon'):
...         print('this is a function with a return.')
...         return name
...
>>> function1()
this is a function without return.
>>> function2()
this is a function with a return.
'simon'
```

1.7 任务实现

本任务使用 PyCharm 实现一个 Welcome to Python！小程序。

1）建立一个 PyCharm 项目，并命名为 Welcome to Python，如图 1-29 所示。

图 1-29 设置项目保存路径

2）在项目根节点上右击，在弹出的快捷菜单中选择“New”→“Python File”命令，如图 1-30 所示，在 PyCharm 中创建一个以 Python 3.6 项目解释器作为编程环境的 Python 文件。在此将该文件命名为“Welcome to Python”，如图 1-31 所示。

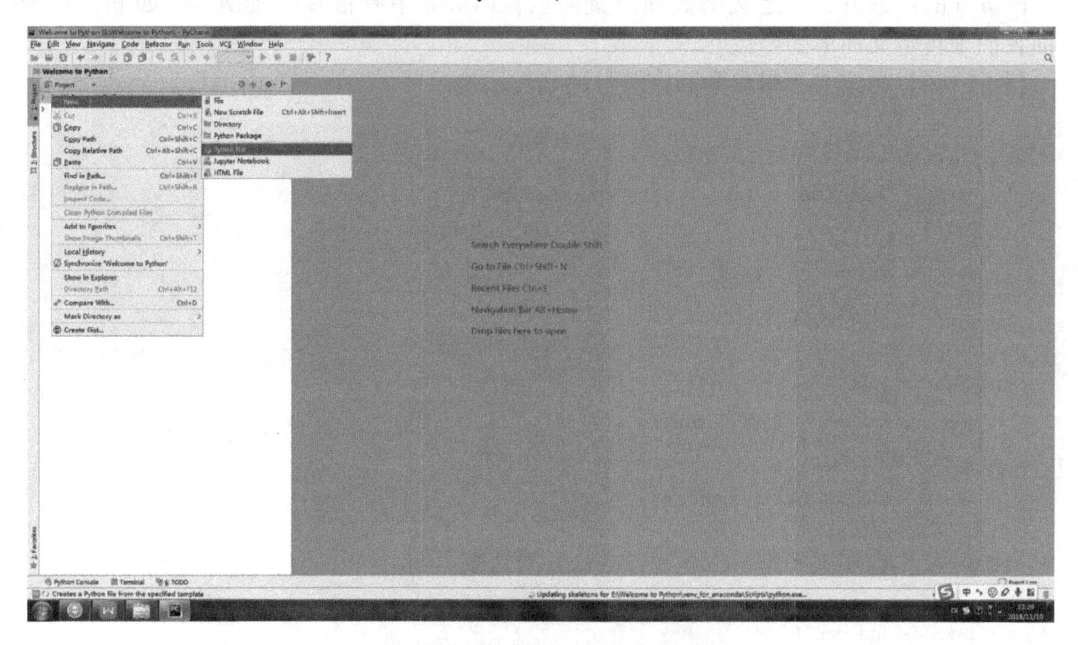

图 1-30 选择创建 Python 文件命令

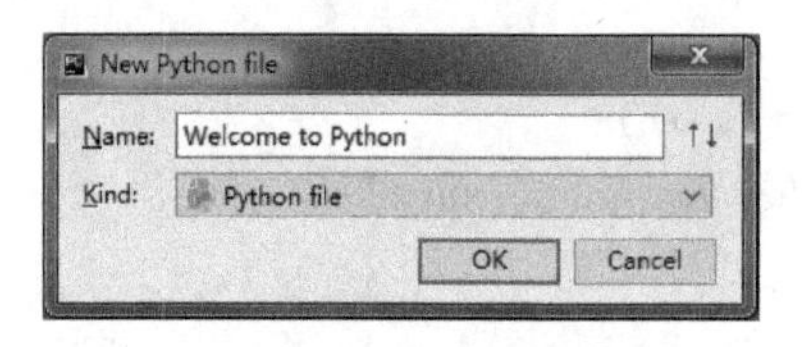

图 1-31 给 Python 文件命名

3）在右侧项目编辑区域中声明一个变量 str，并将字符串“Welcome to Python!”赋值给 str，然后使用 print()函数输出 str 的内容。这样就完成了 Welcome to Python！程序。

```
str='Welcome to Python! '
print(str)
```

1.8 小结

通过本任务的学习，了解了 Python 的基本含义，掌握了在不同操作系统中搭建 Python 的编程环境和安装 PyCharm 集成开发环境；并了解了 Python 的基础语法。

1.9 习题

1. 通过 PyCharm 建立一个项目，项目名称自定义。在该项目中实现一个 Welcome to Python！程序。

2. 通过 PyCharm 建立一个项目，项目名称自定义。在该项目中定义一个列表，并使用列表函数 append( )向该列表中添加数据，最后使用 for 循环语句遍历输出。

任务 2　实现简单数据采集

学习目标

- 了解网络爬虫的基本概念。
- 了解 Python 爬虫的工作过程。
- 掌握网络基础知识。
- 了解并搭建基于 Python 的爬虫环境。
- 掌握 Python 爬虫库的安装及使用方法。

2.1　任务描述

本任务将搭建基于 Python 的爬虫环境，包括 requests 库、lxml 库和 BeautifulSoup 库的安装；使用 requests 库对需要爬取的百度网页进行请求并获得响应数据；使用 lxml 库和 BeautifulSoup 库对获得的响应数据进行解析后得到需要操作的页面元素。

2.2　网络爬虫基础知识

2.2.1　网络爬虫概述

爬虫分为横向爬虫和纵向爬虫。横向爬虫主要面向大范围非精确信息的爬取，适用于舆情等概要信息的收集。纵向爬虫主要面向小范围精确信息的爬取，适用于针对某个具体行业的数据获取。

目前，横向爬虫性价比较高，且开源较多。纵向爬虫由于往往需要精确的需求分析，要量身打造，所以开源很少。

2.2.2　使用网络爬虫的风险

网络爬虫这个名字虽然能够形象地描述这项技术，但是有关爬虫的利弊确实存在很多质疑。爬虫频繁地访问网站会导致该网站的资源被占用，甚至用户的个人信息和商业信息都受到侵害。

爬虫技术可能存在以下风险。

1）由于大量占用爬取网站的资源，对爬取网站造成访问困难，严重影响网站的可用性。

2）网站敏感信息的获取是否造成不良后果。

3）违背网站爬取设置。

目前我国还没有专门针对爬虫技术的法律或规范。一般而言，爬虫程序只是在更高效地收集信息，因此从技术中立的角度而言，爬虫技术本身并无违法违规之处。但是，随着数据产业的发展，数据爬取犹如资源争夺战一般越发激烈，数据爬取带来的各种问题和顾虑将日渐增加。

2.2.3 Python 爬虫的工作过程

爬虫的工作原理其实和使用浏览器访问网页的工作原理是完全一样的，都是根据 HTTP（HyperText Transfer Protocol，超文本传输协议）来获取网页内容。其工作流程主要包括以下几个步骤。

1）连接 DNS 域名服务器，将待抓取的 URL 进行域名解析。

2）根据 HTTP，发送 HTTP Request（请求）和 Response（响应）来获取网页内容。

一个完整的网络爬虫基础框架如图 2-1 所示。

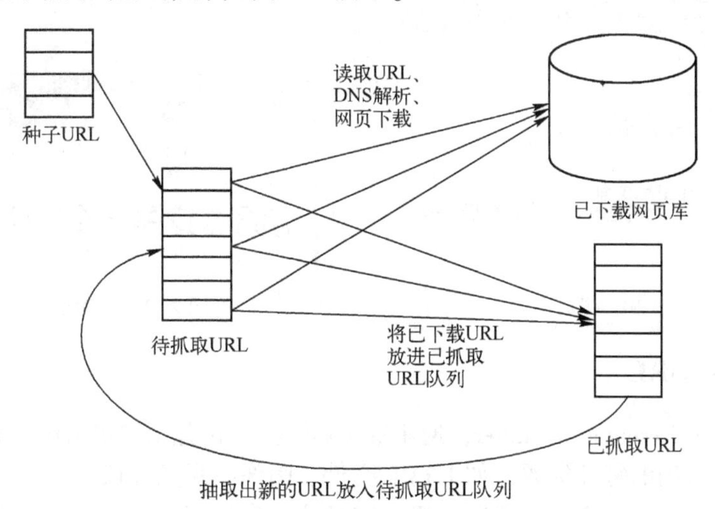

图 2-1 网络爬虫基础框架

2.3 网络基础知识

除了使用 Python 之外，爬虫涉及的基本技术包括 HTTP、requests 库和 BeautifulSoup 库。

HTTP 是指超文本传输协议，是一种网络通信协议。

requests 库是一个专门用于编写爬虫的请求库。

BeautifulSoup 库是一个专门用于解析爬虫所爬取的页面数据的解析库。

2.3.1 HTML

1. HTML 基础

HTML（Hyper Text Markup Language，超文本标记语言）使用起来比较简单，功能强大，具有可扩展性、平台无关性、通用性的特性。它以标签的形式描述网页的内容，因此，HTML 并不是一种编程语言，而是一种标记语言。网页本身就是一个文本文件，通过在文本文件中加入特定标记，让浏览器能够快速、顺序地识别网页内容。

2. HTML 页面基本结构

<!DOCTYPE html>表示这是一个文本类型的 HTML 文件。

<html>表示这是一个文本类型，并且遵守的是 HTML 规范和标准。

<head>表示页面的头部信息，用于描述页面的概要信息，如标题、语言、字符集等。

<meta>表示页面的元信息，即基本信息。它放在<head>标签之中，可以实现对网页的特定操作，如是否清除页面缓存，还可以给搜索引擎提供搜索支持等。

<title>表示页面的标题。

<body>表示页面的主体内容。浏览器的显示区域就是<body>的工作范围。<body>可以被看成一个容器，里面可以包含其他标签。

3. 一个 HTML 实例

使用记事本编写 HTML 网页内容，如图 2-2 所示。用浏览器渲染的效果如图 2-3 所示。

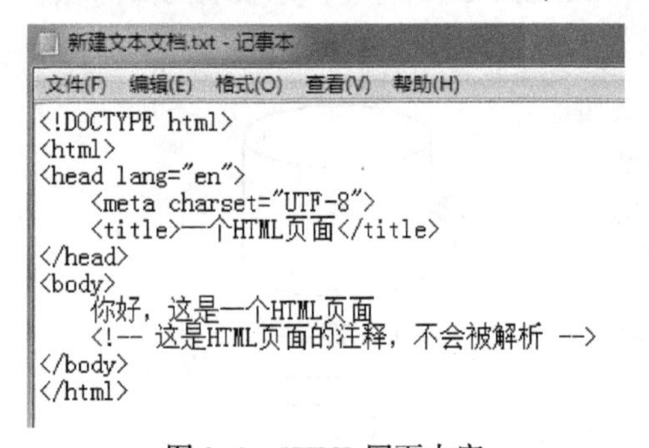

图 2-2　HTML 网页内容

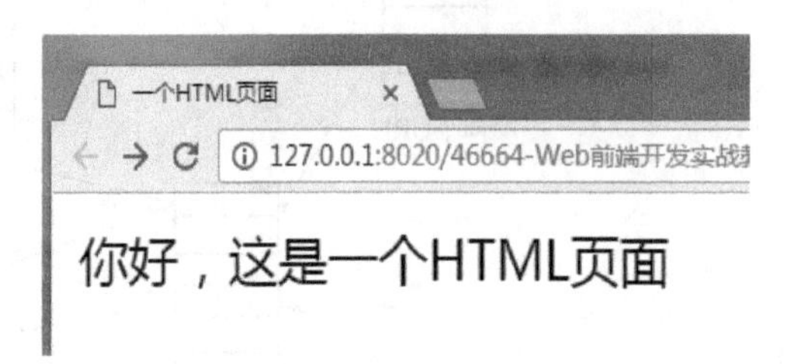

图 2-3　HTML 渲染效果

2.3.2　URI 和 URL

URI（Uniform Resource Identifier，通用资源标识符）由包括确定语法和相关协议的方案所定义。Web 上可用的每种资源，如 HTML 文件、图像、视频片段、程序等由一个 URI 进行定位。URI 是以一种抽象的、高层次概念定义统一资源标识，而 URL（Uniform Resource Locator，统一资源定位符）则是具体的资源标识的方式。URL 是 URI 的一个子集。

URL 是一种具体的 URI，即 URL 可以用来标识一个资源，而且指明了如何定位这个资源。URL 是对互联网上可得到的资源的位置和访问方法的一种简洁表示，是互联网上标准资源的地址。互联网上的每个文件都有一个唯一的 URL，它包含的信息指出文件的位置以及浏览器应该怎么处理它。图 2-4 所示为一个 URL，其各个组成部分的含义如下：http 表示使用的网络协议；hostname 是解析后指向的 IP 地址；port 表示程序指定的端口号；/CSS 是需要访问的文件路径；? 后面跟传递的参数；#表示指定的页面位置。

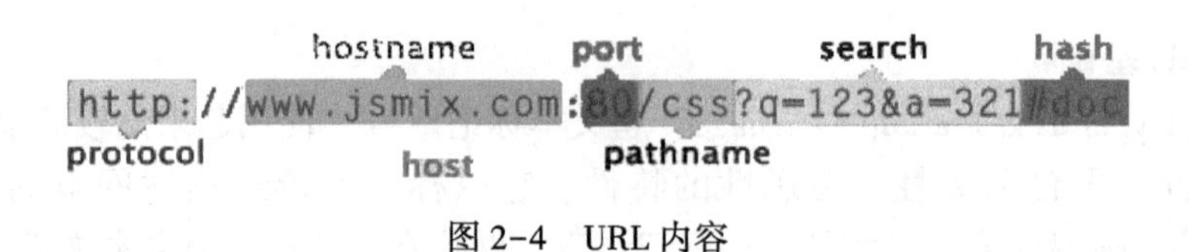

图 2-4　URL 内容

2.3.3 HTTP

HTTP 是一种网络通信协议，主要包括 URL、Request 和 Response。

网络中的设备能够基于该协议进行网络资源的交互，就像两个使用不同语言的人需要交流一样，如果都说自己的语言对方肯定听不懂，但要是双方都会英语，那就可以交流了。在网络中，这样的交流发生在客户端和服务器之间。客户端的浏览器通常是具体请求 Request 的发起者，而服务器通过 Response 响应数据返回给客户端浏览器。客户端和服务器之间交流的内容通常是由 Text 文本、CSS 层叠样式表、Image 图片、Video 视频、Script 脚本等内容组成的 Web 文件，如图 2-5 所示。

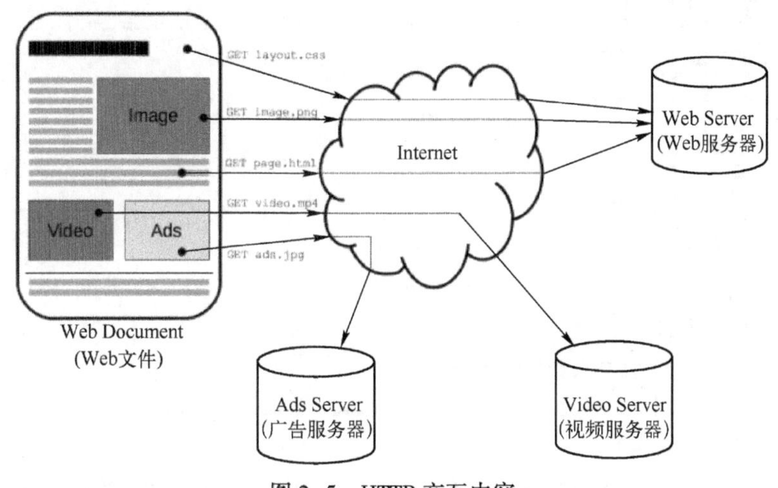

图 2-5　HTTP 交互内容

2.3.4 Request 和 Response

在网络通信过程中，需要使用基于 HTTP 的 Request（请求）向 URL 所在的服务器请求数据。然后，该服务器通过 Response（响应）将需要的数据返回客户端。实际上，输入 URL 后，浏览器给 Web 服务器发送了一个 Request，Web 服务器收到 Request 之后进行处理，生成相应的 Response，然后发送给浏览器，浏览器解析 Response 中的 HTML，这样用户就看到了网页，其过程如图 2-6 所示。

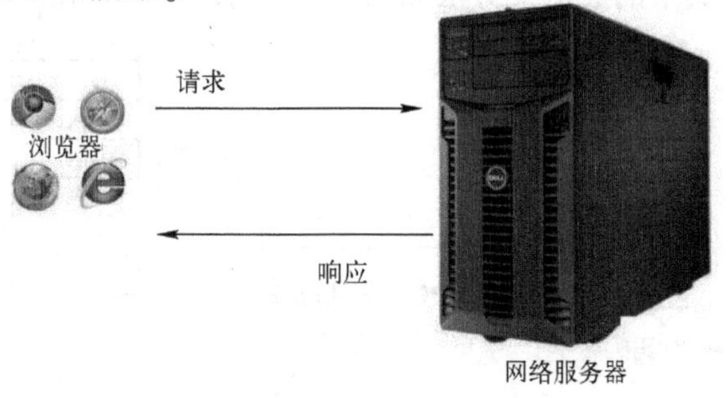

图 2-6　Request 和 Response 交互过程

Request 是指通过客户端浏览器向服务器发起信息请求的内容。通过把需要请求的具体内容按照特定的网络协议进行编码，包括浏览器的信息、HTTP 的状态参数以及客户端的

Cookie。因此，服务器收到 Request 之后就可以清楚地知道是谁在请求数据、它有没有请求过数据、对应客户端的 Session 是否有内容，以及应该返回哪些数据。

Response 是指通过服务器向客户端返回数据的响应。服务器在收到客户端请求之后，根据客户端提供的需求和状态，立刻生成对应的页面信息和 Cookie，并返回给客户端。

图 2-7 所示是访问百度首页过程中 Request 和 Response 的交互信息。

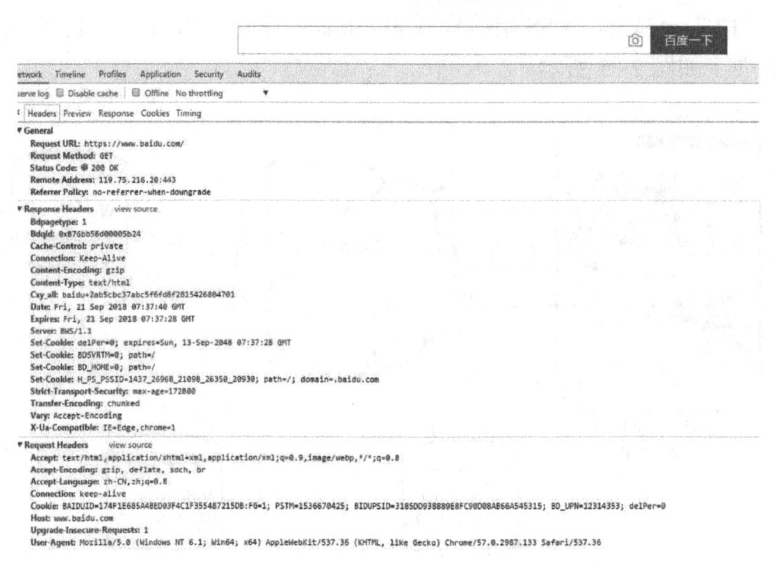

图 2-7　访问百度首页过程中 Request 和 Response 的交互信息

2.4　requests 库的安装及使用

2.4.1　requests 库概述

requests 库是 Python 中的一个 HTTP 网络请求库，用来简化网络请求。通过对 requests 库的引用，便能够使用其中的成员（方法和属性），如图 2-8 所示。

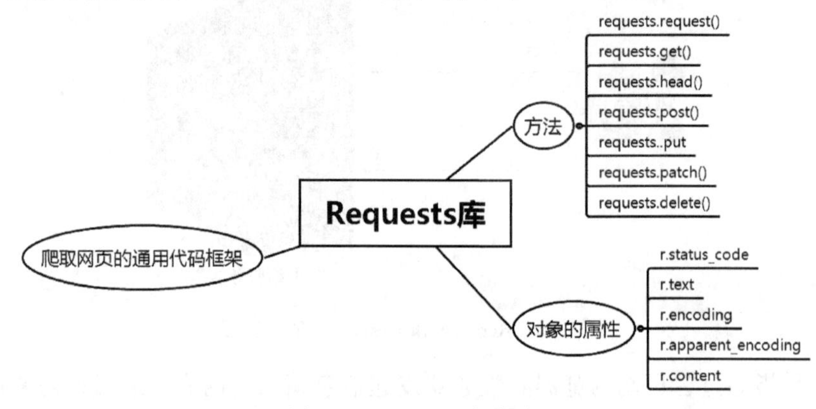

图 2-8　Requests 库成员

2.4.2 requests 库的安装

安装 request 库的操作步骤如下。

1）在 PyCharm 中选择“File”→“Settings”菜单命令，如图 2-9 所示。

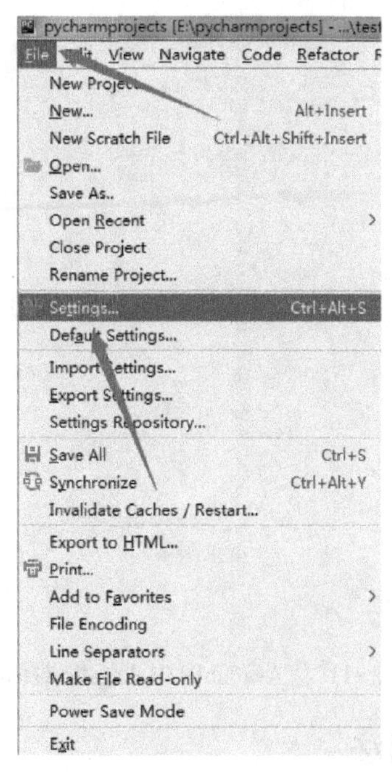

图 2-9 选择“File”→“Settings”菜单命令

2）弹出“Settings”对话框，在左侧窗格中依次选择“Project：pycharmprojects”→“Project Interpreter”选项，然后单击右上角的“+”按钮，如图 2-10 所示。

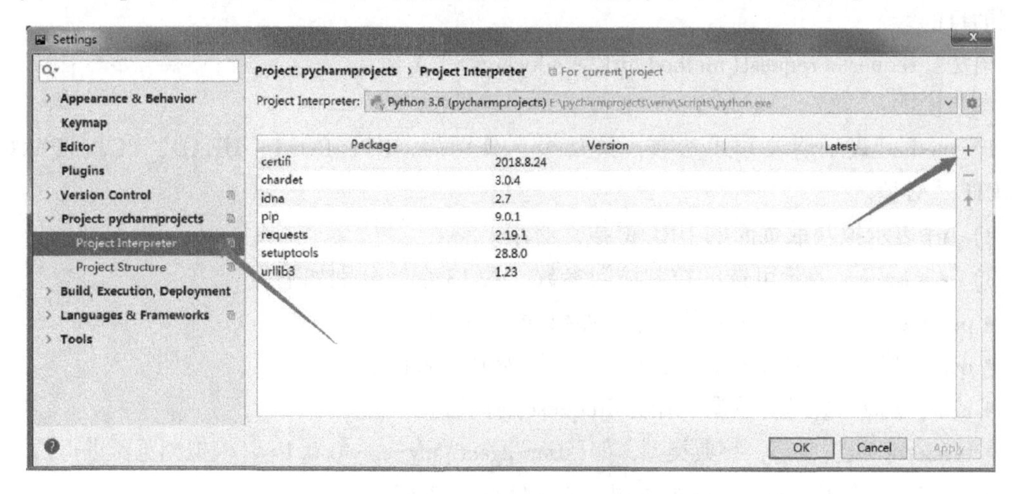

图 2-10 “Setting”对话框

3）弹出“Available Packages”对话框，在搜索文本框中输入“requests”，选择列表框中出现的“requests”，然后单击“Install Package”按钮，如图 2-11 所示。

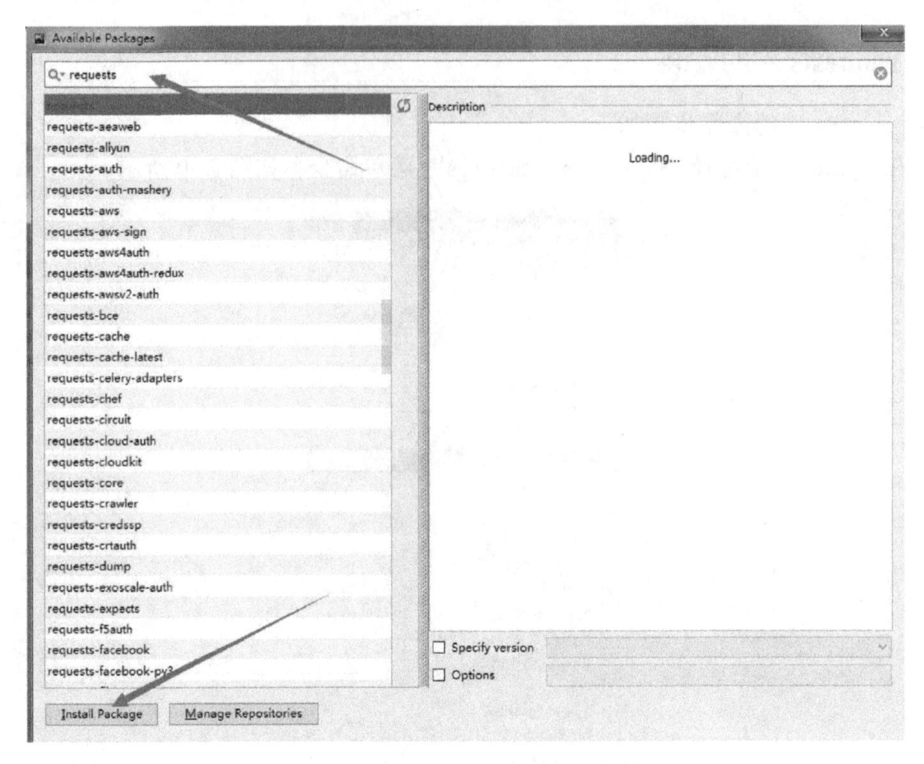

图 2-11 “Available Package”对话框

2.4.3 requests 库的基本用法

1. requests 库的常用方法

（1） request( )

requests. request( )用于生成一个请求。这是一个总方法，可以通过传入不同的参数实现不同的目的。

语法：requests. request(method,url, ** kwargs)

参数说明：

1） method 表示请求方式参数，共 7 个，分别为 GET、POST、HEAD、PUT、PATCH、DELETE。必填。

2） url 表示拟获取页面的 URL 链接。必填。

3） ** kwargs 表示可选的控制访问参数，共 13 个，分别如下。

- params：字典或字节序列，作为参数增加到 url 中。
- data：字典、字节序列或文件对象，作为 Request 的内容。
- json：JSON 格式的数据，作为 Request 的内容。
- headers：设置头部，字典类型，如{'user-agent':'my-app/0. 0. 1'}（模拟浏览器进行访问）。
- cookies：设置 cookie，字典类型，如{"key"："value"}。
- auth：元组格式的数据。
- files：字典类型，传输文件。
- timeout：设置超时时间，以秒（s）为单位。

- proxies：设置代理，字典类型，如{"http"："http://10.10.1.10:8080"}。
- allow_redirects：True 或 False，默认为 True，重定向开关。
- stream：True 或 False，默认为 True，获取内容立即下载开关。
- verify：True 或 False，默认为 True，认证 SSL 证书开关。
- cert：本地 SSL 证书路径。

【例 2-1】 使用 requests 的 request()方法以字典数据作为参数获取 github 的 API 数据。

```
dic={'q':'crawler'}        #定义一个字典数据
r=requests.request('GET','https://api.github.com/search/repositories',params=dic)
#使用 GET 参数调用 get()方法,指定 url 为 github 的开放 API,设置 params 为 dic
print(r.url)               #获取请求内容
https://api.github.com/search/repositories?q=crawler       #返回的结果
```

（2） get()

requests.get()是指使用 GET 方法获取指定的 URL。

语法：requests.get(url, params={}, headers={}, cookies={}, allow_redirects=True, timeout=float, proxies={}, verify=True)

【例 2-2】 使用 requests 的 get()方法以字典数据作为参数获取 github 的 API 数据。

```
content={'q':'crawler','per_page':'5'}
r=requests.get('https://api.github.com/search/repositories',params=content)
print(r.url)      #获取请求内容
https://api.github.com/search/repositories? q=crawler&per_page=5      #返回的结果
```

（3） post()

requests.post()是指使用 POST 方法获取指定 URL。以表单形式发送数据时，只需传递一个字典数据给 data 关键字，在发送请求的时候，会自动编码为表单的形式。

语法：requests.post(url, data={}, headers={}, cookies={}, json='', files={}, allow_redirects=True, timeout=float, proxies={}, verify=True)

【例 2-3】 使用 requests 的 post()方法以字典数据作为参数获取 github 的 API 数据。

```
content={'id':'crawler','pwd':'123'}
r=requests.post('http://www.xxx/api/login.aspx',data=content)
#以表单数据的形式向 http://www.xxx/api/login.aspx 发送数据
```

（4） head()

requests.head()是指使用 HEAD 方法获取页面的头部信息。

【例 2-4】 使用 requests 的 head()方法获取指定 URL 的头部信息。

```
r=requests.head("http://www.baidu.com/")   #获取百度页面的头部信息
print(r.headers)
{'Server': 'bfe/1.0.8.18', 'Date': 'Sat, 24 Nov 2018 04:29:18 GMT', 'Content-Type': 'text/html',
```

```
'Last-Modified': 'Mon, 13 Jun 2016 02:50:08 GMT', 'Connection': 'Keep-Alive', 'Cache-Control': 'private, no-cache, no-store, proxy-revalidate, no-transform', 'Pragma': 'no-cache', 'Content-Encoding': 'gzip'}  #返回的结果
```

2. requests 库的对象属性

1）requests. status_code 是指返回状态码。

2）requests. text 是指返回的页面内容。

3）requests. encoding 是指返回页面内容使用的可能的编码方式。如果网页没有设置 charset 的值，就使用默认的编码格式。

4）requests. apparent_encoding 是指返回对页面内容分析后的编码方式。

5）requests. content 是指以二进制的形式返回 response 的内容。

3. 一个简单的 requests 库实现案例

使用 requests 库显示百度页面的各属性值。

1）在 Python 文件中导入 requests 库。

```
import requests
```

2）使用 requests. get( )方法获得指定 URL。

```
req=requests.get('https://www.baidu.com')
```

3）查看返回的 requests 对象属性值。

```
print(req.status_code)
print(req.encoding)
print(req.text)
print(req.content)
```

4）显示结果如图 2-12 所示。

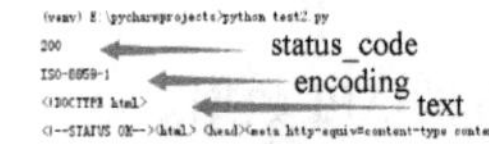


```
(venv) E:\pycharmprojects>python test2.py
200
ISO-8859-1
<!DOCTYPE html>
<!--STATUS OK--><html> <head><meta http-equiv=content-type content=text/html;charset=utf-8><meta http-equiv=X-UA-Compatible content=IE=Edge><meta content=always name=referrer><link rel=stylesheet type=text/css href=https://ss1.bdstatic.com/5eN1bjq8AAUYm2zgoY3K/r/www/cache/bdorz/baidu.min.css><title>[illegible]
class=fm> <input type=hidden name=bdorz_come value=1> <input type=hidden name=ie value=utf-8> <input type=hidden name=f value=8> <input type=hidden name=rsv_bp value=1> <input type=hidden name=rsv_idx value=1> <input type=hidden name=tn value=baidu><span class="bg s_ipt_wr"><input id=kw name=wd class=s_ipt
value maxlength=255 autocomplete=off autofocus=autofocus></span><span class="bg s_btn_wr"><input type=submit id=su value=[illegible] class="bg s_btn" autofocus></span> </form> </div> </div> <div id=u1> <a href=http://news.baidu.com name=tj_trnews class=mnav>[illegible]</a> <a href=https://www.hao123.com na
me=tj_trhao123 class=mnav>hao123</a> <a href=http://map.baidu.com name=tj_trmap class=mnav>[illegible]</a> <a href=http://v.baidu.com name=tj_trvideo class=mnav>[illegible]</a> <a href=http://tieba.baidu.com name=tj_trtieba class=mnav>[illegible]</a> <noscript> <a href=http://www.baidu.com/bdorz/login.gif?login&amp
;tpl=mn&amp;u=http%3A%2F%2Fwww.baidu.com%2f%3fbdorz_come%3d1 name=tj_login class=lb>[illegible]</a> </noscript> <script>document.write('<a href="http://www.baidu.com/bdorz/login.gif?login&tpl=mn&u='+ encodeURIComponent(window.location.href+ (window.location.search === "" ? "?" : "&")+ "bdorz_come=1")+ '" name="
tj_login" class="lb">[illegible]</a>');
                </script> <a href=//www.baidu.com/more/ name=tj_briicon class=bri style="display: block;">[illegible]</a> </div> </div> </div> <div id=ftCon> <div id=ftConw> <p id=lh> <a href=http://home.baidu.com>[illegible]</a> <a href=http://ir.baidu.com>About Baidu</a> </p> <p id=cp>&copy;2017
 Baidu <a href=http://www.baidu.com/duty/>[illegible]</a> <a href=http://jianyi.baidu.com/ class=cp-feedback>[illegible]</a> [illegible]ICP[illegible]030173[illegible] <img src=//www.baidu.com/img/gs.gif> </p> </div> </div> </div> </body> </html>
b'<!DOCTYPE html>\r\n<!--STATUS OK--><html> <head><meta http-equiv=content-type content=text/html;charset=utf-8><meta http-equiv=X-UA-Compatible content=IE=Edge><meta content=always name=referrer><link rel=stylesheet type=text/css href=https://ss1.bdstatic.com/5eN1bjq8AAUYm2zgoY3K/r/www/cache/bdorz/baidu.min
.css><title>\xe7\x99\xbe\xe5\xba\xa6\xe4\xb8\x80\xe4\xb8\x8b\xef\xbc\x8c\xe4\xbd\xa0\xe5\xb0\xb1\xe7\x9f\xa5\xe9\x81\x93</title></head> <body link=#0000cc> <div id=wrapper> <div id=head> <div class=head_wrapper> <div class=s_form> <div class=s_form_wrapper> <div id=lg> <img hidefocus=true src=//www.baidu.com
/img/bd_logo1.png width=270 height=129> </div> <form id=form name=f action=//www.baidu.com/s class=fm> <input type=hidden name=bdorz_come value=1> <input type=hidden name=ie value=utf-8> <input type=hidden name=f value=8> <input type=hidden name=rsv_bp value=1> <input type=hidden name=rsv_idx value=1> <input
 type=hidden name=tn value=baidu><span class="bg s_ipt_wr"><input id=kw name=wd class=s_ipt value maxlength=255 autocomplete=off autofocus=autofocus></span><span class="bg s_btn_wr"><input type=submit id=su value=\xe7\x99\xbe\xe5\xba\xa6\xe4\xb8\x80\xe4\xb8\x8b class="bg s_btn" autofocus></span> </form> </di
v> </div> <div id=u1> <a href=http://news.baidu.com name=tj_trnews class=mnav>\xe6\x96\xb0\xe9\x97\xbb</a> <a href=https://www.hao123.com name=tj_trhao123 class=mnav>hao123</a> <a href=http://map.baidu.com name=tj_trmap class=mnav>\xe5\x9c\xb0\xe5\x9b\xbe</a> <a href=http://v.baidu.com name=tj_trvideo class=
mnav>\xe8\xa7\x86\xe9\xa2\x91</a> <a href=http://tieba.baidu.com name=tj_trtieba class=mnav>\xe8\xb4\xb4\xe5\x90\xa7</a> <noscript> <a href=http://www.baidu.com/bdorz/login.gif?login&amp;tpl=mn&amp;u=http%3A%2F%2Fwww.baidu.com%2f%3fbdorz_come%3d1 name=tj_login class=lb>\xe7\x99\xbb\xe5\xbd\x95</a> </noscript
> <script>document.write(\'<a href="http://www.baidu.com/bdorz/login.gif?login&tpl=mn&u=\'+ encodeURIComponent(window.location.href+ (window.location.search === "" ? "?" : "&")+ "bdorz_come=1")+ \'" name="tj_login" class="lb">\xe7\x99\xbb\xe5\xbd\x95</a>\');\r\n                </script> <a href=//www.baidu.c
om/more/ name=tj_briicon class=bri style="display: block;">\xe6\x9b\xb4\xe5\xa4\x9a\xe4\xba\xa7\xe5\x93\x81</a> </div> </div> </div> <div id=ftCon> <div id=ftConw> <p id=lh> <a href=http://home.baidu.com>\xe5\x85\xb3\xe4\xba\x8e\xe7\x99\xbe\xe5\xba\xa6</a> <a href=http://ir.baidu.com>About Baidu</a> </p> <p
 id=cp>&copy;2017 Baidu <a href=http://www.baidu.com/duty/>\xe4\xbd\xbf\xe7\x94\xa8\xe7\x99\xbe\xe5\xba\xa6\xe5\x89\x8d\xe5\xbf\x85\xe8\xaf\xbb</a>  <a href=http://jianyi.baidu.com/ class=cp-feedback>\xe6\x84\x8f\xe8\xa7\x81\xe5\x8f\x8d\xe9\xa6\x88</a> \xe4\xba\xacICP\xe8\xaf\x81030173\xe5
\x8f\xb7  <img src=//www.baidu.com/img/gs.gif> </p> </div> </div> </div> </body> </html>\r\n'
```

图 2-12　百度页面的属性值

2.5 lxml 库和 BeautifulSoup 库的安装及使用

2.5.1 lxml 库概述

lxml 库的解析功能非常强大，效率非常高。lxml 解析库的独特之处在于，它结合了很多其他类似库的运行速度、XML 功能完整性与本机 Python API 的简单性，主要是兼容性优于著名的 ElementTree API。因此，lxml 解析库在 Python 中使用得非常广泛。

2.5.2 BeautifulSoup 库概述

HTML 网页数据包含各种标签、类和属性，并且还具有很好的层级关系。如何高效、准确地获取某个节点，是需要重点考虑的问题。BeautifulSoup 是一个非常好的解析库。它可以从 HTML 或 XML 文件中提取数据的 Python 库。它能够非常容易地通过网页结构和属性提取特定的网页内容，并且提供基于 Python 的函数和自动转换编码方式，还能通过友好的转换器实现惯用的文档导航、查找、修改方式。它位于一个 HTML 或 XML 解析器之上，为迭代、搜索和修改解析树提供 Python 特有风格的操作。

2.5.3 lxml 库和 BeautifulSoup 库的安装

前面使用 requests 库的方法抓取了百度的页面数据。现在需要使用 lxml 和 BeautifulSoup 解析库有针对性地提取需要的数据。

1. lxml 库的安装

可参照第 2.4.2 节 requests 库的安装步骤安装 lxml 工具包，关键步骤如图 2-13 所示。

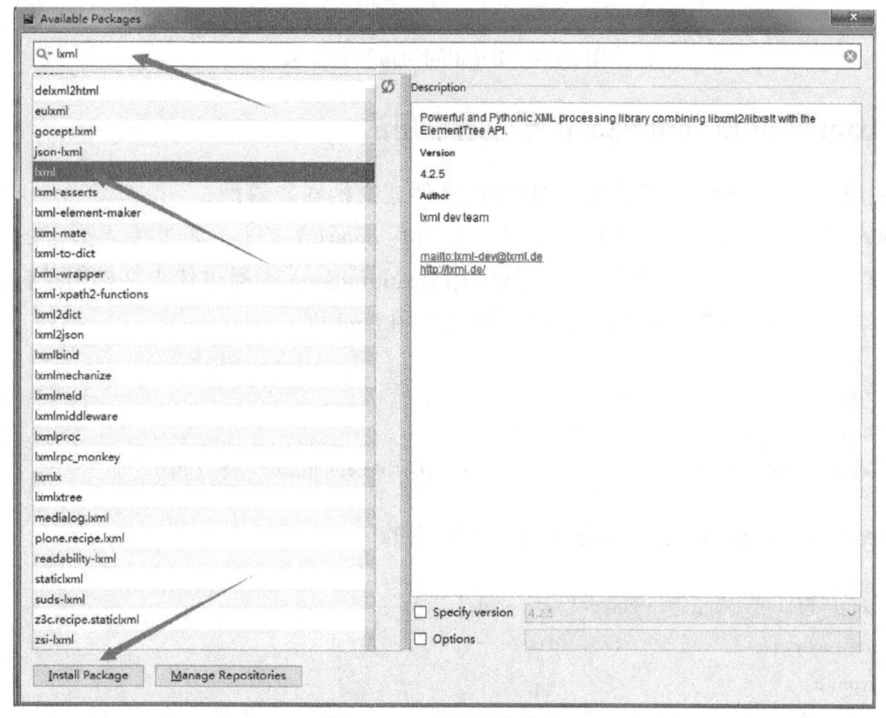

图 2-13　lxml 库的安装

2. BeautifulSoup 库的安装

在安装 BeautifulSoup 库之前，请确保已经成功安装了 lxml 库。可参照第 2.4.2 节 requests 库的安装步骤安装 BeautifulSoup 库，关键步骤如图 2-14 所示。

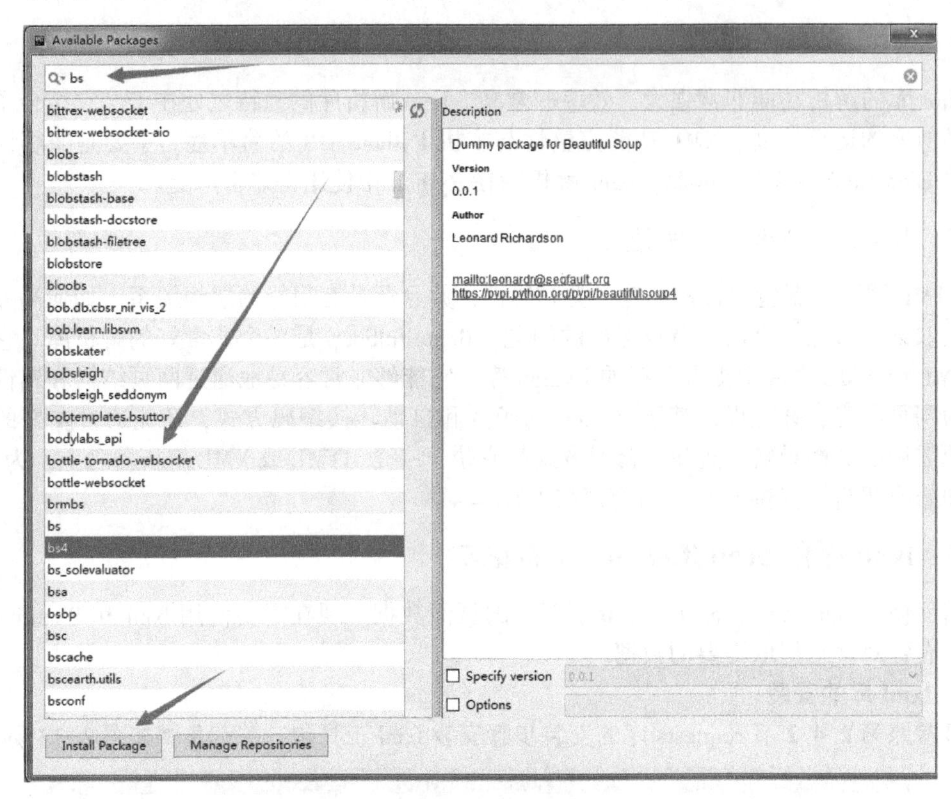

图 2-14 BeautifulSoup 库的安装

2.5.4 lxml 库和 BeautifulSoup 库的基本用法

1. 使用 BeautifulSoup 读取指定 HTML 文件或文档对象模型

在导入了 BeautifulSoup 库之后，就可以使用其 open( )方法，通过传入指定的 HTML 文件获得文档对象。同时，这里也可以直接使用 BeautifulSoup 类通过传入文档对象标签直接初始化。如果没有指定解析库的话，系统会默认使用 lxml 库。

```
from bs4 import BeautifulSoup
soup=BeautifulSoup(open("web.html"))
soup=BeautifulSoup("<html><p>contentone</p><b>contenttwo</b></html>")
```

2. BeautifulSoup 的 tag 对象是与其一一对应的

```
soup=BeautifulSoup('<p class="sc">content</p>')
tag=soup.p
type(tag)
<class 'bs4.element.Tag'>
```

tag 对象有很多方法和属性，其中最重要的属性有 name、attributes 和 string。

1）name 属性表示该标签指向的标签类型。

```
tag. name
u'p'
```

2）attributes 属性表示该标签当中所指向的特定的属性值。

```
tag['class']
u'sc'
```

3）string 属性表示该标签中显示的文本内容。

```
tag. string
u'content'
```

3. 使用文档节点树遍历和查询文档对象

操作文档树最简单的方法就是告诉它希望获取的 tag 的 name，如果想获取 <p> 标签，只要用 soup. p 即可。

```
from bs4 import BeautifulSoup
doc_html = "<html><body><p>contentone</p><b>contenttwo</b></body></html>"
soup = BeautifulSoup(doc_html, "lxml")
print(soup. p)
print(soup. html. body. b)
```

输出结果如下。

```
<p>contentone</p>
<b>contenttwo</b>
```

BeautifulSoup 还可以实现更多复杂的针对文档节点的操作，包括 contents、children、parents、next_sibling 和 previous_sibling 等。

```
doc2_html  = "<html><body><p>contentone</p><b>contenttwo</b></body></html>"
soup = BeautifulSoup(doc2_html, "lxml")
```

contents 属性可以将 tag 的子节点以列表的形式输出。

```
print(soup. contents)
print(soup. contents[0]. contents)
print(soup. contents[0]. contents[0]. contents)
```

输出结果如下。

```
[<html><body><p>contentone</p><b>contenttwo</b></body></html>]
[<body><p>contentone</p><b>contenttwo</b></body>]
[<p>contentone</p>, <b>contenttwo</b>]
```

children 生成器可以对 tag 的子节点进行循环。

```
for child in soup.children:
    print(child)
```

输出结果如下。

```
<html><body><p>contentone</p><b>contenttwo</b></body></html>
```

parent 属性可以获取某个元素的父节点。

```
tag_p=soup.p
tag_p_parent=tag_p.parent
print(tag_p_parent)
```

输出结果如下。

```
<body><p>contentone</p><b>contenttwo</b></body>
```

next_sibling 和 previous_sibling 属性可以查询兄弟节点。

```
tag_p_next_sibling=soup.p.next_sibling
tag_b_previous_sibling=soup.b.previous_sibling
print(tag_p_next_sibling)
print(tag_b_previous_sibling)
```

输出结果如下。

```
<b>contenttwo</b>
<p>contentone</p>
```

2.6 任务实现

本任务将实现使用 BeautifulSoup 库、lxml 库和 requests 库完成对百度标题的爬取和解析任务。

1）在 Python 文件中导入 requests 库和 BeautifulSoup 库。

```
from bs4 import BeautifulSoup
```

2）使用 requests.get()方法获得指定页面数据。

```
req=requests.get('https://www.baidu.com')
```

3）由于 requests 对象的默认编码方式不是 utf-8，因此可能导致乱码，所以先设置 requests.encoding='utf-8'。

```
req.encoding='utf-8'
```

4）在 BeautifulSoup 中使用 lxml 作为解析器，解析 request.text 得到的页面数据。

```
soup=BeautifulSoup(req.text,'lxml')
```

5）输出指定的页面标签文本。这里介绍两种方式。

① 直接使用需要查找的标签名。

```
print(soup.title.string)
```

② 使用 select 方法选择需要查找的标签路径。

```
print(soup.select('head > title')[0].text)
```

标签路径可以通过浏览器的开发者工具获取。其具体获取方法是：打开指定页面后，按〈F12〉键，打开开发者工具，选择指定的页面元素并右击，在弹出的快捷菜单中选择“Copy”→“Copy selector”命令，如图 2-15 所示。

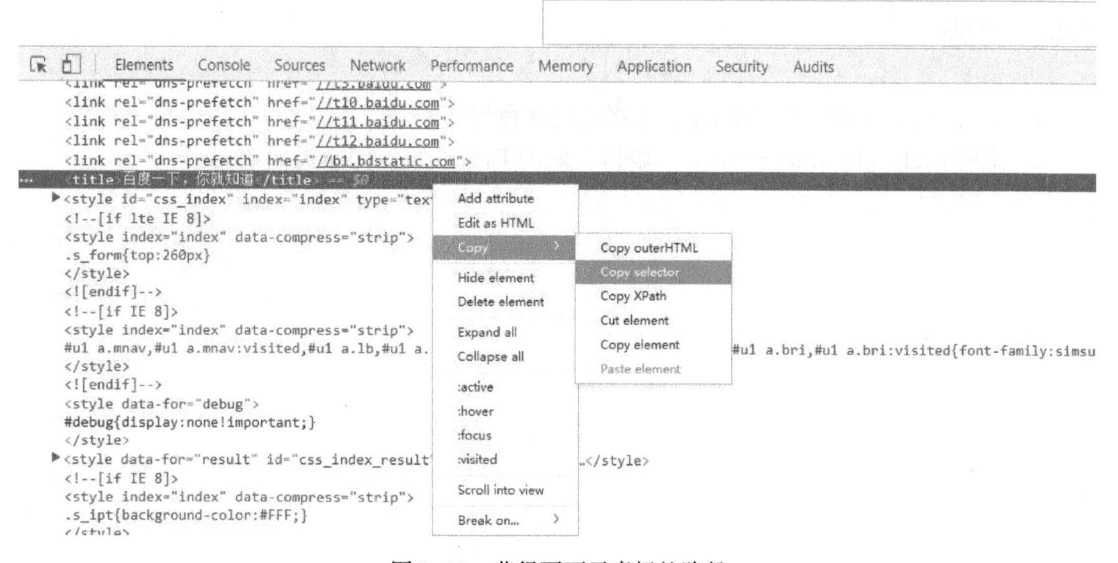

图 2-15　获得页面元素标签路径

6）显示结果如图 2-17 所示。

百度一下，你就知道

图 2-17　标签查询结果显示

这样就使用 requests 库和 BeautifulSoup 库成功地抓取了百度页面中标签为<title>的文本内容。本任务的完整代码如下。

```
import requests
from bs4 import BeautifulSoup
req=requests.get('https://www.baidu.com')
req.encoding='utf-8'
print(req.status_code)
print(req.encoding)
print(req.text)
print(req.content)
soup=BeautifulSoup(req.text,'lxml')
print(soup.title.string)
print(soup.select('head > title')[0].text)
```

2.7 小结

通过本任务的学习，了解了网络爬虫的基本概念、所涉风险和工作过程；了解并搭建了基于 Python 的爬虫环境：requests 库、lxml 库和 BeautifulSoup 库的安装；实现了使用 requests 库对需要爬取的百度网页进行请求并获得响应数据，使用 lxml 库和 BeautifulSoup 库对获得的响应数据进行解析后得到需要操作的页面元素。

2.8 习题

1. 使用 requests 库爬取 Python 官方网站页面数据。
2. 使用 lxml 库和 BeautifulSoup 库解析爬取的 Python 官方网站页面数据。

任务3 存储数据

学习目标

- 了解 MySQL 的基本概念。
- 掌握 MySQL 的安装和操作方法。
- 掌握 PyMySQL 的安装和基本用法。
- 了解 CSV 和 JSON 的基础知识和数据类型转换。
- 掌握 CSV 和 JSON 数据的读取和写入操作。

3.1 任务描述

本任务将使用 Python 操作 CSV 和 JSON 格式的数据实现对学生就业信息的读取和写入，并使用 PyMySQL 实现对 MySQL 数据库中数据的增加、删除、查询和修改。

3.2 MySQL 的安装及使用

3.2.1 MySQL 概述

MySQL 是一种关系数据库管理系统，由瑞典 MySQL AB 公司开发，目前属于 Oracle 公司。关系数据库将数据保存在不同的表中，而不是将所有数据放在一个大仓库内，这样就提高了速度和灵活性。在 Web 应用方面 MySQL 是一款十分好用轻量级 RDBMS 应用软件。

可至 MySQL 官方网站中下载 MySQL 安装包，注意需要先注册、登录之后才能下载。MySQL 下载页面如图 3-1 所示。

MySQL 官方网站地址：https://www.mysql.com

3.2.2 MySQL 的安装

成功下载了 MySQL 安装包之后，可按照以下步骤进行安装。

1）要安装 MySQL，必须接受 Oracle Software 的许可证。勾选“I accept the license terms”复选框，表示接受许可证，然后单击“Next”按钮，如图 3-2 所示。

2）根据需求选择安装类型。选择“Developer Default”单选按钮表示根据 MySQL 开发目的安装所有需要的产品；选择“Server only”单选按钮表示仅安装 MySQL 服务器产品；选择“Client only”单选按钮表示仅安装不带服务器功能的 MySQL 客户端产品；选择“Full”单选按钮表示安装 MySQL 所有产品和特色功能；选择“Custom”单选按钮表示自定义安装 MySQL 的产品。在此选择“Developer Default”单选按钮，然后单击“Next”按钮，如图 3-3 所示。

The world's most popular open source database 

MYSQL.COM　DOWNLOADS　DOCUMENTATION　DEVELOPER ZONE

Enterprise　Community　Yum Repository　APT Repository　SUSE Repository　Windows　Archives

- MySQL on Windows
- MySQL Yum Repository
- MySQL APT Repository
- MySQL SUSE Repository
- MySQL Community Server
- MySQL Cluster
- MySQL Router
- MySQL Shell
- MySQL Workbench
- MySQL Connectors
- Other Downloads

Begin Your Download

To begin your download, please click the Download Now button below.

Download Now »
mysql-installer-community-8.0.12.0.msi

MD5: 53b3a9bb89db061862969b67c68b6f67
Size: 273.4M
Signature

图 3-1　MySQL 下载页面

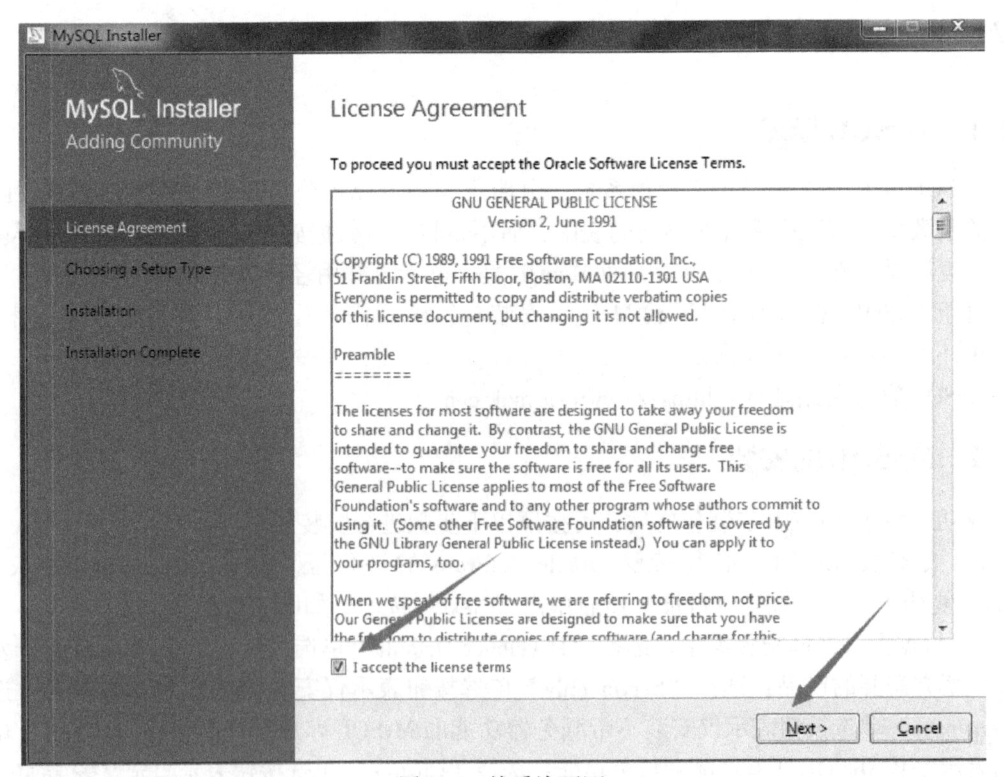

图 3-2　接受许可证

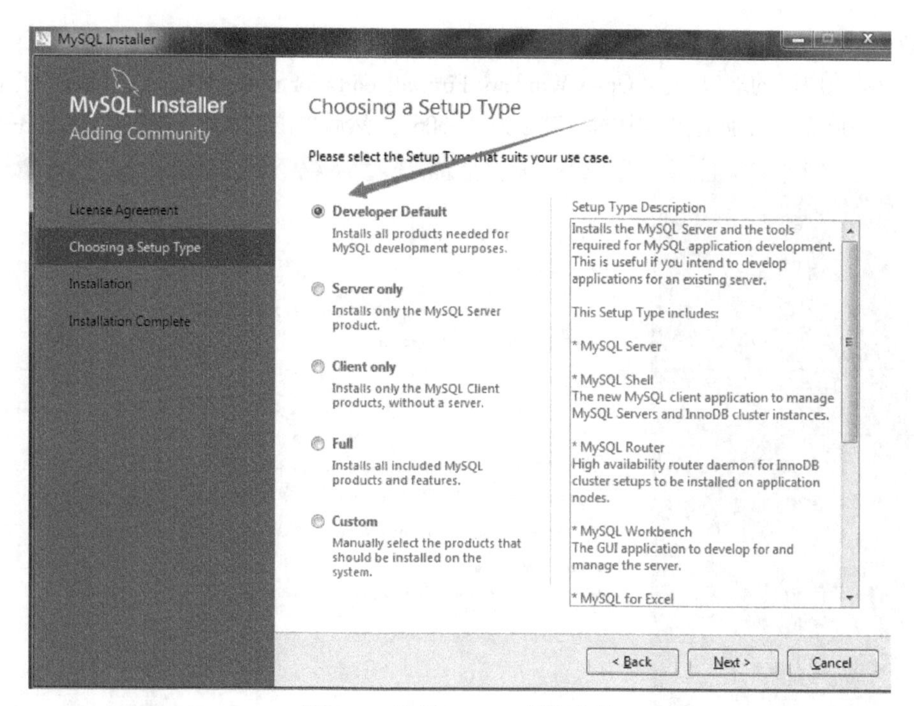

图 3-3　选择 MySQL 安装类型

3）由于上一步选择的安装类型为 Developer Default（开发者默认值），因此会自动配置安装组件内容。在此单击“Execute”按钮，开始安装组件，如图 3-4 所示。

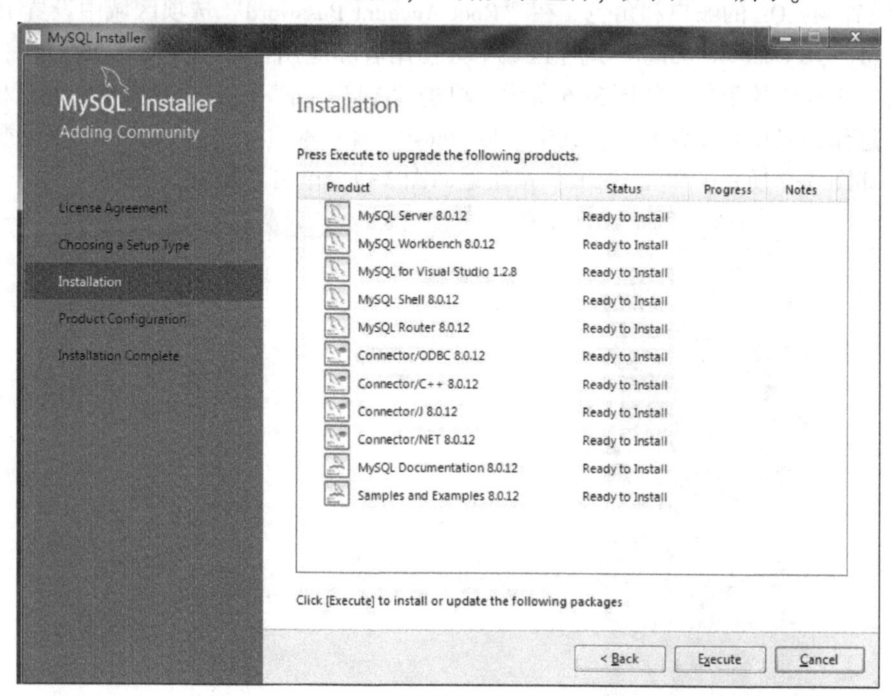

图 3-4　MySQL 特定组件安装

4）网络配置。为 MySQL 服务器安装选择正确的服务器配置类型，在此设置 MySQL 服务器的配置类型为“Development Computer”。在“Connectivity”选项区域中根据需要选择具体的链接参数，其中“TCP/IP”表示链接协议，“Port”表示 MySQL 使用的端口号，“X Protocol Port”表示其他协议的端口号，“Open Windows Firewall ports for network access”表示打开操作系统防火墙。在此需要特别记住其中的端口号为“3306”，然后单击“Next”按钮，如图 3-5 所示。

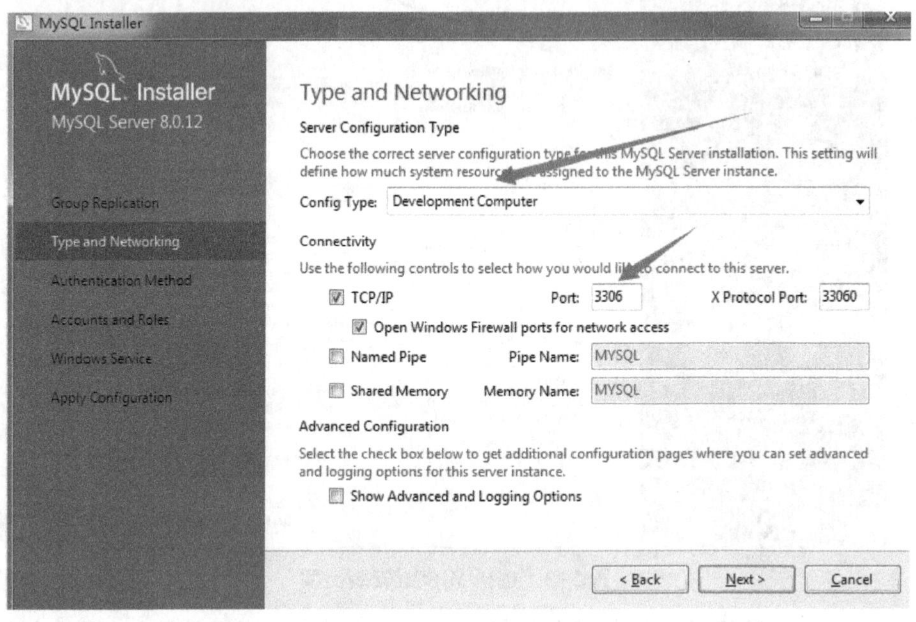

图 3-5　MySQL 网络配置

5）设置 MySQL 的账户和角色。在“Root Account Password”选项区域中设置 Root 的密码，在“MySQL User Accounts”选项区域中为使用者和应用程序创建 MySQL 账户，并指定一个带有一定权限的角色，如图 3-6 所示。单击“Add User”按钮，在弹出的对话框中自定义用户信息作为账户并设置密码，其中“localhost”表示本机，“DB Admin”表示数据库管理角色，如图 3-7 所示，单击“OK”按钮返回图 3-7，单击“Next”按钮。

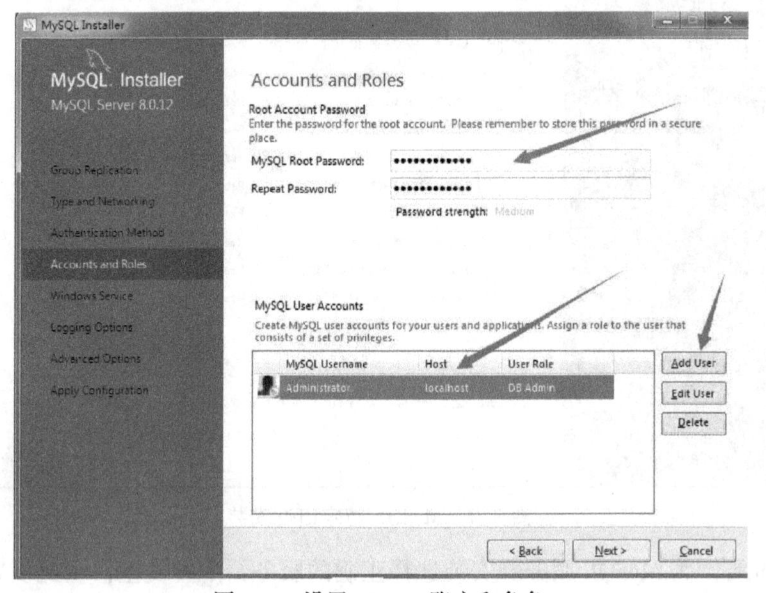

图 3-6　设置 MySQL 账户和角色

6）连接到服务器。这里根据前面的安装需求选择将创建的样例框架和数据，然后在“User”文本框中输入“root”，在“Password”文本框中输入上一步设置的密码，验证 root 账户的登录信息是否合法，单击“Check”按钮进行检查。如果通过验证，则显示“ALL connections succeeded”信息，然后单击“Next”按钮，如图 3-8 所示。

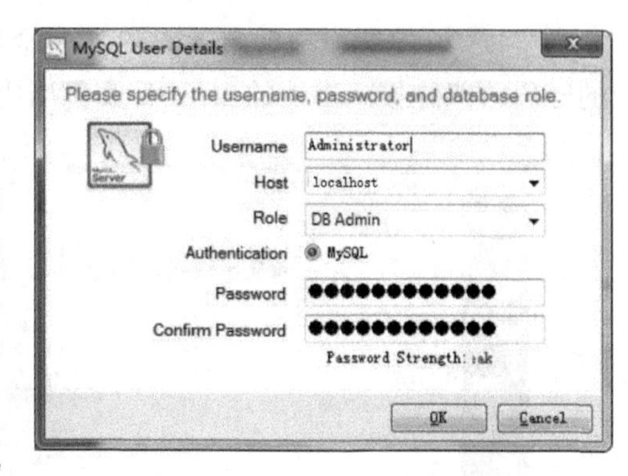

图 3-7　自定义 MySQL 账户

7）完成安装。根据需要勾选“Start MySQL Workbench after Setup”和“Start MySQL Shell after Setup”复选框，单击“Finish”按钮，如图 3-9 所示。

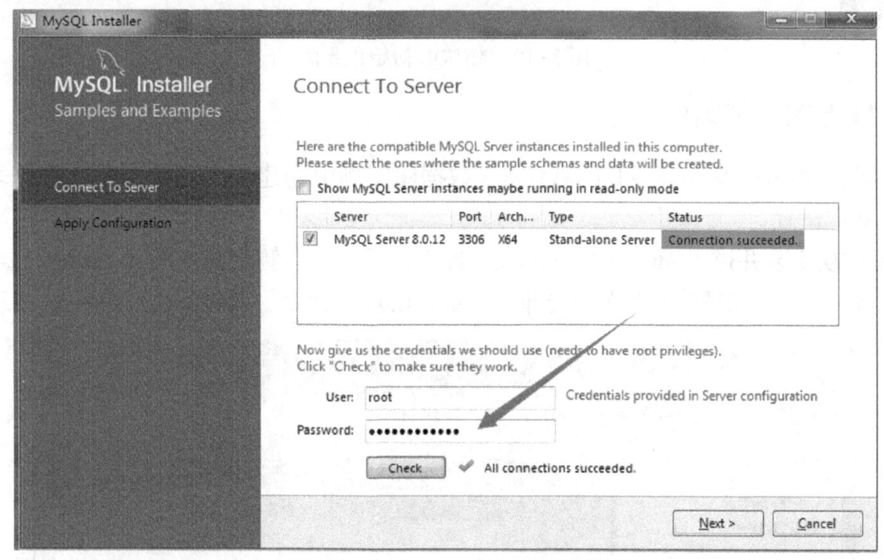

图 3-8　MySQL 服务器连接验证

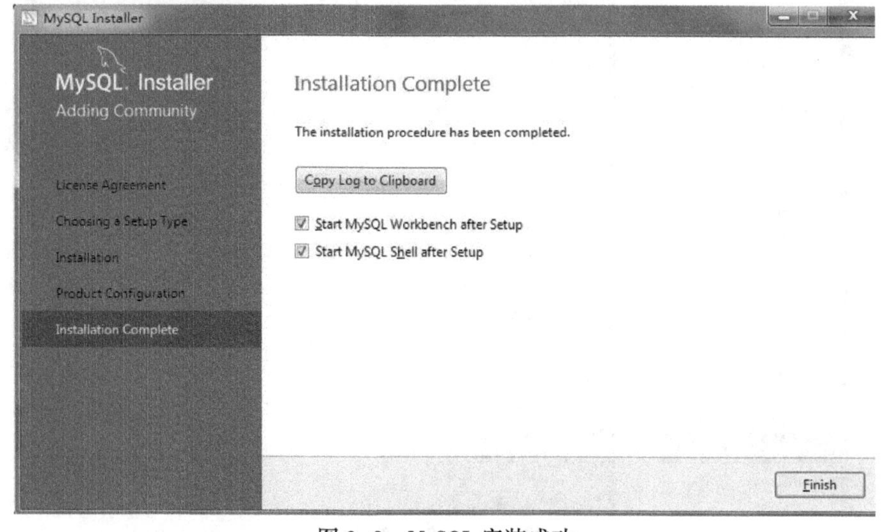

图 3-9　MySQL 安装成功

8）MySQL 安装成功后启动 MySQL，会显示 MySQL 初始化界面，在此需要输入 root 账户的密码才能连接到本地的 MySQL 实例当中，如图 3-10 所示。

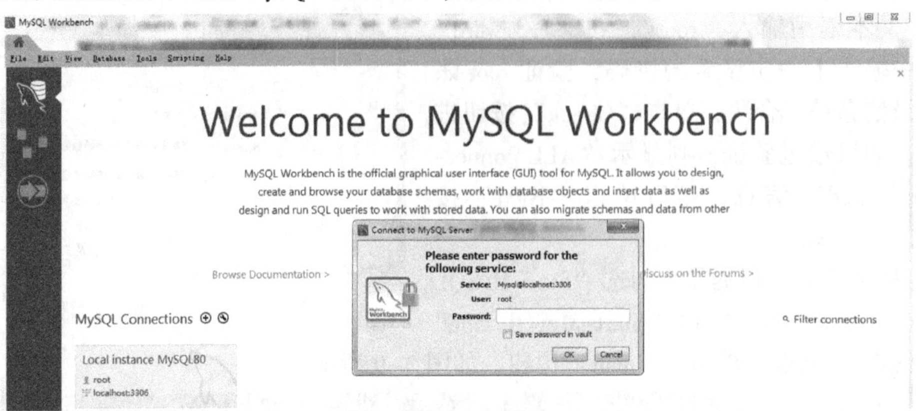

图 3-10　MySQL 初始化界面

3.2.3　MySQL 的操作

本节将在 MySQL Workbench 的默认 sys 数据库实例中创建一个名为 test 的数据表，并对该表进行基本设置。

1）在成功安装并进入 MySQL Workbench 界面之后，在左侧窗格中展开“sys”选项，右击“Tables”选项，在弹出的快捷菜单中选择“Create Table”命令，创建新表，如图 3-11 所示。

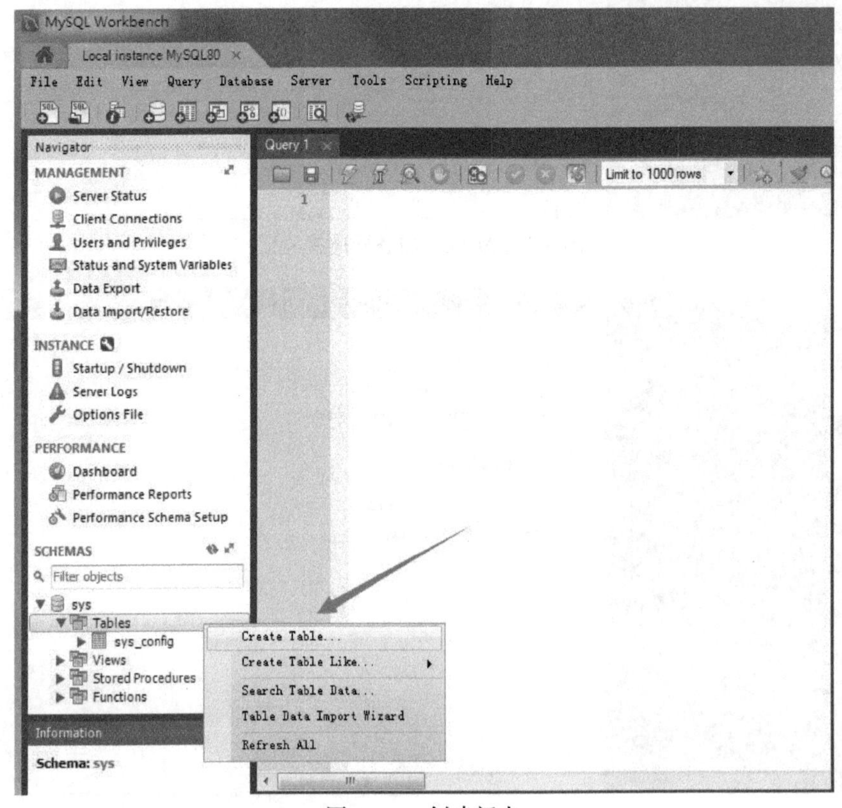

图 3-11　创建新表

2）设置“Table Name”为“test”，并设置相应的“Column Name”（列名）、“Datatype”（数据类型）等后，单击“Apply”按钮，如图 3-12 所示。

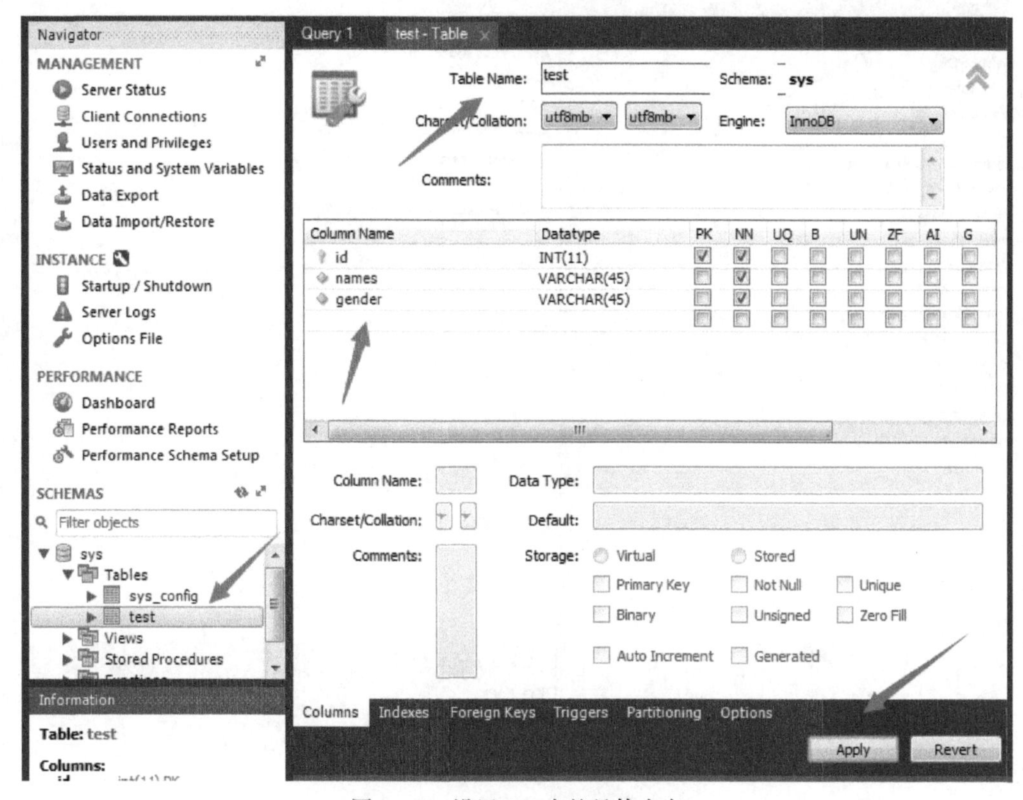

图 3-12　设置 test 表的具体内容

这样就在 MySQL Workbench 的 sys 数据库中创建了一个名为 test 的数据表。

3.3　PyMySQL 的使用

PyMySQL 是从 Python 连接到 MySQL 数据库服务器的接口，并包含一个纯 Python 的 MySQL 客户端库。在成功安装完成 MySQL 之后，还需要安装 PyMySQL，才能在 Python 中调用 MySQL。

参考第 2.4.2 节中的安装方法，在 PyCharm 中安装 PyMySQL，如图 3-13 所示。

本节将讲解在 PyCharm 中使用 PyMySQL 连接 MySQL 数据库管理系统，获取 MySQL 的游标。同时，通过编写简单的 SQL 语句，在 MySQL 中创建一个名为 test 的数据库。

1）在 Python 中导入 PyMySQL 库。

```
import pymysql
```

2）使用 PyMySQL 库建立与 MySQL 的连接，并返回一个 connector 对象。connect( )方法中的参数介绍如下：host 为主机名，user 为连接 MySQL 的用户名，password 为 MySQL 的连接密码，port 为 MySQL 的端口号。

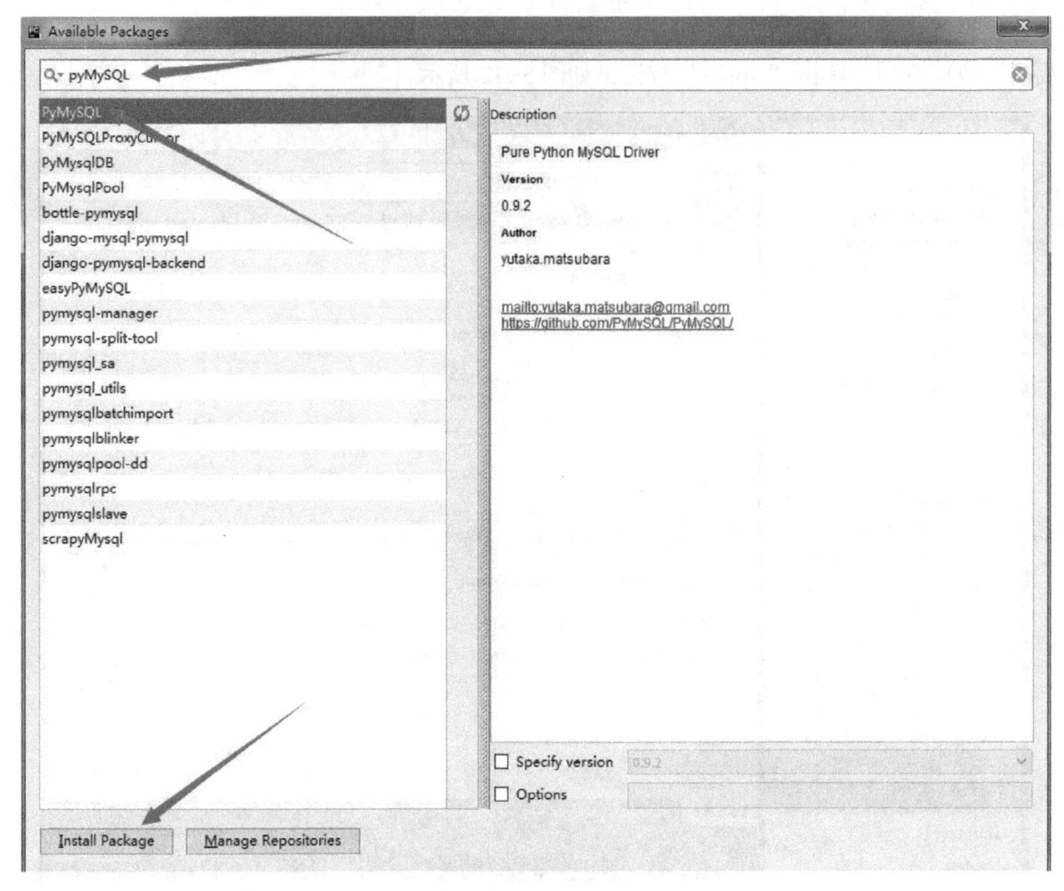

图 3-13　安装 PyMySQL

```
connector=pymysql.connect(host='localhost',user='root',password='密码',port=3306)
```

3）使用 connector 对象的 cursor( )方法建立对 MySQL 的操作游标。

```
cursor=connector.cursor()
```

4）使用 execute( )方法，以'SELECT VERSION( )'字符串作为参数，执行游标。其目的就是执行 SELECT VERSION( )方法获得的返回值。SELECT VERSION( )方法是获得当前 MySQL 的版本信息。

```
cursor.execute('SELECT VERSION()')
```

5）通过 fetchone( )方法获取步骤 4 中执行游标 cursor 后的返回值的第一行。

```
data=cursor.fetchone()
```

6）输出数据库版本信息。

```
print('Database version:',data)
```

7）使用cursor的execute()方法，加入SQL语句实现对MySQL的操作。这里使用“CREATE DATABASE + 数据库名”的方式创建一个名为test的数据库，并使用utf8mb4作为字符集。

```
cursor.execute("CREATE DATABASE test DEFAULT CHARACTER SET utf8mb4")
```

8）在对数据库操作结束之后，必须要关闭connector对象指向的MySQL连接通道，释放有关资源。

```
connector.close()
```

9）运行后将输出如下信息，创建的数据库如图3-14所示。

```
Database version:('8.0.12',)
```

图3-14　创建数据库test

完整代码如下。

```
import pymysql
connector=pymysql.connect(host='localhost',user='root',password='密码',port=3306)
cursor=connector.cursor()
cursor.execute('SELECT VERSION()')
data=cursor.fetchone()
print('Database version:',data)
cursor.execute("CREATE DATABASE test DEFAULT CHARACTER SET utf8mb4")
connector.close()
```

3.4 CSV 和 JSON 格式

3.4.1 CSV 格式概述

CSV(Comma-Separated Values，逗号分隔符值)，也称字符分隔符值，即可以使用其他符号作为分隔符。CSV 是以字符序列的方式，以纯文本形式保存表格数据，以一行为一条记录，记录间以换行符为分隔。类似于 Excel 表格，CSV 以字段的形式表示数据，每行记录都由多个字段组成，且所有记录都有相同字段。如果得到的数据格式为 Excel 表格或文本文件，那么必须要转换格式。

1）将文本文件格式转换为 CSV 格式。图 3-15 所示为文本文件，执行“文件”→“另存为”菜单命令，在“另存为”对话框中修改文件扩展名为“.csv”，在“编码”下拉列表框中选择正确的编码格式，单击“保存”按钮，如图 3-16 所示。

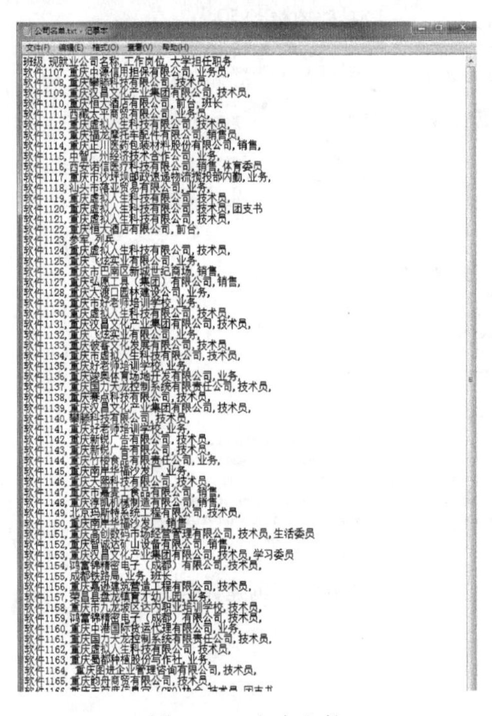

图 3-15　文本文件

2）将 Excel 表格格式转换为 CSV 格式。图 3-17 所示为 Excel 表格，执行“文件”→“另存为”→“其他格式”菜单命令，在“文件类型”下拉列表框中选择“*.csv”，单击“保存”按钮，如图 3-18 所示。

CSV 文件的结构主要分为两个部分：文件头和文件内容。其中，文件头是由多个字段组成（如班级、现就业公司名称、工作岗位、大学担任职务），其他部分为文件内容。因此，可以通过指定 CSV 文件中的行和字段获取特定内容。

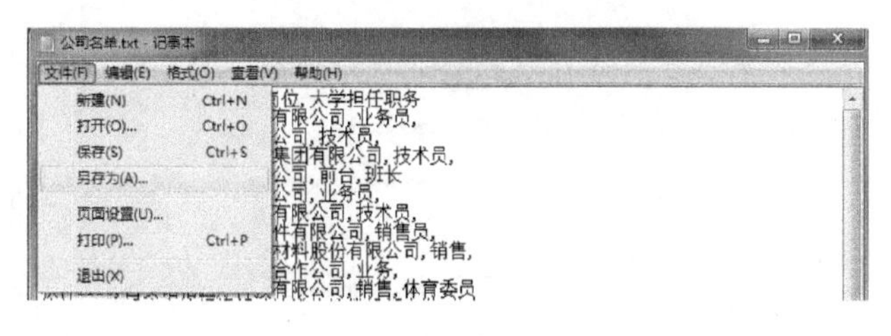

a)

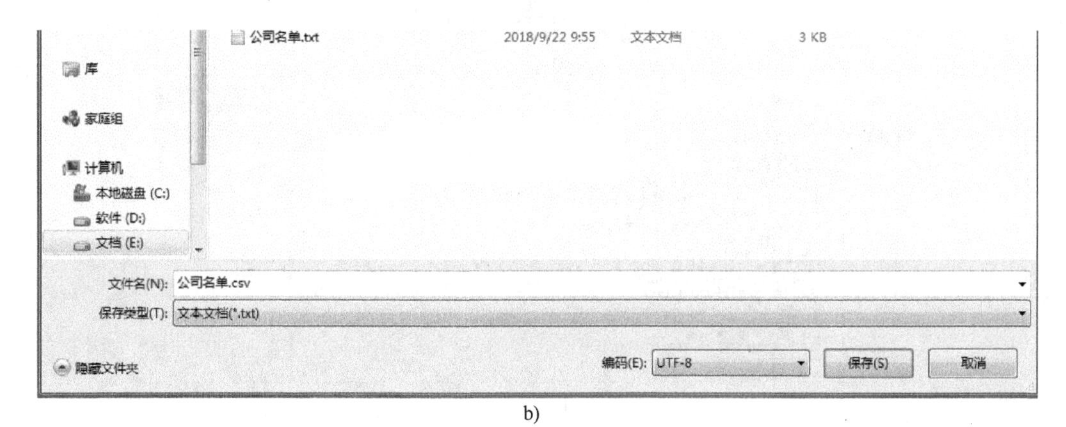

b)

图 3-16　将文本文件格式转换为 CSV 格式

a）执行“另存为”菜单命令　b）设置文件扩展名为 . csv

	A	B	C	D
1	班级	现就业公司名称	工作岗位	大学担任职务
2	软件1107	重庆中源信用担保有限公司	业务员	
3	软件1108	重庆攀滕科技有限公司	技术员	
4	软件1109	重庆汉昌文化产业集团有限公司	技术员	
5	软件1110	重庆恒大酒店有限公司	前台	班长
6	软件1111	西藏太平商贸有限公司	业务员	
7	软件1112	重庆虚拟人生科技有限公司	技术员	
8	软件1113	重庆福龙摩托车配件有限公司	销售员	
9	软件1114	重庆正川医药包装材料股份有限公司	销售	
10	软件1115	中智广州经济技术合作公司	业务	
11	软件1116	西安诺信医疗科技有限公司	销售	体育委员
12	软件1117	重庆市沙坪坝邮政速递物流揽投部内勤	业务	
13	软件1118	汕头市藩亚贸易有限公司	业务	
14	软件1119	重庆虚拟人生科技有限公司	技术员	
15	软件1120	重庆虚拟人生科技有限公司	技术员	团支书
16	软件1121	重庆虚拟人生科技有限公司	技术员	
17	软件1122	重庆恒大酒店有限公司	前台	
18	软件1123	参军	列兵	
19	软件1124	重庆虚拟人生科技有限公司	技术员	
20	软件1125	重庆飞炫实业有限公司	业务	
21	软件1126	重庆市巴南区新城世纪商场	销售	
22	软件1127	重庆弘愿工具（集团）有限公司	销售	
23	软件1128	重庆大渡口园林建设公司	业务	
24	软件1129	重庆市好老师培训学校	业务	
25	软件1130	重庆虚拟人生科技有限公司	技术员	
26	软件1131	重庆汶昌文化产业集团有限公司	技术员	
27	软件1132	重庆飞炫实业有限公司	业务	
28	软件1133	重庆彼客文化发展有限公司	技术员	
29	软件1134	重庆市虚拟人生科技有限公司	技术员	
30	软件1135	重庆好老师培训学校	业务	
31	软件1136	重庆竣奥体育场地开发有限公司	业务	
32	软件1137	重庆国力天龙控制系统有限责任公司	技术员	
33	软件1138	重庆赛点科技有限公司	技术员	
34	软件1139	重庆汉昌文化产业集团有限公司	技术员	
35	软件1140	攀滕科技有限公司	技术员	
36	软件1141	重庆好老师培训学校	业务	
37	软件1142	重庆新锐广告有限公司	技术员	
38	软件1143	重庆新锐广告有限公司	技术员	
39	软件1144	重庆竹楼食品有限责任公司	业务	
40	软件1145	重庆南岸华福沙发厂	业务	
41	软件1146	重庆天熙科技有限公司	技术员	
42	软件1147	重庆市嘉麦士食品有限公司	销售	
43	软件1148	重庆淳凯机械制造有限公司	销售	
44	软件1149	北京玛斯特系统工程有限公司	技术员	
45	软件1150	重庆南岸华福沙发厂	销售	
46	软件1151	重庆高创数码市场经营管理有限公司	技术员	生活委员

图 3-17　Excel 表格

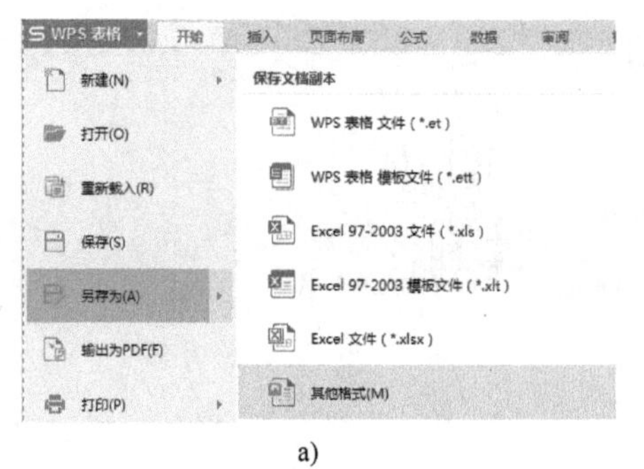

a）

b）

图 3-18　将 Excel 表格格式转换为 CSV 格式

a）执行“其他格式”菜单命令　b）设置文件类型为 . csv

3. 4. 2　输出 CSV 文件头部

接下来输出 CSV 文件的头部信息：班级、现就业公司名称、工作岗位、大学担任职务。

1）在 Python 文件中导入 CSV 库。

```
import csv
```

2）指定需要输出的 CSV 文件名。

```
filetouse='公司名单 . csv'
```

3）使用 with open( ) 方法打开该文件。其中，filetouse 为文件名，'r'表示该文件为只读，encoding 表示该文件的编码方式为 utf-8。

```
with open(filetouse,'r',encoding='utf-8') as f:
```

4）使用 csv. reader( ) 方法创建数据读取对象。

```
r=csv. reader(f)
```

5）使用 next( ) 方法读取第一行的头部数据，并将焦点转到下一行。

```
file_header=next(r)
```

6）输出结果。

```
print(file_header)
```

7）显示结果如下。

```
['班级', '现就业公司名称', '工作岗位', '大学担任职务']
```

完整代码如下。

```
import csv
filetouse='公司名单 . csv'
with open(filetouse,'r',encoding='utf-8') as f:
    r=csv. reader(f)
    file_header=next(r)
    print(file_header)
```

3.4.3 使用 Python 读取 CSV 文件数据

前面讲解了获得该 CSV 文件的头部字段信息，但是如何获取某个记录的具体信息呢？本例为获得“大学担任职务”字段中值为“团支书”的记录。

1）在 Python 文件中导入 CSV 库。

```
import csv
```

2）指定需要输出的 CSV 文件名。

```
filetouse='公司名单 . csv'
```

3）使用 with open()方法打开该文件。其中，filetouse 为文件名，'r'表示该文件为只读，encoding 表示该文件的编码方式为 utf-8。

```
with open(filetouse,'r',encoding='utf-8') as f:
```

4）使用 csv. reader()方法创建数据读取对象。

```
r=csv. reader(f)
```

5）使用 next()方法读取第一行的头部数据，并将焦点转到下一行。

```
file_header =next(r)
```

6）输出结果。

```
print(file_header)
```

7）通过自定义变量 id 和 file_header_col，以 for 循环的方式，使用 enumerate()方法将 file_header 的值导出，并打印。其中，enumerate()方法将把头文件中的内容以索引号和字段名的形式划分。

```
for id, file_header_col in enumerate(file_header):
  print(id, file_header_col)
```

8）输出结果。id 为索引号，file_header 为公司头文件字段。由此可知，“大学担任职务”字段的索引号为 3。

```
0  班级
1  现就业公司名称
2  工作岗位
3  大学担任职务
```

9）使用自定义变量 row 获得 for 循环中 CSV 模块读取的文件对象 r，并在循环中使用 if 条件语句判断每行中 row[3]（第四个元素）的值为“团支书”，并打印出结果。

```
for row in r:
    if row[3]=='团支书':
        print(row)
```

10）显示结果如下。

```
['软件 1120', '重庆虚拟人生科技有限公司', '技术员', '团支书']
```

这样，就通过对 CSV 模块的操作提取了特定的内容。

3.4.4 使用 Python 向 CSV 文件写入数据

本例实现向 CSV 文件中写入数据。

1）在 Python 文件中导入 CSV 库。

```
import csv
```

2）使用 with open()方法打开该文件。其中，“公司名单.csv”为需要写入的文件名，“a”表示向文件附加写入内容，encoding 表示该文件的编码方式为 utf-8。

```
with open('公司名单.csv','a',encoding='utf-8') as f:
```

3）使用 csv.writer()方法创建数据写入对象。

```
wr=csv.writer(f)
```

4）开始写入数据，这里可以使用 writerow()和 writerows()两种方法。第一种方法可以一次写入一行记录，第二种方法可以一次写入多行记录。

```
wr.writerows([['软件 999','好公司都想去','高级技术员','学生会主席'],['软件 666','都想去好公司','中级技术员','学生会部长']])
wr.writerow(['软件 999','好公司都想去','高级技术员','学生会主席'])
wr.writerow(['软件 666','都想去好公司','中级技术员','学生会部长'])
```

5）读取并显示写入后的文件。

```
with open('公司名单.csv','r',encoding='utf-8') as f2:
r=csv.reader(f2)
for row in r:
    print(row)
```

6）显示结果如下。

```
['软件 999', '好公司都想去', '高级技术员', '学生会主席']
['软件 666', '都想去好公司', '中级技术员', '学生会部长']
```

3.4.5 JSON 格式概述

JSON（JavaScript Object Notation，JavaScript 对象表示法）是一种轻量级的数据交换格式，对用户而言很容易读和写，对机器而言很容易解析和生成。它是基于 JavaScript 编程语言的一个子集。JSON 是一种完全独立于语言的文本格式，但对于熟悉 C 语言家族（包括 C、C++、C#、Java、JavaScript、Perl、Python 等）的程序员来说，这些性质使 JSON 成为一种理想的数据交换语言。

1. JSON 的数据结构

1）键值对的集合。在许多语言中，可实现对象、记录、结构、字典、哈希表、键列表或关联数组。

2）值的有序列表。在许多语言中，可实现一个数组、向量、列表或序列。

这些都是通用的数据结构。几乎所有现代程序语言都支持其中一种或两种形式，这就使得不同的程序语言之间的数据结构互换能够基于这种 JSON 结构。

2. JSON 文件分析

下面以一个 JSON 格式的数据为例。

```
{"people":[
  { "name":"Simon" , "age":"22" },
  { "name":"Tom" , "age":"24" },
  { "name":"Jack" , "age":"26" }]}
```

在这个实例中，花括号之间为 JSON 键值对数据，其中“people”为键，方括号中的内容为值。同时，在方括号中嵌套了三个键为“name”和“age”，值分别为“Simon”和“22”、“Tom”和“24”、“Jack”和“26”的 JSON 数据。从面向对象的角度来分析，这个 people 对象是包含三个人物记录（对象）的数组。

3.4.6 使用 Python 读取 JSON 文件数据

本例实现 JSON 文件数据的读取。

1）在 Python 文件中导入 JSON 库。

```
import json
```

2）使用 with open()方法打开一个名为 JSON 文件.json 的文件，通过参数“r”实现文件的读取，并且指定其打开的字符集格式为 utf-8-sig，最后将文件操作对象放入变量 f 中。

```
with open('JSON 文件.json','r',encoding='utf-8-sig') as f:
```

3）使用 read()方法读取文件数据，并存入变量 str 中。

```
str=f.read()
```

4）使用 json 库的 loads()方法将数据格式转换为 JSON 格式，将其赋值给变量 data，并打印输出，以便查看。

```
data=json.loads(str)
print(data)
```

5）获取变量 data 的键为 people 的值，将其赋值给变量 name_age，并打印输出。

```
name_age=data['people']
print(name_age)
```

6）获取列表 name_age 的第二个元素的键为 name 和 age 的值，并打印输出。

```
target_name=name_age[1]['name']
target_age=name_age[1]['age']
print(target_name+':'+target_age)
```

输出结果如下。

```
{'people': [{'name': 'Simon', 'age': '22'}, {'name': 'Tom', 'age': '24'}, {'name': 'Jack', 'age': '26'}]}
[{'name': 'Simon', 'age': '22'}, {'name': 'Tom', 'age': '24'}, {'name': 'Jack', 'age': '26'}]
Tom:24
```

3.4.7 使用 Python 向 JSON 文件写入数据

本例实现 JSON 文件数据的写入。

1）在 Python 文件中导入 JSON 库。

```
import json
```

2）声明并定义一个字典类型数据。

```
dict_content={"name":"jack"}
```

3）使用 with open()方法打开一个名为 JSON 文件.json 的文件，通过参数“w”实现文件的写入，然后将文件操作对象放入变量 f 中，最后使用 JSON 的 dump()方法实现数据的写入。

```
with open('JSON 文件写入.json','w') as f:
    json.dump(dict_content,f)
```

输出结果如下。

```
{"name":"jack"}
```

3.5 任务实现

本任务逐步实现使用 PyMySQL 对 MySQL 数据表的创建、插入、查询、更新、删除操作。所有操作均在刚才创建的 test 数据库中完成。这里先创建一个数据表 employee，并对该表设置 id、first_name、last_name、age、sex、income 字段，将 id 设为主键，然后使用 PyMySQL 实现对数据表 employee 的数据操作。

1. 创建表结构

1）在 Python 中导入 PyMySQL 库。

```
import pymysql
```

2）使用 PyMySQL 库建立与 MySQL 的连接，并返回一个 db 对象。connect()方法中的 "localhost" 参数为主机名，"root"参数为连接 MySQL 的用户名，"密码"参数为 MySQL 的连接密码，"test"参数表示操作的 MySQL 数据库。

```
db=pymysql.connect("localhost","root","密码","test")
```

3）使用 connector 对象的 cursor()方法建立对 MySQL 的操作游标。

```
cursor=db.cursor()
```

4）使用游标 cursor 执行 SQL 语句。该 SQL 语句表示如果 test 数据库中存在 employee 表，则先将其删除。这一步的目的就是防止出现重复数据。

```
cursor.execute("DROP TABLE IF EXISTS employee")
```

5）使用字符串编写完成 SQL 语句。注意，这里使用三引号表示多行字符串。这里的 SQL 语句使用 CREATE TABLE 创建一个名为 employee 的表，并设置 id、first_name、last_name、age、sex、income 的字段和属性，将 id 设为主键，字符集使用 utf8mb4。

```
sql="""CREATE TABLE 'employee' (
  'id' int(10) NOT NULL AUTO_INCREMENT,
  'first_name' char(20) NOT NULL,
  'last_name' char(20) DEFAULT NULL,
  'age' int(11) DEFAULT NULL,
  'sex' char(1) DEFAULT NULL,
  'income' float DEFAULT NULL,
  PRIMARY KEY ('id')
) ENGINE=InnoDB DEFAULT CHARSET=utf8mb4;"""
```

6）执行前面的 SQL 语句。

```
cursor. execute(sql)
```

7）打印输出提示字符串，并关闭连接。

```
print("Created tableSuccessfull. ")
db. close()
```

8）输出结果如下。

```
Created table Successful
```

创建的 employee 表结构如图 3-19 所示。

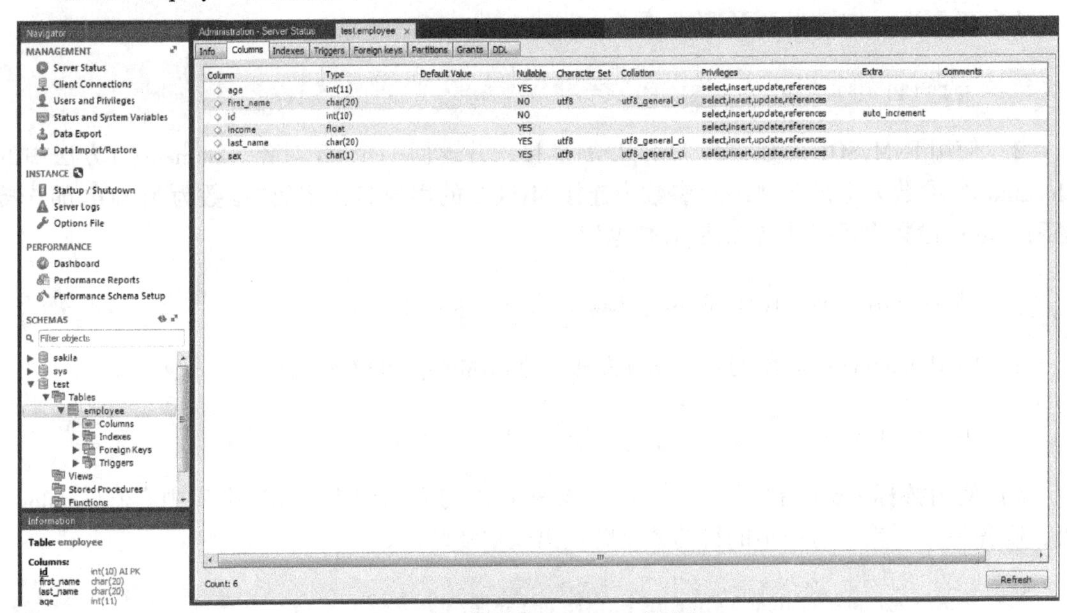

图 3-19　创建的 employee 表结构

完整代码如下。

```
import pymysql
db=pymysql. connect("localhost","root","密码","test")
cursor=db. cursor()
cursor. execute("DROP TABLE IF EXISTS employee")
sql="""CREATE TABLE 'employee' (
  'id' int(10) NOT NULL AUTO_INCREMENT,
  'first_name' char(20) NOT NULL,
  'last_name' char(20) DEFAULT NULL,
  'age' int(11) DEFAULT NULL,
  'sex' char(1) DEFAULT NULL,
  'income' float DEFAULT NULL,
```

```
    PRIMARY KEY ('id')
) ENGINE=InnoDB DEFAULT CHARSET=utf8mb4;"""
cursor.execute(sql)
print("Created table Successfull.")
db.close()
```

2. 插入数据

本例使用 PyMySQL 向 employee 表的 first_name、last_name、age、sex、income 字段插入一条新的记录。如果发生异常，则实现事务性的回滚操作。

1）在 Python 中导入 PyMySQL 库。

```
import pymysql
```

2）使用 PyMySQL 库建立与 MySQL 的连接，并返回一个 db 对象。connect( )方法中的“localhost”参数为主机名，“root”参数为连接 MySQL 的用户名，“密码”参数为 MySQL 的连接密码，“test”参数表示操作的 MySQL 数据库。

```
db=pymysql.connect("localhost","root","密码","test")
```

3）使用 connector 对象的 cursor( )方法建立对 MySQL 的操作游标。

```
cursor=db.cursor()
```

4）使用字符串编写完成 SQL 语句。注意，这里使用三引号表示多行字符串。这里的 SQL 语句使用 INSERT INTO 向 employee 表的 first_name、last_name、age、sex 和 income 字段中分别插入 VALUES 为'Mac'、'Su'、'20'、'M'和 5000 的值。

```
sql="""INSERT INTO EMPLOYEE(FIRST_NAME,
LAST_NAME, AGE, SEX, INCOME)
VALUES ('Mac', 'Su', 20, 'M', 5000)"""
```

5）使用 try 和 except 语句执行游标 cursor 的 SQL 语句，并使用 commit( )方法提交至 MySQL 数据库服务器，rollback( )方法表示如果在整个提交过程中出现任何问题，则实现事务性的回滚操作。

```
try:
    cursor.execute(sql)
    db.commit()
except:
    db.rollback()
```

6）关闭数据库连接。

```
db.close()
```

7）运行结果如图 3-20 所示。

	id	first_name	last_name	age	sex	income
*	1	Mac	Su	20	M	5000

图 3-20　插入数据运行结果

完整代码如下。

```
import pymysql
db=pymysql.connect("localhost","root","密码","test")
cursor=db.cursor()
sql="""INSERT INTO EMPLOYEE(FIRST_NAME,
   LAST_NAME, AGE, SEX, INCOME)
   VALUES ('Mac', 'Su', 20, 'M', 5000)"""
try:
   cursor.execute(sql)
   db.commit()
except:
   db.rollback()
db.close()
```

3. 查询数据

本例将使用 PyMySQL 在 employee 表中查询 income 字段值大于 1 000 的记录，并使用 for 语句循环输出所有记录。如果出现异常，则抛出异常信息。

1）在 Python 中导入 PyMySQL 库。

```
import pymysql
```

2）使用 PyMySQL 库建立与 MySQL 的连接，并返回一个 db 对象。connect()方法中的"localhost"参数为主机名，"root"参数为连接 MySQL 的用户名，"密码"参数为 MySQL 的连接密码，"test"参数表示操作的 MySQL 数据库。

```
db=pymysql.connect("localhost","root","密码","test")
```

3）使用 connector 对象的 cursor()方法建立对 MySQL 的操作游标。

```
cursor=db.cursor()
```

4）使用字符串编写完成 SQL 语句。这里的 SQL 语句使用 SELECT FROM 查询 employee 表中条件为 income 字段值大于 1 000 的记录。

```
sql="SELECT * FROM EMPLOYEE \WHERE INCOME > %d" % (1000)
```

5）在 try 中执行游标的 SQL。

```
try:
    cursor.execute(sql)
```

6）使用 fetchall()方法获取步骤 5 返回的结果。

```
results=cursor.fetchall()
```

7）使用 for 循环将返回的结果进行遍历，并将每行中的列值通过数组下标获得，最后使用 print()方法将其输出。

```
for row in results:
    fname=row[1]
    lname=row[2]
    age=row[3]
    sex=row[4]
    income=row[5]
    print("name=%s %s,age=%s,sex=%s,income=%s" % \
            (fname, lname, age, sex, income ))
```

8）在 except 中导入 traceback 模块，并使用该模块的 print_exc()方法输出更加详细的异常信息。

```
except:
        import traceback
        traceback.print_exc()
        print("Error: unable to fetch data")
```

9）关闭服务器连接。

```
db.close()
```

10）输出结果如下。

```
name=Mac Su,age=20,sex=M,income=5000.0
```

运行结果如图 3-21 所示。

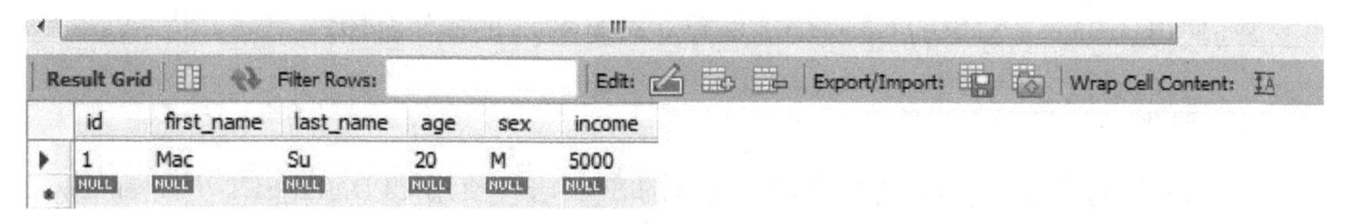

图 3-21　查询数据运行结果

完整代码如下。

```
import pymysql
db=pymysql.connect("localhost","root","密码","test")
cursor=db.cursor()
sql="SELECT * FROM EMPLOYEE \ WHERE INCOME > %d" % (1000)
try:
    cursor.execute(sql)
    results=cursor.fetchall()
    for row in results:
        fname=row[1]
        lname=row[2]
        age=row[3]
        sex=row[4]
        income=row[5]
        print ("name=%s %s,age=%s,sex=%s,income=%s" % \
                (fname, lname, age, sex, income ))
except:
    import traceback
    traceback.print_exc()
    print ("Error: unable to fetch data")
db.close()
```

4. 更新数据

本例将使用 PyMySQL 在 employee 表中更新 age 字段，并将其所有的值加 1，更新的条件是 sex 的字段值为 M。如果出现异常，则实现事务性的回滚操作。

1）在 Python 中导入 PyMySQL 库。

```
import pymysql
```

2）使用 PyMySQL 库建立与 MySQL 的连接，并返回一个 db 对象。connect()方法中的“localhost”参数为主机名，“root”参数为连接 MySQL 的用户名，“密码”参数为 MySQL 的连接密码，“test”参数表示操作的 MySQL 数据库。

```
db=pymysql.connect("localhost","root","密码","test")
```

3）使用 connector 对象的 cursor()方法建立对 MySQL 的操作游标。

```
cursor=db.cursor()
```

4）使用字符串编写完成 SQL 语句。这里的 SQL 语句使用 UPDATE SET 更新 employee 表的 age 字段，更新条件为 sex 字段值等于"M"。

```
sql="UPDATE EMPLOYEE SET AGE=AGE + 1 WHERE SEX='%c'" % ('M')
```

5）使用 try 和 except 语句执行游标 cursor 的 SQL 语句，并使用 commit( )方法提交至 MySQL 数据库服务器，rollback( )方法表示如果在整个提交过程中出现任何问题，则实现事务性的回滚操作。

```
try:
    cursor.execute(sql)
    db.commit()
except:
    db.rollback()
```

6）关闭服务器连接。

```
db.close()
```

7）运行结果如图 3-22 所示。

id	first_name	last_name	age	sex	income
1	Mac	Su	21	M	5000
NULL	NULL	NULL	NULL	NULL	NULL

图 3-22　更新数据运行结果

完整代码如下。

```
import pymysql
db=pymysql.connect("localhost","root","密码","test")
cursor=db.cursor()
sql="UPDATE EMPLOYEE SET AGE=AGE + 1 WHERE SEX='%c'" % ('M')
try:
    cursor.execute(sql)
    db.commit()
except:
    db.rollback()
db.close()
```

5. 删除数据

本例将使用 PyMySQL 在 employee 表中删除符合条件的记录，删除的条件是 age 的字段值大于 40。如果出现异常，则实现事务性的回滚操作。

1）在 Python 中导入 PyMySQL 库。

```
import pymysql
```

2）使用 PyMySQL 库建立与 MySQL 的连接，并返回一个 db 对象。connect( )方法中的“localhost”参数为主机名，“root”参数为连接 MySQL 的用户名，“密码”参数为 MySQL 的连接密码，“test”参数表示操作的 MySQL 数据库。

```
db=pymysql.connect("localhost","root","密码","test")
```

3）使用 connector 对象的 cursor()方法建立对 MySQL 的操作游标。

```
cursor=db.cursor()
```

4）使用字符串编写完成 SQL 语句。这里的 SQL 语句使用 DELETE FROM 将 employeez 表中条件为 age 字段值大于 40 的记录删除。

```
sql="DELETE FROM EMPLOYEE WHERE AGE>'%d'" % (40)
```

5）使用 try 和 except 语句执行游标 cursor 的 SQL 语句，并使用 commit()方法提交至 MySQL 数据库服务器，rollback()方法表示如果在整个提交过程中出现任何问题，则实现事务性的回滚操作。

```
try:
    cursor.execute(sql)
    db.commit()
except:
    db.rollback()
```

6）关闭服务器连接。

```
db.close()
```

7）运行结果如图 3-23 所示。

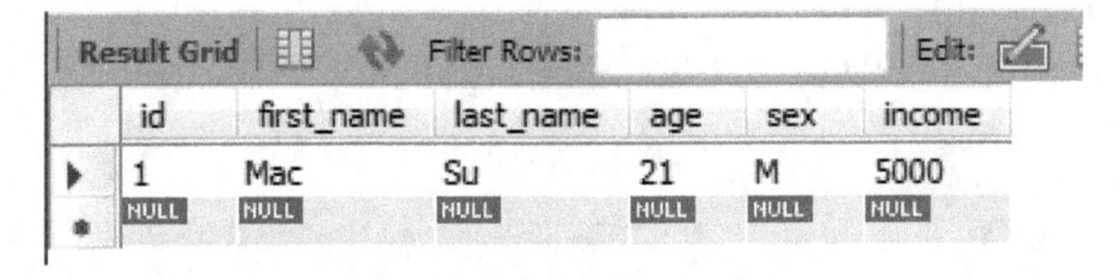

图 3-23　删除数据运行结果

完整代码如下。

```
import pymysql
db=pymysql.connect("localhost","root","密码","test")
cursor=db.cursor()
sql="DELETE FROM EMPLOYEE WHERE AGE > '%d'" % (40)
try:
    cursor.execute(sql)
    db.commit()
except:
```

```
        db.rollback()
    db.close()
```

至此，我们已经实现了在 Python 中使用 PyMySQL 模块针对 MySQL 数据表的基本操作。

3.6 小结

通过本任务的学习，了解了 MySQL 和 PyMySQL 的基本含义；掌握了在 Windows 操作系统中安装 MySQL 和 PyMySQL 的环境和其基本用法；了解了 CSV 和 JSON 的基础知识，并且掌握了 CSV 和 JSON 数据的读取和写入操作；最后，掌握了通过 MySQL 和PyMySQL创建数据库和数据表，并对数据表中的数据进行增加、删除、更新和查询操作。

3.7 习题

1. 使用 Python 读取和输出 CSV 和 JSON 数据。
2. 使用 Python 连接 MySQL，创建数据库和表，并实现对数据表的插入、查询、更新、删除等操作。

任务4　使用 Web API 采集数据

学习目标

- 了解 GitHub 的基本含义及使用方法。
- 了解 Web API 的基本概念。
- 掌握 GitHub 开放 API 的数据特点。
- 掌握对 GitHub 的 API 进行数据采集和清洗以及持久化存储的方法。

4.1　任务描述

本任务将使用 GitHub 提供的 Web API 实现数据的采集。GitHub 提供了丰富的开放 Web API 供广大开发者使用。通过这些 Web API 的文档定义规范，将有针对性地使用爬虫工具采集库名为 spider 的 GitHub 项目的基本信息，并使用 sorted( )方法根据所有项目的分数进行排名，最后保存至 MySQL 数据库中。

4.2　GitHub

4.2.1　GitHub 概述

GitHub 简称 Git，是一个知名的开源分布式版本控制系统，能够快速、高效地处理各种项目的版本控制和管理。起初，GitHub 只是用于管理 Linux 内核开发，但随着开源软件的不断增多，越来越多的应用程序都将自己的项目迁移到 Git 上，目前 GitHub 拥有超过数百万的开发者用户。现在，GitHub 不仅提供项目的版本控制，还能够让开发者共享已有代码。GitHub 官网首页如图 4-1 所示，可在其中输入用户名和密码等信息注册并登录 GitHub。

4.2.2　GitHub 的基本用法

登录 GitHub 之后，进入 GitHub 用户首页，可以通过搜索控件搜索特定的关键字信息，包括作者姓名、项目名称以及基于特定语言的项目等。单击“Start a project”按钮可以建立一个自己的项目库，在“Issues”中可以查看之前项目反馈的处理信息，在“Explore”中可以查找自己感兴趣的项目信息，在“Marketplace”可以搜索自己需要的项目工具和资源，如图 4-2 所示。

下面将建立一个项目库，并在 GitHub 的 Web API 中查询到它。

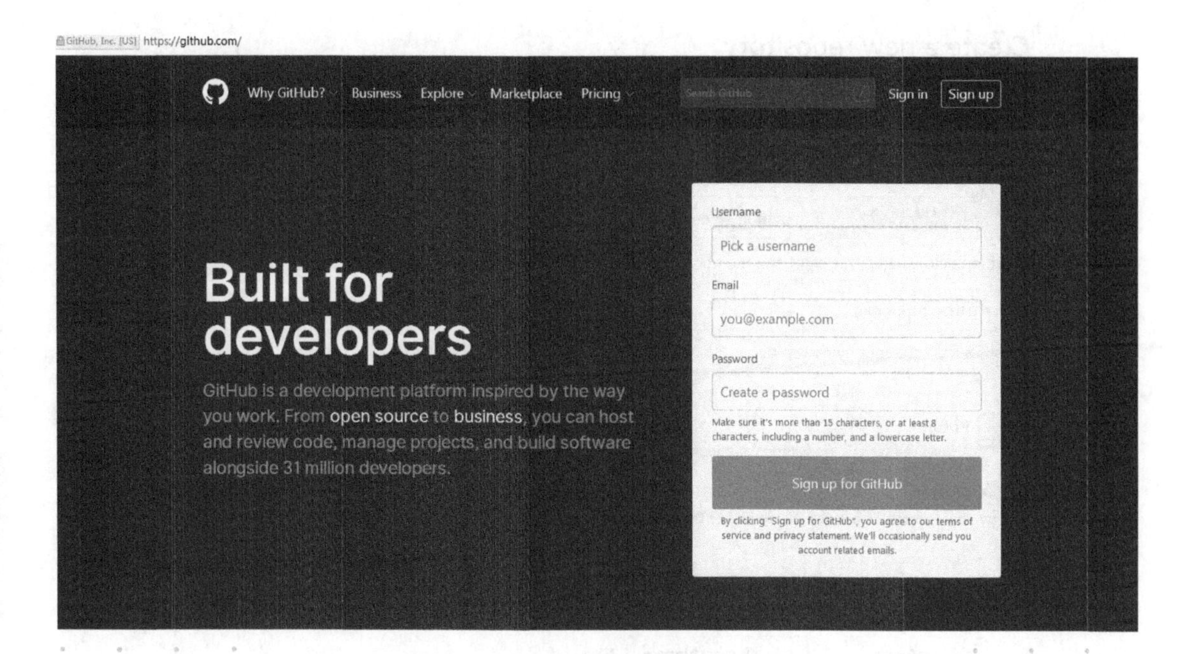

图 4-1　GitHub 官网首页

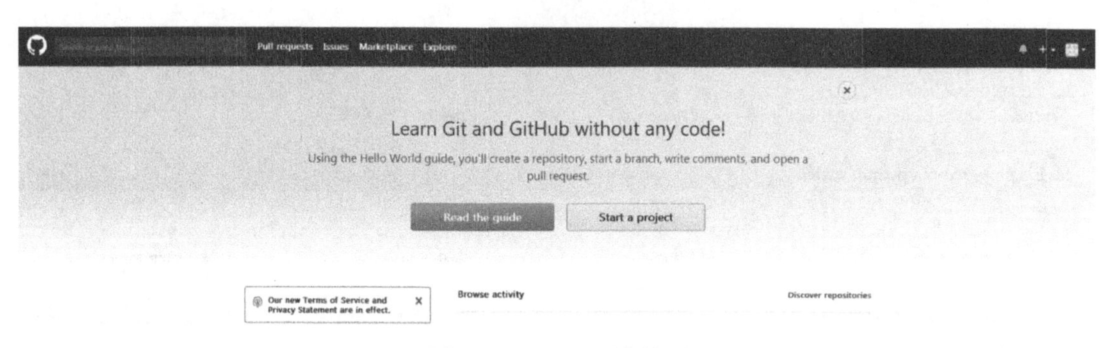

图 4-2　GitHub 用户首页

1）单击“Start a project”按钮建立一个的项目库。在“Owner”下拉列表框中选择一项作为项目的拥有者，在“Repository name”文本框中输入项目名称，还可以在“Description”文本框中输入关于项目的其他信息。选择“Public”单选按钮表示任何人都能够看见和使用此库，选择“Private”单选按钮表示只有指定的人可以看见和使用此库。勾选“Initialize this repository with a README”复选框表示创建一个全新的库，否则导入已有的库。最后单击“Create repository”按钮，如图 4-3 所示。

2）成功创建项目库之后，就可以对该项目库进行维护和管理。单击“Create new file”按钮可以创建新文件，单击“Upload files”按钮可以上传文件，单击“Find file”按钮可以查找文件，单击“Clone or download”按钮可以克隆或下载文件等，如图 4-4 所示。

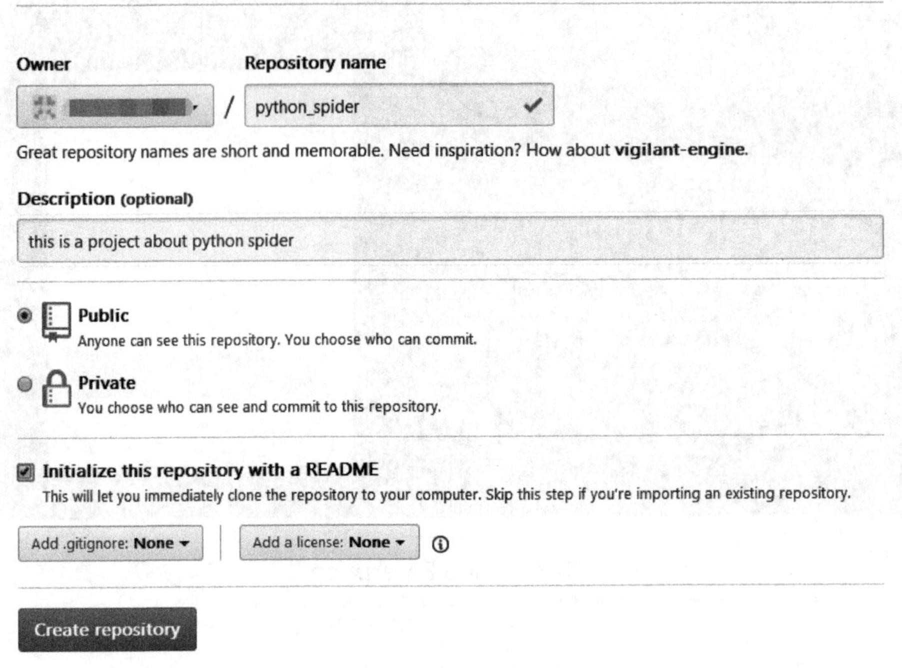

图 4-3　配置项目库基本信息页面

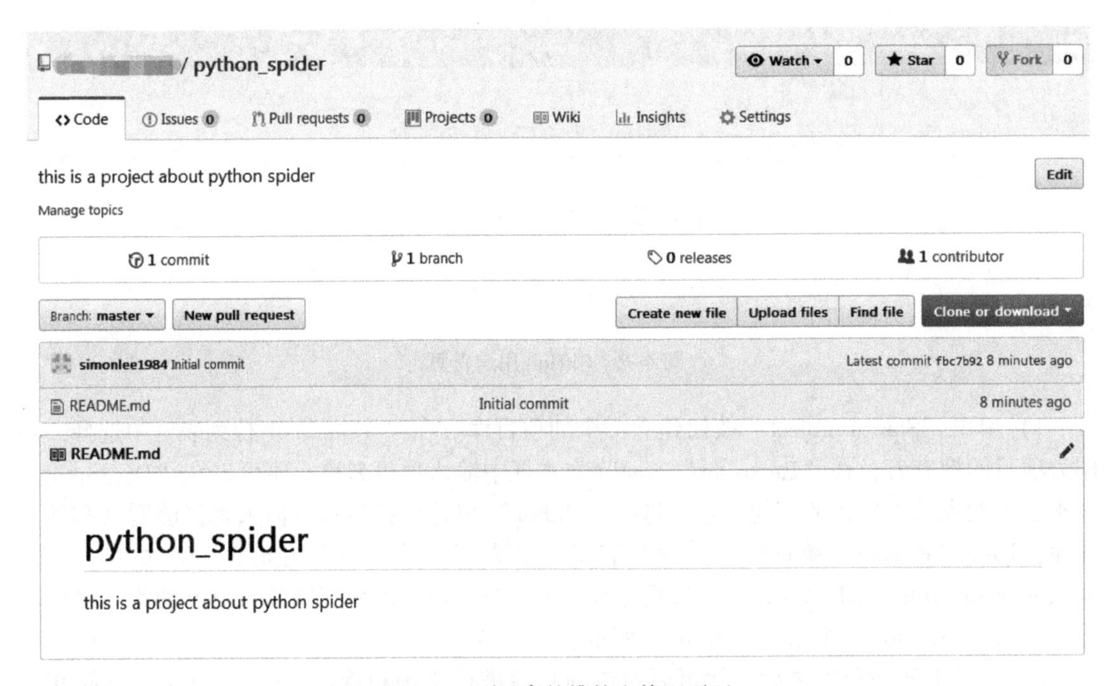

图 4-4　项目库的维护和管理页面

4.3 Web API

4.3.1 Web API 概述

Web API 是网络应用程序接口，网络应用程序通过 API，可以实现存储服务、消息服务、计算服务等功能，利用这些功能可以开发出功能的强大 Web 应用。

作为网站的主要组成部分，Web API 可以实现用户对特定信息的需求。Web API 最主要的功能是实现构建基于 HTTP 的面向各种客户端的服务框架。

Web API 通过基于 HTTP REQUEST 的各种动作 GET、POST、PUT、DELETE 实现客户端向服务器请求 CREATE、RETRIEVE、UPDATE、DELETE 操作，并使用 HTTP RESPONSE 的 Http Status Code 从服务器获得 HTTP REQUEST 的处理结果状态。另外，REQUEST 和 RESPONSE的数据格式是易于处理的 JSON 或 XML 格式。因此，Web API 对于高度依赖第三方数据源的应用具有十分重要的使用价值，特别是对于实时性要求比较高的应用程序。

接下来介绍如何使用 Web API 获取 GitHub 的特定信息。

4.3.2 GitHub 开放 API 的数据特点

由于 GitHub 是一个分布式系统，因此在 GitHub 中并不存在主库这样的概念，开发者通过克隆即可将每一个完整的库（repositories）复制到本地机器中独立使用，任何两个库之间的不一致之处都可以进行合并。要访问和使用这些项目库，就必须使用 GitHub 的开放 API。下面是 https://api.github.com 的 Web API 列表，如图 4-5 所示。

```
{
  "current_user_url": "https://api.github.com/user",
  "current_user_authorizations_html_url": "https://github.com/settings/connections/applications{/client_id}",
  "authorizations_url": "https://api.github.com/authorizations",
  "code_search_url": "https://api.github.com/search/code?q={query}{&page,per_page,sort,order}",
  "commit_search_url": "https://api.github.com/search/commits?q={query}{&page,per_page,sort,order}",
  "emails_url": "https://api.github.com/user/emails",
  "emojis_url": "https://api.github.com/emojis",
  "events_url": "https://api.github.com/events",
  "feeds_url": "https://api.github.com/feeds",
  "followers_url": "https://api.github.com/user/followers",
  "following_url": "https://api.github.com/user/following{/target}",
  "gists_url": "https://api.github.com/gists{/gist_id}",
  "hub_url": "https://api.github.com/hub",
  "issue_search_url": "https://api.github.com/search/issues?q={query}{&page,per_page,sort,order}",
  "issues_url": "https://api.github.com/issues",
  "keys_url": "https://api.github.com/user/keys",
  "notifications_url": "https://api.github.com/notifications",
  "organization_repositories_url": "https://api.github.com/orgs/{org}/repos{?type,page,per_page,sort}",
  "organization_url": "https://api.github.com/orgs/{org}",
  "public_gists_url": "https://api.github.com/gists/public",
  "rate_limit_url": "https://api.github.com/rate_limit",
  "repository_url": "https://api.github.com/repos/{owner}/{repo}",
  "repository_search_url": "https://api.github.com/search/repositories?q={query}{&page,per_page,sort,order}",
  "current_user_repositories_url": "https://api.github.com/user/repos{?type,page,per_page,sort}",
  "starred_url": "https://api.github.com/user/starred{/owner}{/repo}",
  "starred_gists_url": "https://api.github.com/gists/starred",
  "team_url": "https://api.github.com/teams",
  "user_url": "https://api.github.com/users/{user}",
  "user_organizations_url": "https://api.github.com/user/orgs",
  "user_repositories_url": "https://api.github.com/users/{user}/repos{?type,page,per_page,sort}",
  "user_search_url": "https://api.github.com/search/users?q={query}{&page,per_page,sort,order}"
}
```

图 4-5　Web API 列表

从输出的结果中可以看到，Web API 中的映射含有丰富的数据，如映射包含 URL，以及为 URL 提供参数的方式。例如，在"repository_search_url"："https://api.github.com/search/repositories?q={query}{&page,per_page,sort,order}"中，repository_search_url 键对应的 URL 表示用于在 GitHub 中搜索代码库，此外还指明了如何构建传给 URL 的参数。其中，q 参数表示需要查询的库名称关键字；page 参数表示限制查询结果显示的总页数；per_page 参数表示限制每页显示查询到的数据个数；sort 参数表示根据一定的筛选方式显示；order 参数表示按照一定的排序方式显示。各参数之间使用“&”符号进行分隔。

这个 Web API 表示从 GitHub 的 repositories 里面查询 q=spider，即库名关键字是 spider；显示结果根据 sort=score 和 order=desc，即按照符合条件的库的得分以降序的方式显示；显示方式根据 per_page=2，即每个页面只显示 2 个查询结果，如图 4-6 所示。


```
{
  "id": 52476585,
  "node_id": "MDEwOlJlcG9zaXRvcnk1MjQ3NjU4NQ==",
  "name": "Spider",
  "full_name": "buckyroberts/Spider",
  "private": false,
  "owner": {
    "login": "buckyroberts",
    "id": 8547538,
    "node_id": "MDQ6VXNlcjg1NDc1Mzg=",
    "avatar_url": "https://avatars3.githubusercontent.com/u/8547538?v=4",
    "gravatar_id": "",
    "url": "https://api.github.com/users/buckyroberts",
    "html_url": "https://github.com/buckyroberts",
    "followers_url": "https://api.github.com/users/buckyroberts/followers",
    "following_url": "https://api.github.com/users/buckyroberts/following{/other_user}",
    "gists_url": "https://api.github.com/users/buckyroberts/gists{/gist_id}",
    "starred_url": "https://api.github.com/users/buckyroberts/starred{/owner}{/repo}",
    "subscriptions_url": "https://api.github.com/users/buckyroberts/subscriptions",
    "organizations_url": "https://api.github.com/users/buckyroberts/orgs",
    "repos_url": "https://api.github.com/users/buckyroberts/repos",
    "events_url": "https://api.github.com/users/buckyroberts/events{/privacy}",
    "received_events_url": "https://api.github.com/users/buckyroberts/received_events",
    "type": "User",
    "site_admin": false
  },
```


a)


```
{
  "id": 74628476,
  "node_id": "MDEwOlJlcG9zaXRvcnk3NDYyODQ3Ng==",
  "name": "spider",
  "full_name": "gsh199449/spider",
  "private": false,
  "owner": {
    "login": "gsh199449",
    "id": 3295342,
    "node_id": "MDQ6VXNlcjMyOTUzNDI=",
    "avatar_url": "https://avatars3.githubusercontent.com/u/3295342?v=4",
    "gravatar_id": "",
    "url": "https://api.github.com/users/gsh199449",
    "html_url": "https://github.com/gsh199449",
    "followers_url": "https://api.github.com/users/gsh199449/followers",
    "following_url": "https://api.github.com/users/gsh199449/following{/other_user}",
    "gists_url": "https://api.github.com/users/gsh199449/gists{/gist_id}",
    "starred_url": "https://api.github.com/users/gsh199449/starred{/owner}{/repo}",
    "subscriptions_url": "https://api.github.com/users/gsh199449/subscriptions",
    "organizations_url": "https://api.github.com/users/gsh199449/orgs",
    "repos_url": "https://api.github.com/users/gsh199449/repos",
    "events_url": "https://api.github.com/users/gsh199449/events{/privacy}",
    "received_events_url": "https://api.github.com/users/gsh199449/received_events",
    "type": "User",
    "site_admin": false
  },
```


b)

图 4-6 GitHub API 查询结果

a）第 1 个查询结果的部分信息 b）第 2 个查询结果的部分信息

从查询结果可以看出，两个查询结果都是以 JSON 的数据格式返回的，并且都具有相同的键以及对应不同的值。例如，第 1 个查询结果的键“id”为 52476585，第 2 个查询结果的键“id”为 74628476。这样可以极大地方便数据的统一管理和查询检索。

JSON 正在快速成为 Web 服务的事实标准。JSON 之所以如此流行，有以下两个原因：一是 JSON 易于阅读，与 XML 等序列化格式相比，JSON 很好地平衡了人与机器的可读性；二是只需小幅修改，JSON 就能在 JavaScript 中使用。在客户端和服务器端都能同样良好使用的数据格式一定会胜出。在当今的 Web 程序设计中，不论后台服务器代码使用何种语言，前端使用 JavaScript 传递 JSON 数据可以实现前端和后台服务器代码之间数据交互的通用模型。因此，JSON 在 Web 前端和后台的数据交互使用中占据了主导地位。

4.3.3 GitHub 的 API 请求数据

1. GitHub 的 API 结构分析

下面使用 GitHub 的 Web API 来实现数据的请求。首先，分析一下下面这个 Web API 的结构。

https://api.github.com/users/{user}/repos{?type,page,per_page,sort}

1）https 表示使用的网络协议是基于安全的超文本传输协议。

2）api.github.com 表示网站的域名，经过域名服务器解析之后便可得到服务器的 IP 地址。

3）/users/{user}/repos 表示该服务器的文件系统中的文件夹或文件的虚拟路径。这里的{user}表示需要设置的用户名。

4）{?type,page,per_page,sort}表示问号后面可以使用的键。type 表示要查找的文件类型或项目类型。page 表示限制查询结果显示的总页数。per_page 表示限制每页显示查询到的数据个数。sort 表示根据一定的筛选方式进行显示。以上参数的目的是向服务器请求特定的信息。

2. GitHub 的 API 请求实例

按上面的分析，https://api.github.com/users/simonlee1984/repos?type=python&per_page=2 这个 Web API 的作用是使用基于安全的超文本传输协议向名叫 api.github.com 的服务器中的文件夹路径为/users/simonlee1984/repos?type=python&per_page=2 中的用户名为 simonlee1984 的用户请求所维护的项目库数据中与 Python 相关的内容，并且以每页 2 个项目的形式进行显示。

这个 Web API 在浏览器中输出的结果如图 4-7 所示。

从输出的结果可以看出，这个 Web API 返回的数据格式为 JSON。"name" 表示每个项目库的名称，全部都是与 Python 相关的项目库；"private" 表示该项目库是否公开让所有人浏览和使用；false 表示公开；"owner" 表示该项目库所有者的相关信息，其中，"url" 表示指向该拥有者在 GitHub 的主页，"followers_url" 表示关注该作者的其他作者信息，"following_url" 表示该作者所关注的其他作者信息，"repos_url" 表示该作者所维护和管理的所有项目库。

```
"id": 158943967,
"node_id": "MDEwOlJlcG9zaXRvcnkxNTg5NDM5Njc=",
"name": "python_crawler",
"full_name": "simonlee1984/python_crawler",
"private": false,
"owner": {
  "login": "simonlee1984",
  "id": 31825120,
  "node_id": "MDQ6VXNlcjMxODI1MTIw",
  "avatar_url": "https://avatars1.githubusercontent.com/u/31825120?v=4",
  "gravatar_id": "",
  "url": "https://api.github.com/users/simonlee1984",
  "html_url": "https://github.com/simonlee1984",
  "followers_url": "https://api.github.com/users/simonlee1984/followers",
  "following_url": "https://api.github.com/users/simonlee1984/following{/other_user}",
  "gists_url": "https://api.github.com/users/simonlee1984/gists{/gist_id}",
  "starred_url": "https://api.github.com/users/simonlee1984/starred{/owner}{/repo}",
  "subscriptions_url": "https://api.github.com/users/simonlee1984/subscriptions",
  "organizations_url": "https://api.github.com/users/simonlee1984/orgs",
  "repos_url": "https://api.github.com/users/simonlee1984/repos",
  "events_url": "https://api.github.com/users/simonlee1984/events{/privacy}",
  "received_events_url": "https://api.github.com/users/simonlee1984/received_events",
  "type": "User",
  "site_admin": false
```


a)


```
"id": 158949513,
"node_id": "MDEwOlJlcG9zaXRvcnkxNTg5NDk1MTM=",
"name": "python_spider",
"full_name": "simonlee1984/python_spider",
"private": false,
"owner": {
  "login": "simonlee1984",
  "id": 31825120,
  "node_id": "MDQ6VXNlcjMxODI1MTIw",
  "avatar_url": "https://avatars1.githubusercontent.com/u/31825120?v=4",
  "gravatar_id": "",
  "url": "https://api.github.com/users/simonlee1984",
  "html_url": "https://github.com/simonlee1984",
  "followers_url": "https://api.github.com/users/simonlee1984/followers",
  "following_url": "https://api.github.com/users/simonlee1984/following{/other_user}",
  "gists_url": "https://api.github.com/users/simonlee1984/gists{/gist_id}",
  "starred_url": "https://api.github.com/users/simonlee1984/starred{/owner}{/repo}",
  "subscriptions_url": "https://api.github.com/users/simonlee1984/subscriptions",
  "organizations_url": "https://api.github.com/users/simonlee1984/orgs",
  "repos_url": "https://api.github.com/users/simonlee1984/repos",
  "events_url": "https://api.github.com/users/simonlee1984/events{/privacy}",
  "received_events_url": "https://api.github.com/users/simonlee1984/received_events",
  "type": "User",
  "site_admin": false
```


b)

图 4-7　simonlee1984 的 Python 相关项目库

a）simonlee1984 的 python_crawler 项目库　b）simonlee1984 的 python_spider 项目库

4.3.4　获取 API 的响应数据

在分析了 GitHub 的 Web API 结构之后，本节将使用 Python 获取 GitHub Web API 的指定数据，由于获得的响应数据所包含的值比较多，不便于显示，所以这里将对获得的数据进行简单清洗，最后输出响应状态码和响应数据所有的键。

【例 4-1】 获取下面这个 GitHub Web API 的指定数据。

https://api.github.com/search/repositories?q=spider

具体步骤如下。

1）在 Python 中导入 requests 库。

```
import requests
```

2）定义指定的 Web API 的 URL，并将其赋给变量 api_url。

```
api_url='https://api.github.com/search/repositories?q=spider'
```

3）使用 requests 库的 get( )方法获得 Web API 的 Response 对象。

```
req=requests. get(api_url)
```

4）查看 Response 的属性值。status_code 表示服务器处理后返回值的状态（200 表示成功）。

```
print('状态码:',req. status_code)
```

5）使用 json( )方法将 Response 的数据转换为 JSON 的数据对象。

```
req_dic=req. json( )
```

6）使用为 JSON 的数据对象 keys( )方法获得键，并打印输出结果。

```
print(req_dic. keys( ))
```

7）输出结果如下。
状态码：200

```
dict_keys(['total_count', 'incomplete_results', 'items'])
```

完整代码如下。

```
import requests
api_url='https://api. github. com/search/repositories?q=spider'
req=requests. get(api_url)
print('状态码:',req. status_code)
req_dic=req. json( )
print(req_dic. keys( ))
```

4.3.5 处理 API 的响应数据

1. 清洗 API 的响应数据

【例 4-2】 本例将在例 4-1 的基础上，使用 Python 将获得的 API 响应数据进行清洗，有针对性地获得在 GitHub 中所有与 spider 有关的项目库的总数，验证是否完全获得了本次 API 的响应数据，返回当前浏览器页面所显示的项目库数量，查看第一个项目中的键数量，获得第一个项目中的具体内容，获得第一个项目作者的登录名，获得第一个项目的全名，获得第一个项目的描述，获得第一个项目评分。具体步骤如下。

1）在 Python 中导入 requests 库。

```
import requests
```

2）定义指定的 Web API 的 URL。

```
api_url='https://api. github. com/search/repositories?q=spider'
```

3）使用 requests 库的 get( )方法获得 Web API 的 Response 对象。

```
req=requests.get(api_url)
```

4）查看 Response 的属性值。status_code 表示服务器处理后返回值的状态（200 表示成功）。

```
print('状态码:',req.status_code)
```

5）使用 json( )方法将 Response 的数据转换为 JSON 的数据对象。

```
req_dic=req.json()
```

6）打印输出字典对象 req_dic 的键为“total_count”的值，该值表示与 spider 有关的库总数。

```
print('与 spider 有关的库总数:',req_dic['total_count'])
```

7）打印输出字典对象 req_dic 的键为“incomplete_results”的值，该值表示本次 Web API 请求是否完成。其中，false 表示完整，true 表示不完整。

```
print('本次请求是否完整:',req_dic['incomplete_results'])
```

8）获得字典对象 req_dic 的键为“items”的值，并将其赋值给变量 req_dic_items。注意，req_dic_items 也是一个数据类型为字典的数组。

```
req_dic_items=req_dic['items']
```

9）打印输出 req_dic_items 的元素个数。

```
print('当前页面返回的项目数量:',len(req_dic_items))
```

10）通过数组下标获取 req_dic_items 的第一个元素，即第一个 spider 的项目信息。req_dic_items_first 也是一个数据类型为字典的数组。

```
req_dic_items_first=req_dic_items[0]
```

11）打印输出 req_dic_items_first 的元素个数。

```
print('查看第一个项目中的键数量:',len(req_dic_items_first))
```

12）打印输出 req_dic_items_first 的具体内容。

```
print('第一个项目中的具体内容:',req_dic_items_first)
```

13）打印输出 req_dic_items_first 中键为“owner”的值中嵌套的键值对“login”的值。该值表示第一个项目的作者登录名。

```
print('获得第一个项目作者的登录名:',req_dic_items_first['owner']['login'])
```

14）打印输出 req_dic_items_first 中键为“full_name”的值。该值表示第一个项目的全名。

```
print('获得第一个项目的全名:',req_dic_items_first['full_name'])
```

15）打印输出 req_dic_items_first 中键为“description”的值。该值表示第一个项目的描述。

```
print('获得第一个项目的描述:',req_dic_items_first['description'])
```

16）打印输出 req_dic_items_first 中键为“score”的值。该值表示第一个项目的评分。

```
print('获得第一个项目评分:',req_dic_items_first['score'])
```

17）运行结果如图 4-8 所示。

```
状态码： 200
与spider有关的库总数： 31601
本次请求是否完整: False
当前页面返回的项目数量： 30
查看第一个项目中的内容数量： 73
第一个项目中的具体内容： {'id': 52476585, 'node_id': 'MDEwOlJlcG9zaXRvcnk1MjQ3NjU4NQ==', 'name': 'Spider', 'full_name': 'buckyroberts/Spider', 'private': False, 'owner': {'login': 'b
获得第一个项目作者的登录名： buckyroberts
获得第一个项目的全名： buckyroberts/Spider
获得第一个项目的描述： Python website crawler.
获得第一个项目评分： 112.90791
```

图 4-8　清洗 API 的响应数据运行结果

完整代码如下。

```
import requests
api_url='https://api.github.com/search/repositories?q=spider'
req=requests.get(api_url)
print('状态码:',req.status_code)
req_dic=req.json()
print('与 spider 有关的库总数:',req_dic['total_count'])
print('本次请求是否完整:',req_dic['incomplete_results'])
req_dic_items=req_dic['items']
print('当前页面返回的项目数量:',len(req_dic_items))
req_dic_items_first=req_dic_items[0]
print('查看第一个项目中的内容数量:',len(req_dic_items_first))
print('第一个项目中的具体内容:',req_dic_items_first)
print('获得第一个项目作者的登录名:',req_dic_items_first['owner']['login'])
print('获得第一个项目的全名:',req_dic_items_first['full_name'])
print('获得第一个项目的描述:',req_dic_items_first['description'])
print('获得第一个项目评分:',req_dic_items_first['score'])
```

2. 将获得的 API 响应数据存入 MySQL 数据库

通过上面对第一个项目数据的处理，知道了如何获取项目中的某一个值，下面将获得的值存入 MySQL 数据库。

【例 4-3】本例将使用 for 循环遍历每一个项目的同一个键，得到不同的值，并将其存入 MySQL 数据库中。

1）在 Python 中导入 requests 库和 PyMySQL 库。

```
import requests
import pymysql
```

2）定义指定的 Web API 的 URL。

```
api_url='https://api.github.com/search/repositories?q=spider'
```

3）使用 requests 库的 get()方法获得 Web API 的 Response 对象。

```
req=requests.get(api_url)
```

4）查看 Response 的属性值。status_code 表示服务器处理后返回值的状态（200 表示成功）。

```
print('状态码:',req.status_code)
```

5）使用 json()方法将 Response 的数据转换为 JSON 的数据对象，并赋值给变量 req_dic。此处，req_dic 表示的是 Web API 关于 spider 所有的项目信息和部分子项目信息。

```
req_dic=req.json()
```

6）打印输出字典对象 req_dic 的键为“total_count”的值。该值表示与 spider 有关的库总数。

```
print('与 spider 有关的库总数:',req_dic['total_count'])
```

7）打印输出字典对象 req_dic 的键为“incomplete_results”的值。该值表示本次 Web API 请求是否完成。其中，false 表示完整，true 表示不完整。

```
print('本次请求是否完整:',req_dic['incomplete_results'])
```

8）获得字典对象 req_dic 的键为“items”的值，并将其赋值给变量 req_dic_items。注意，req_dic_items 也是一个数据类型为字典的数组。

```
req_dic_items=req_dic['items']
```

9）打印输出 req_dic_items 的元素个数。

```
print('当前页面返回的项目数量:',len(req_dic_items))
```

10）通过导入 PyMySQL 库的 connect( )方法返回 PyMySQL 的数据库连接对象 db，在该方法中传入参数，host 表示 MySQL 数据库管理系统所在的主机名，user 表示 MySQL 数据库管理系统的登录名，password 表示登录 MySQL 数据库管理系统的密码，port 表示 MySQL 数据库管理系统的端口号。然后，通过 db 对象的 cursor( )方法获得操作数据库管理系统的 cursor 游标，并使用 execute( )方法执行具体的 SQL 语句。该 SQL 语句表示创建一个名为 WEBAPI3 的数据库，默认字符集设置为 utf8mb4。最后，使用 db 对象的 close( )方法关闭数据库连接。

```
db=pymysql.connect(host='localhost', user='root', password='密码', port=3306)
cursor=db.cursor()
cursor.execute("CREATE DATABASE WEBAPI3 DEFAULT CHARACTER SET utf8mb4")
db.close()
```

11）通过导入 PyMySQL 库的 connect( )方法返回 PyMySQL 的数据库连接对象 db2，在该方法中传入参数，从左向右分别表示主机名、数据库管理系统登录名、登录密码、数据库名、端口号。然后，通过 db2 对象的 cursor( )方法获得操作数据库管理系统的 cursor2 游标，并使用 execute( )方法执行具体的 SQL 语句。该 SQL 语句表示在数据库 WEBAPI3 中，如果已经存在名为 webapi3 的数据表的话，就将其删除。接着，将变量 sql1 赋值 SQL 语句用于创建名为 webapi3 的数据表，其包含 id、full_name 和 score 三个字段，设置 id 为主键，默认字符集为 utf8mb4。使用 execute( )方法执行 sql1 语句，如果没有报错，则输出"Created table Successfull."。

```
db2=pymysql.connect("localhost", "root", "密码", "WEBAPI3",3306)
cursor2=db2.cursor()
cursor2.execute("DROP TABLE IF EXISTS webapi3")
sql1="""CREATE TABLE 'webapi3'(
                'id' int(10) NOT NULL AUTO_INCREMENT,
                'full_name' char(20) NOT NULL,
                'score' int(10) NOT NULL,
                PRIMARY KEY ('id')
        ) ENGINE=InnoDB DEFAULT CHARSET=utf8mb4;"""
cursor2.execute(sql1)
print("Created table Successfull.")
```

12）使用 for 循环遍历 req_dic_items，使用 enmuerate( )方法将 req_dic_items 中的每一个 key 按顺序匹配一个索引号 index，并打印输出 index、key['full_name']、key['score']的值。然后，将变量 sql2 赋值 SQL 语句用于向数据表 webapi3 中插入新的数据。在此使用 try…except…语句检测 cursor2 的 execute( )方法和 commit( )方法是否成功执行，如果失败，则执行 rollback( )方法实现回滚。最后，关闭 db2 数据库连接。

```
for index,key in enumerate(req_dic_items):
    print('项目序号:', index, '项目名称:', key['full_name'], '项目评分:', key['score'])
sql2='INSERT INTO webapi3(id, full_name, score) VALUES(%s,%s,%s)'
```

```
    try:
        cursor2.execute(sql2, (index, key['full_name'], key['score']))
        db2.commit()
    except:
        db2.rollback()
    db2.close()
```

13）运行结果如图 4-9 所示。

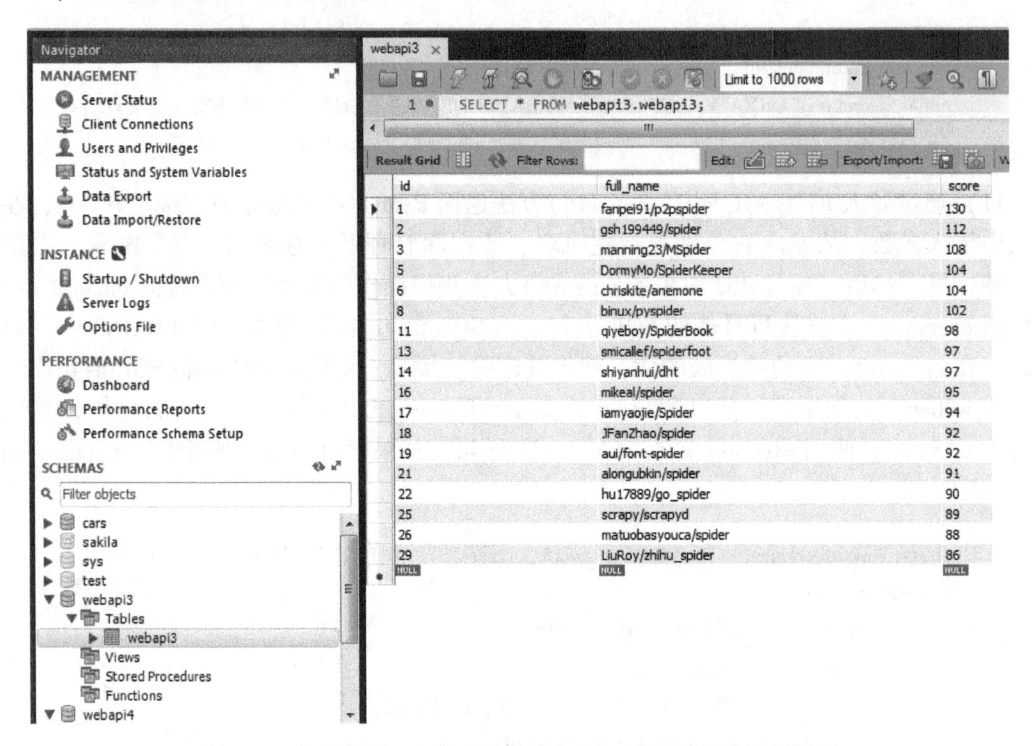

图 4-9 将获得的 API 响应数据存入 MySQL 数据库的运行结果

完整代码如下。

```
import requests
import pymysql
api_url='https://api.github.com/search/repositories?q=spider'
req=requests.get(api_url)
print('状态码:',req.status_code)
req_dic=req.json()
print('与 spider 有关的库总数:',req_dic['total_count'])
print('本次请求是否完整:',req_dic['incomplete_results'])
req_dic_items=req_dic['items']
print('当前页面返回的项目数量:',len(req_dic_items))
db=pymysql.connect(host='localhost', user='root', password='Woailulu1984', port=3306)
```

```
cursor=db. cursor()
cursor. execute("CREATE DATABASE WEBAPI3 DEFAULT CHARACTER SET utf8mb4")
db. close()
db2=pymysql. connect("localhost", "root", "Woailulu1984", "WEBAPI3",3306)
cursor2=db2. cursor()
cursor2. execute("DROP TABLE IF EXISTS webapi3")
sql1="""CREATE TABLE 'webapi3'(
                'id' int(10) NOT NULL AUTO_INCREMENT,
                'full_name' char(20) NOT NULL,
                'score' int(10) NOT NULL,
                 PRIMARY KEY ('id')
              ) ENGINE=InnoDB DEFAULT CHARSET=utf8mb4;"""
cursor2. execute(sql1)
print("Created table Successfull. ")
for index,key in enumerate(req_dic_items):
    print('项目序号:', index, '项目名称:', key['full_name'], '项目评分:', key['score'])
sql2='INSERT INTO webapi3(id, full_name, score) VALUES(%s,%s,%s)'
try:
    cursor2. execute(sql2, (index, key['full_name'], key['score']))
    db2. commit()
except:
    db2. rollback()
db2. close()
```

4.4 任务实现

本任务将有针对性地使用爬虫工具采集库名为 spider 的 GitHub 项目的基本信息，并使用 sorted()方法根据所有项目的分数进行排名，最后保存至 MySQL 数据库中。

1）在 Python 中导入 requests 库和 PyMySQL 库。

```
import requests
import pymysql
```

2）定义指定的 Web API 的 URL。

```
api_url='https://api. github. com/search/repositories?q=spider'
```

3）使用 requests 库的 get()方法获得 Web API 的 Response 对象。

```
req=requests. get(api_url)
```

4）查看 Response 的属性值。status_code 表示服务器处理后返回值的状态（200 表示成功）。

```
print('状态码:',req.status_code)
```

5）使用 json( )方法将 Response 的数据转换为 JSON 的数据对象，并赋值给变量 req_dic。此处，req_dic 表示的是 Web API 关于 spider 所有的项目信息和部分子项目信息。

```
req_dic=req.json()
```

6）打印输出字典对象 req_dic 的键为“total_count”的值。该值表示与 spider 有关的库总数。

```
print('与 spider 有关的库总数:',req_dic['total_count'])
```

7）打印输出字典对象 req_dic 的键为“incomplete_results”的值。该值表示本次 Web API 请求是否完成。其中，false 表示完整，true 表示不完整。

```
print('本次请求是否完整:',req_dic['incomplete_results'])
```

8）获得字典对象 req_dic 的键为“items”的值，并将其赋值给变量 req_dic_items。注意，req_dic_items 也是一个数据类型为字典的数组。

```
req_dic_items=req_dic['items']
```

9）打印输出 req_dic_items 的元素个数。

```
print('当前页面返回的项目数量:',len(req_dic_items))
```

10）声明定义一个空列表，用于存放项目名称。

```
names=[]
```

11）使用 for 循环将 req_dic_items 中所有的 key 都遍历出来，并将 key 值为“name”的值添加到列表 names 中。

```
for key in req_dic_items:
    names.append(key['name'])
```

12）使用 sorted( )方法对列表 names 进行排序。

```
sorted_names=sorted(names)
```

13）通过导入 PyMySQL 库的 connect( )方法返回 PyMySQL 的数据库连接对象 db，在该方法中传入参数，host 表示 MySQL 数据库管理系统所在的主机名，user 表示 MySQL 数据库管理系统的登录名，password 表示登录 MySQL 数据库管理系统的密码，port 表示 MySQL 数据库管理系统的端口号。然后，通过 db 对象的 cursor( )方法获得操作数据库管理系统的 cursor 游标，并使用 execute( )方法执行具体的 SQL 语句。该 SQL 语句表示创建一个名为 WEBAPI4 的数据库，默认字符集设置为 utf8mb4。最后，使用 db 对象的 close( )方法关闭数据库连接。

```
db=pymysql.connect(host='localhost', user='root', password='密码', port=3306)
cursor=db.cursor()
cursor.execute("CREATE DATABASE WEBAPI4 DEFAULT CHARACTER SET utf8mb4")
db.close()
```

14）通过导入 PyMySQL 库的 connect()方法返回 PyMySQL 的数据库连接对象 db2，在该方法中传入参数，从左向右分别表示主机名、数据库管理系统登录名、登录密码、数据库名、端口号。然后，通过 db2 对象的 cursor()方法获得操作数据库管理系统的 cursor2 游标，并使用 execute()方法执行具体的 SQL 语句。该 SQL 语句表示在数据库 WEBAPI3 中，如果已经存在名为 webapi4 的表的话，就将其删除。接着，将变量 sql1 赋值 SQL 语句用于创建名为 webapi4 的数据表，其包含 id、full_name 两个字段，设置 id 为主键，默认字符集为 utf8mb4。使用 execute()方法执行 sql1 语句，如果没有报错，则输出“Created table Successfull.”。

```
db2=pymysql.connect("localhost","root","密码","WEBAPI4",3306)
cursor2=db2.cursor()
cursor2.execute("DROP TABLE IF EXISTS webapi4")
sql1="""CREATE TABLE 'webapi4'(
            'id' int(10) NOT NULL AUTO_INCREMENT,
            'full_name' char(20) NOT NULL,
            PRIMARY KEY ('id')
        ) ENGINE=InnoDB DEFAULT CHARSET=utf8mb4;"""
cursor2.execute(sql1)
print("Created table Successfull.")
```

15）使用 for 循环遍历 sorted_names，enmuerate()方法将 sorted_names 中的每一个 name 按顺序匹配一个索引号 index，并打印输出 index、name 的值。然后，将变量 sql2 赋值 SQL 语句用于向数据表 webapi4 中插入新的数据。在此使用 try...except...语句检测 cursor2 的 execute()方法和 commit()方法是否成功执行，如果失败，则执行 rollback()方法实现回滚。最后，关闭 db2 的数据库连接。

```
for index,name in enumerate(sorted_names):
  print('项目索引号:',index,'  项目名称:',name)
sql2='INSERT INTO webapi4(id, full_name) VALUES(%s,%s)'
try:
    cursor2.execute(sql2, (index, name))
    db2.commit()
except:
    db2.rollback()
db2.close()
```

16）运行结果如图 4-10 所示。

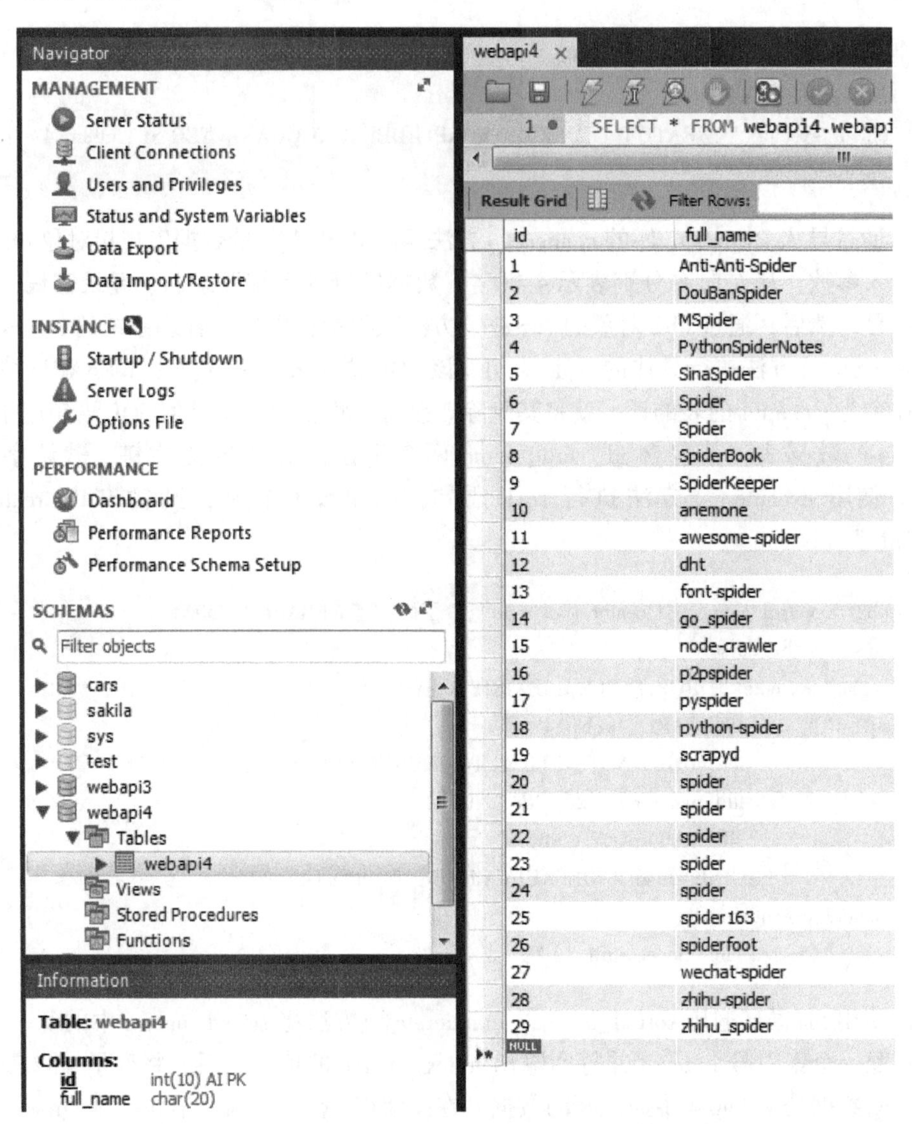

图 4-10　本任务运行结果

完整代码如下。

```
import requests
import pymysql
api_url='https://api.github.com/search/repositories?q=spider'
req=requests.get(api_url)
print('状态码:',req.status_code)
req_dic=req.json()
print('与 spider 有关的库总数:',req_dic['total_count'])
print('本次请求是否完整:',req_dic['incomplete_results'])
```

```
req_dic_items=req_dic['items']
print('当前页面返回的项目数量:',len(req_dic_items))
names=[]
for key in req_dic_items:
    names.append(key['name'])
sorted_names=sorted(names)
db=pymysql.connect(host='localhost', user='root', password='密码', port=3306)
cursor=db.cursor()
cursor.execute("CREATE DATABASE WEBAPI4 DEFAULT CHARACTER SET utf8mb4")
db.close()
db2=pymysql.connect("localhost","root","密码","WEBAPI4",3306)
cursor2=db2.cursor()
cursor2.execute("DROP TABLE IF EXISTS webapi4")
sql1="""CREATE TABLE 'webapi4'(
            'id' int(10) NOT NULL AUTO_INCREMENT,
            'full_name' char(20) NOT NULL,
            PRIMARY KEY ('id')
        ) ENGINE=InnoDB DEFAULT CHARSET=utf8mb4;"""
cursor2.execute(sql1)
print("Created table Successfull.")

for index,name in enumerate(sorted_names):
    print('项目索引号:',index,'  项目名称:',name)
sql2='INSERT INTO webapi4(id, full_name) VALUES(%s,%s)'
try:
    cursor2.execute(sql2, (index, name))
    db2.commit()
except:
        db2.rollback()
db2.close()
```

4.5 小结

通过本任务的学习，了解了 Web API 和 GitHub 的基本概念、GitHub 的基本使用方法，分析了 GitHub 开放 API 的数据特点，实现了针对 GitHub 的 API 进行的数据采集、清洗和持久化存储。

4.6 习题

利用 GitHub 提供的 API 实现数据采集、清洗和存储。

任务5　使用AJAX采集数据

学习目标

- 了解AJAX的基本概念和数据特点。
- 了解静态数据和动态数据的基本知识。
- 掌握使用AJAX采集数据的方法。

5.1　任务描述

本任务通过Chrome谷歌浏览器的开发者工具分析汽车之家网站页面数据的各项内容，通过获得AJAX请求的URL，运用爬虫程序向AJAX请求动态数据，最后将采集到的动态数据进行过滤后保存至MySQL数据库中。

5.2　AJAX

5.2.1　AJAX的起源

在2005年，Google通过其Google Suggest使AJAX变得流行起来。Google Suggest使用AJAX创造出动态性极强的Web界面。当用户在谷歌的搜索框中输入关键字时，JavaScript会把输入的字符发送给服务器，然后服务器会返回一个搜索建议的列表。

5.2.2　AJAX概述

AJAX（Asynchronous Javascript And Xml，异步的JavaScript和XML）。AJAX并不是一种新的编程语言，而仅仅是一种新的技术，它可以创建更好、更快且交互性更强的Web应用程序。

AJAX是一种用于创建快速动态网页的技术。通过在后台与服务器进行少量数据交换，AJAX可以使网页实现异步更新。这意味着可以在不重新加载整个网页的情况下，对网页的某部分进行更新。

在前面已经学习了如何使用requests库来获取页面数据。但是，requests库只能获取静态HTML页面的数据，如果页面中存在使用JavaScript处理过的数据的话，requests库是无法获取的。目前，越来越多的页面都在使用AJAX技术实现页面数据的动态处理。AJAX能够在传统的静态HTML页面加载完成之后，异步地调用JavaScript向服务器获取某个接口所发送和接收的特定数据，这种异步交互的数据格式包括XML。从页面处理的效果上看，AJAX

能够在不刷新整个页面的情况下，实现后台局部刷新。这样做的好处是显而易见的，浏览器不用每次都向服务器请求整个页面的全部数据，从而节约网络带宽，减少了服务器工作负载，提高了 Web 程序的整体性能。图 5-1 所示为 AJAX 和传统 Web 处理模式的区别。

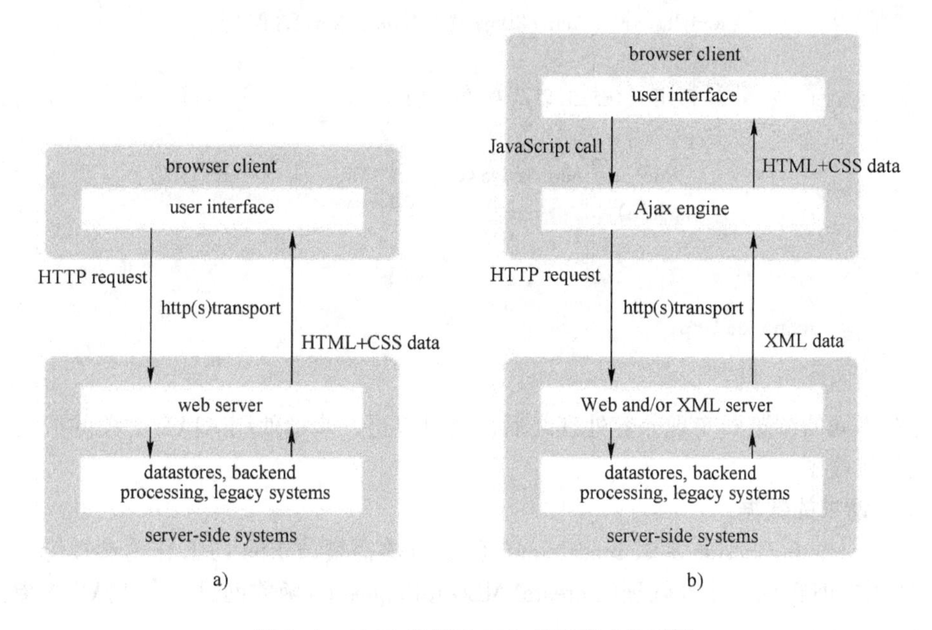

图 5-1　AJAX 和传统 Web 处理模式的区别

a）传统 Web 处理模式　b）AJAX 处理模式

从当前的 Web 应用程序发展来看，很多的 Web 前端数据都是基于 JavaScript 框架实现与后端的数据交互。也就是说，不论后端使用何种语言，都能够很好地与基于 JavaScript 的框架实现数据交互。

5.2.3　AJAX 的特点

AJAX 是基于 JavaScript 的一个对象。不同的浏览器对这个对象有着不同的支持。可以根据不同的浏览器使用不同的 AJAX 对象，实现数据的异步交互。下面来举例说明。

对于比较早期版本的 IE 浏览器，可以分别使用 var xmlHttp = new ActiveXObject("Microsoft.XMLHTTP")和 var xmlHttp = new ActiveXObject("Microsoft2.XMLHTTP")获取 AJAX 对象。

对于目前主流的浏览器，可以使用 var xmlHttp = new XMLHttpRequest()获取 AJAX 对象。因此，在实际的开发过程中，从浏览器兼容的角度出发，经常使用如下方法实现兼容。

```
function createXMLHt tpRequest() {
    var xmlHttp.
    //适用于大多数浏览器,包括 IE7 和 IE 更高版本
    try{
        xmlHttp = new XMLHttpRequest();
    } catch(e)
```

```
        {
            //适用于 IE6
            try {
                xmlHttp=new ActiveXObject("Msxml2.XMLHTTP");
            } catch(e) {
                //适用于 IE5.5,以及 IE 更早版本
                try{
                    xmlHttp=new ActiveXObject ("Microsoft.XMLHTTP");
                } catch(e) {}
            }
        }
        return xmlHttp;
    }
```

通过对不同的浏览器实现兼容处理之后，就可以进一步地使用 AJAX 对象的成员实现数据的发送和接收了。

1. 发送请求的数据

1）定义一个 JavaScript 函数 sendRequest()，并将需要请求的 URL 作为参数传入。

2）调用之前实现了兼容处理的 createXMLHttpRequest()函数创建一个 AJAX 对象并赋值给变量 XMLHttpReq。

3）使用 XMLHttpReq 对象的 open()方法打开指定的 URL。其中，“GET”表示使用的请求方式，url 表示需要发送请求的位置，true 表示使用异步的方式实现。

4）使用 XMLHttpReq 对象的 onreadystatechange 属性设置指定响应的回调函数。该回调函数表示当服务器将数据返回给浏览器后，自动调用该方法。这里可以只使用函数名，如processResponse。

5）使用 XMLHttpReq 对象的 send()方法发送请求即可。

上述发送请求的过程如下。

```
//发送请求函数
function sendRequest(url) {
    XMLHttpReq=createXMLHttpRequest();
    XMLHttpReq open("GET", url1, true);
    XMLHttpReq onreadystatechange=processResponse;   //指定响应函数
    XMLHttpReq send(null);                           //发送请求
}
```

2. 接收响应的数据

1）定义一个 JavaScript 函数 processResponse()。该函数作为回调函数。

2）使用 if 条件判断语句判断 XMLHttpReq 对象的 readyState 属性值是否为 4，该值表示服务器已经将数据完整返回，并且浏览器全部接收完毕。readyState 属性为只读，状态用长度为 4 的整型数据表示，定义如下。

- 0（未初始化）：对象已建立，但是尚未初始化，即尚未调用 open()方法。

- 1（初始化）：已调用 send( )方法，正在发送请求。
- 2（发送数据）：send( )方法调用完成，但是当前的状态及 http 头未知。
- 3（数据传送中）：已接收部分数据，因为还没有完全接收响应数据，这时通过 responseBody和 responseText 属性获取部分数据会出现错误。
- 4（完成）：数据接收完毕，此时可以通过 responseBody 和 responseText 属性获取完整的回应数据。

3）使用 if 条件判断语句判断 XMLHttpReq 对象的 status 属性值是否为 200，该值表示响应状态成功。

status 表示 HTTP 响应状态码 。常见的 HTTP 响应状态码如下。

- 100 Continue：初始的请求已经接受，客户应当继续发送请求的其余部分。
- 200 OK：一切正常，对 GET 和 POST 请求的应答文件跟在后面。
- 301 Moved Permanently：当前请求的资源已经被永久地移除了。
- 302 Found：类似于 301，但新的 URL 应该被视为临时性的替代，而不是永久性的。
- 400 Bad Request：请求出现语法错误。
- 401 Unauthorized：客户试图未经授权访问受密码保护的页面。
- 403 Forbidden：资源不可用。
- 404 Not Found：无法找到指定位置的资源。
- 500 Internal Server Error：服务器遇到了意料不到的情况，不能完成客户的请求。
- 501 Not Implemented：服务器不支持实现请求所需要的功能。例如，客户发出了一个服务器不支持的 PUT 请求。

4）如果响应状态码为 200，则使用 XMLHttpReq 的 responseText 属性获得服务器响应的数据文本。否则，输出“您所请求的页面有异常。”

上述处理响应数据的过程如下。

```
//处理返回信息函数
function processResponse( ) {
    if(XMLHttpReq. ready5tate = = 4) {        //表示服务端已经将数据完整返回,并且浏览器全部
                                                接收完毕
        if(XMLHttpReq. status = = 200) {   //判断响应状态码是否为 200
            alert (XMLHttpReq. responseText);
        } else {                            //页面不正常
            window. alert("您所请求的页面有异常。");
        }
    }
}
```

5.2.4 静态数据

静态数据是指在程序运行过程中主要作为控制或参考用的数据，它们在很长的一段时间内不会变化，一般不随运行而变。在 Web 系统的体系架构中，为了提高性能，一般将图片、视频、文字等数据单独存储在静态服务器中，目的就是为了能够在第一时间响应客户端的需

求。在操作系统的内存管理中，静态数据存放在静态区，它和全局变量保存在一个区，其生存期是整个程序。

5.2.5 动态数据

动态数据包括所有在程序运行过程中发生变化的数据以及在运行中需要输入、输出的数据及在联机操作中要改变的数据。动态数据的准备和系统切换的时间有直接关系。在 Web 系统的体系结构中，动态数据是常常变化、直接反映事务过程的数据，如网站访问量、在线人数、日销售额等。在操作系统的内存管理中，动态数据存放在堆区或栈区。

5.2.6 分析 AJAX 采集的数据

【例 5-1】下面以汽车之家网站为例，进一步分析和了解 AJAX 的作用。本例使用 Chrome 谷歌浏览器作为 AJAX 的使用平台。

1）使用 Chrome 谷歌浏览器浏览 https://www.autohome.com.cn，然后按〈F12〉键，即可打开 Chrome 谷歌浏览器的开发者工具，如图 5-2 所示。

图 5-2 汽车之家首页

Chrome 谷歌浏览器的开发者工具对于 Web 程序员来说非常有用，其主要有 Elements、Resources、Network、Console 等多个选项卡。每个选项卡都具备不同的功能。

① 在 Elements 选项卡中可以查看、编辑页面上的元素，包括 HTML 和 CSS。

② 在 Resources 选项卡中可以查看请求的资源情况，包括 CSS、JS、image 等的内容，同时还可以查看存储的如 Cookies、HTML5 的 Database 和 LocalStore 等内容，用户可以对存储的内容进行编辑和删除。

③ 在 Network 选项卡中可以分析网站请求的网络情况，查看某一请求的请求头、响应头和响应内容，特别是在查看 AJAX 类请求时非常有帮助。

④ Console 选项卡是 JavaScript 的控制台。在这个选项卡中除了可以查看错误信息、打

印调试信息、编写一些测试脚本以外，还可以查看 JavaScript API。

2）选择 Network 选择卡，里面包含了所有的关于浏览器和服务器之间的数据请求，其中就包含需要查看的 AJAX 类型，即 Type 为 xhr 的数据，如图 5-3 所示。

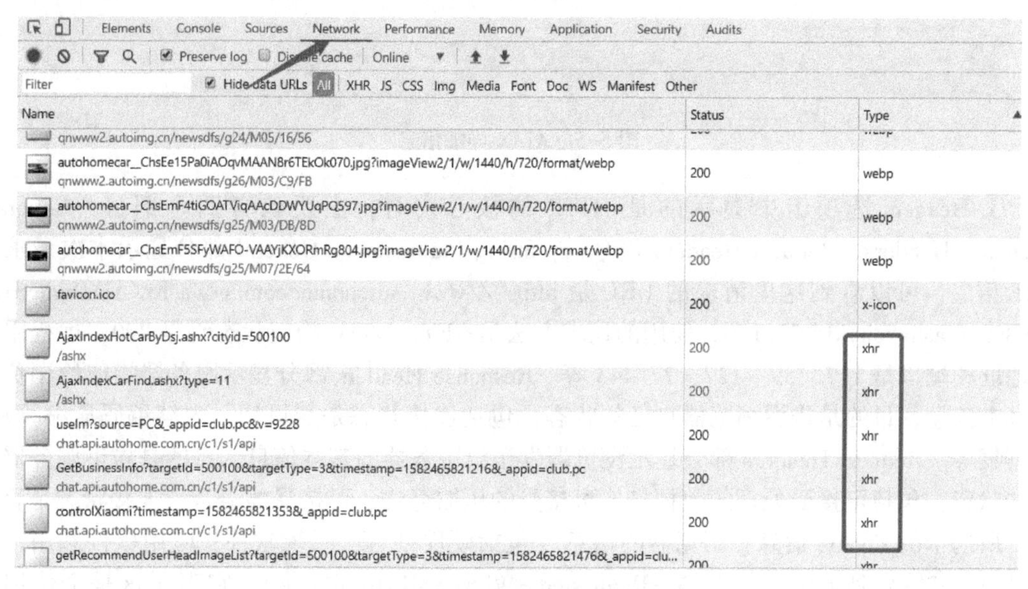

图 5-3 “Network”选项卡

3）为了更好地观察 AJAX 类型的数据，可以单击工具栏中的“XHR”标签进行过滤，如图 5-4 所示。

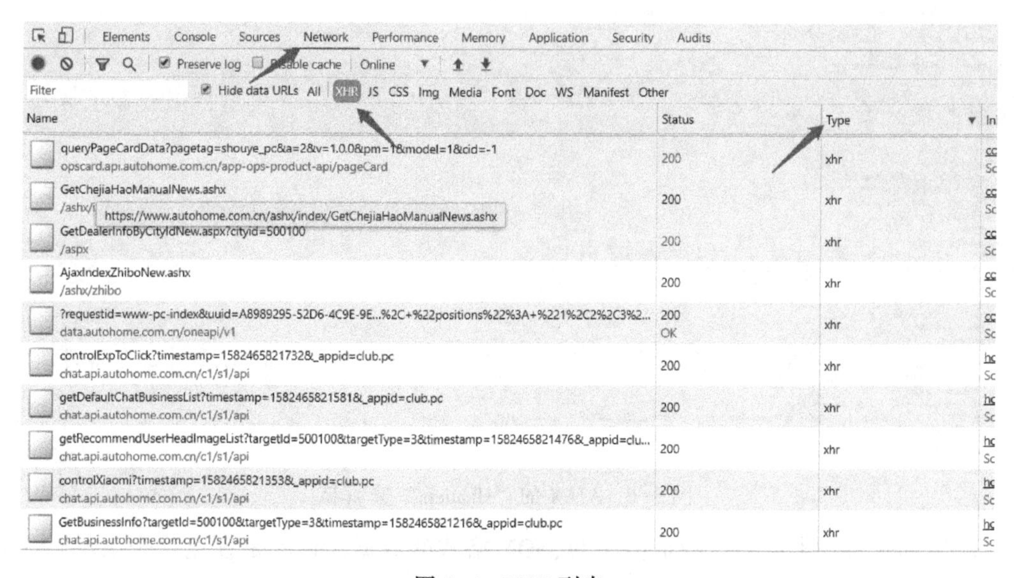

图 5-4 XHR 列表

4）选择其中一个 AJAX 条目之后，在右侧会出现 Headers、Preview、Response、Cookie 和 Timing 五个选项卡。这些选项卡中包含了这个 AJAX 请求的详细信息，如图 5-5 所示。

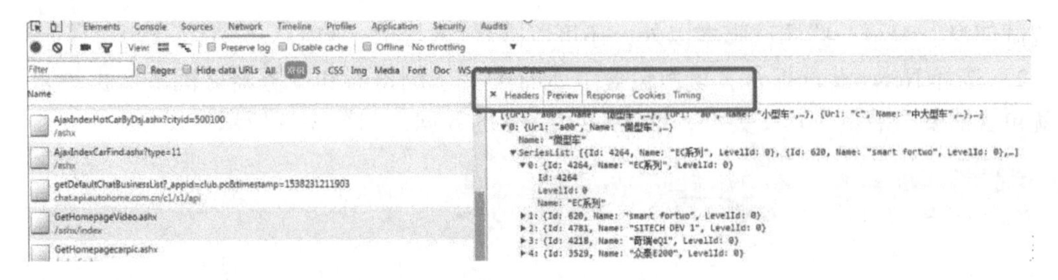

图 5-5　AJAX 详细信息

① Headers 选项卡中显示的是 HTTP 的核心内容，主要包含四个部分：General、Response Headers、Request Headers 和 Query String Parameters。General 部分显示本次请求的 URL 信息，可以看到这里请求的 URL 是 https://www. autohome. com. cn/ashx/AjaxIndexHotCarByDsj. ashx?cityid=500100，使用的请求方法是 GET，HTTP 响应状态码是 200，远程服务器地址和端口是 117、59、127、77:443 等。Response Headers 部分显示服务器响应给浏览器的基本信息，目的是告诉浏览器自己的状态，包括连接状态是否可用、内容编码压缩算法、字符集等。Request Headers 部分显示浏览器发送给服务器的基本信息，目的是告诉服务器自己的状态，包括可接受处理的数据格式可接受的压缩算法、可接受的语言、连接状态是否可用、所携带的 Cookie 信息、浏览器的信息（包括硬件平台、系统软件、应用软件和用户个人偏好），最后是最需关注的 X-Requested-With:XMLHttpRequest，它表明这是个使用了 AJAX 对象的请求。Query String Parameters 部分显示需要附在 URL 之后的状态参数，这里是一个键值对 cityid:500100，如图 5-6 所示。

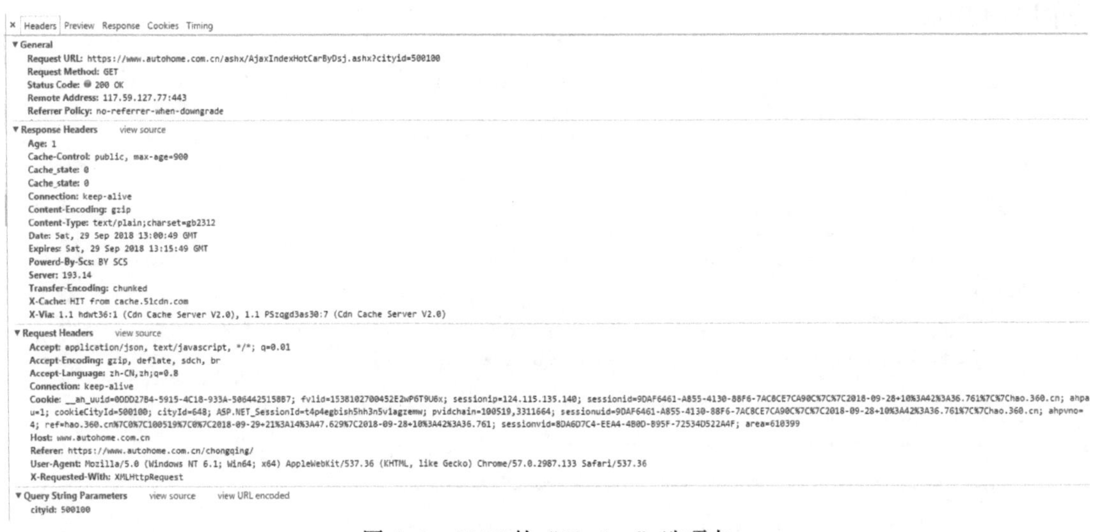

图 5-6　AJAX 的“Headers”选项卡

② Preview 选项卡中显示的是传递的 JSON 格式的数据，也就是预览这个 AJAX 对象获得的数据，如图 5-7 所示。

③ Response 选项卡中显示的是响应服务器对浏览器请求的文件或数据，数据格式是 JSON，如图 5-8 所示。

④ Cookie 选项卡中显示的是浏览器中保存的 Cookie 信息。由于 HTTP 是无状态的协议，

```
× Headers Preview Response Cookies Timing
▼[{Url: "a00", Name: "微型车",…}, {Url: "a0", Name: "小型车",…}, {Url: "c", Name: "中大型车",…},…]
  ▼0: {Url: "a00", Name: "微型车",…}
      Name: "微型车"
    ▼SeriesList: [{Id: 4781, Name: "SITECH DEV 1", LevelId: 0}, {Id: 620, Name: "smart fortwo", LevelId: 0},…]
      ▼0: {Id: 4781, Name: "SITECH DEV 1", LevelId: 0}
          Id: 4781
          LevelId: 0
          Name: "SITECH DEV 1"
      ▶1: {Id: 620, Name: "smart fortwo", LevelId: 0}
      ▶2: {Id: 4264, Name: "EC系列", LevelId: 0}
      ▶3: {Id: 3217, Name: "奔奔", LevelId: 0}
      ▶4: {Id: 4380, Name: "奔奔EV", LevelId: 0}
      ▶5: {Id: 872, Name: "奥拓", LevelId: 0}
      ▶6: {Id: 4218, Name: "奇瑞eQ1", LevelId: 0}
      ▶7: {Id: 3529, Name: "众泰E200", LevelId: 0}
      ▶8: {Id: 4522, Name: "LITE", LevelId: 0}
      ▶9: {Id: 579, Name: "比亚迪F0", LevelId: 0}
      ▶10: {Id: 3993, Name: "宝骏E100", LevelId: 0}
      ▶11: {Id: 4890, Name: "宝骏E200", LevelId: 0}
      ▶12: {Id: 3827, Name: "知豆D2", LevelId: 0}
      ▶13: {Id: 1004, Name: "smart forfour", LevelId: 0}
      ▶14: {Id: 4238, Name: "电咖·EV10", LevelId: 0}
      ▶15: {Id: 2989, Name: "奇瑞QQ", LevelId: 0}
      ▶16: {Id: 75, Name: "北斗星", LevelId: 0}
      ▶17: {Id: 4088, Name: "江淮iEV6E", LevelId: 0}
      ▶18: {Id: 601, Name: "菲亚特500", LevelId: 0}
      ▶19: {Id: 2683, Name: "巴博斯 smart fortwo", LevelId: 0}
      ▶20: {Id: 4597, Name: "知豆D3", LevelId: 0}
      ▶21: {Id: 3648, Name: "奇瑞eQ", LevelId: 0}
      ▶22: {Id: 3779, Name: "芝麻", LevelId: 0}
      ▶23: {Id: 4261, Name: "巴博斯 smart forfour", LevelId: 0}
      Url: "a00"
  ▶1: {Url: "a0", Name: "小型车",…}
  ▶2: {Url: "c", Name: "中大型车",…}
  ▶3: {Url: "d", Name: "大型车",…}
  ▶4: {Url: "mpv", Name: "MPV",…}
  ▶5: {Url: "s", Name: "跑车",…}
  ▶6: {Url: "p", Name: "皮卡",…}
  ▶7: {Url: "mb", Name: "微面",…}
  ▶8: {Url: "qk", Name: "轻客",…}
  ▶9: {Url: "suv", Name: "SUV",…}
  ▶10: {Url: "a", Name: "紧凑型车",…}
  ▶11: {Url: "b", Name: "中型车",…}
```

图 5-7　AJAX 的“Preview”选项卡

```
× Headers Preview Response Cookies Timing
1 [{"Url":"a00","Name":"微型车","SeriesList":[{"Id":4781,"Name":"SITECH DEV 1","LevelId":0},{"Id":620,"Name":"smart fortwo","LevelId":0},{"Id":4264,"Name":"EC系列","LevelId":0},{"Id":3217,"Name":"奔奔","LevelId":0},{'
```

图 5-8　AJAX 的“Response”选项卡

因此为了保存客户端和服务器之间的连接信息，使用了 Cookie 以键值对的形式作为数据的保存方式。Cookies 最典型的应用是判断注册用户是否已经登录网站，如图 5-9 所示。

× Headers Preview Response Cookies Timing

Name	Value	Domain	Path	Expires / Max-...	Size	HTTP	Secure	SameSite
▼Request Cookies					576			
ASP.NET_SessionId	t4p4egbish5hh3n5v1agzemw	N/A	N/A	N/A	44			
__ah_uuid	0DDD27B4-5915-4C18-933A-506442515887	N/A	N/A	N/A	48			
ahpau	1	N/A	N/A	N/A	9			
ahpvno	4	N/A	N/A	N/A	10			
area	610399	N/A	N/A	N/A	11			
cityId	648	N/A	N/A	N/A	12			
cookieCityId	500100	N/A	N/A	N/A	21			
fvlid	1538102700452E2wP6T9U6x	N/A	N/A	N/A	31			
pvidchain	100519,3311664	N/A	N/A	N/A	26			
ref	hao.360.cn%7C0%7C100519%7C0%7C2018-09-29+21%3A14%3A47.629%7C2018...	N/A	N/A	N/A	93			
sessionid	9DAF6461-A855-4130-88F6-7AC8CE7CA90C%7C%7C2018-09-28+10%3A42%3A...	N/A	N/A	N/A	97			
sessionip	124.115.135.140	N/A	N/A	N/A	27			
sessionuid	9DAF6461-A855-4130-88F6-7AC8CE7CA90C%7C%7C2018-09-28+10%3A42%3A...	N/A	N/A	N/A	98			
sessionvid	8DA6D7C4-EEA4-4B0D-895F-72534D522A4F	N/A	N/A	N/A	49			
Response Cookies					0			

图 5-9　AJAX 的“Cookie”选项卡

⑤ Timing 选项卡中显示的是各种时间，包括等待时间、连接时间、上传时间、下载时间等，如图 5-10 所示。

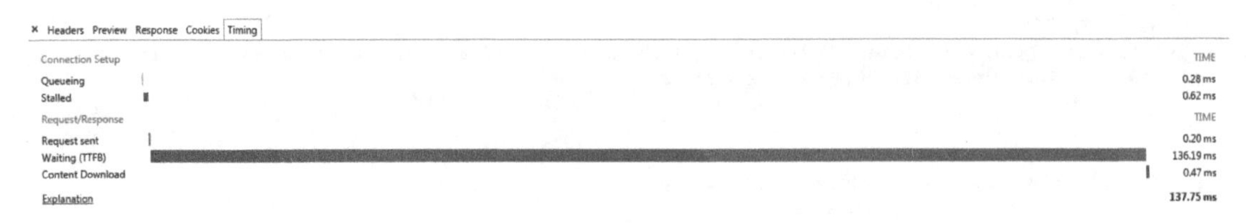

图 5-10　AJAX 的“Timing”选项卡

5.2.7　提取 AJAX 采集的数据

【例 5-2】 在分析了 AJAX 的数据信息之后，下面将以汽车之家网站为例，进一步利用 AJAX 提取需要的数据，分析获得的页面数据的内在联系，使用 Python 实现以 AJAX 的方式采集数据。

1）打开 Chrome 谷歌浏览器的开发者工具，并打开“Network”选项卡，然后单击工具栏中的“XHR”标签进行筛选。图 5-11 所示是该网站首次加载时产生的 AJAX 请求。

Elements Console Sources Network Timeline Profiles Application Security Audits
View: Preserve log Disable cache Offline No throttling
Filter Regex Hide data URLs All XHR JS CSS Img Media Font Doc WS Manifest Other

Name	Status	Type	Initiator	Size	Time	Waterfall 40.00 s
AjaxIndexZhiboNew.ashx /ashx/zhibo	200 OK	xhr	co.ashx?path=/as/seajs/2.3.0/bundle.js,/as/jquery/1.12.4/... Script	2.7 KB 13.6 KB	87 ms 86 ms	
GetDealerInfoByCityIdNew.aspx?cityid=500100 /aspx	200 OK	xhr	co.ashx?path=/as/seajs/2.3.0/bundle.js,/as/jquery/1.12.4/... Script	10.6 KB 91.9 KB	273 ms 140 ms	
GetChejiaHaoManualNews.ashx /ashx/index	200 OK	xhr	co.ashx?path=/as/seajs/2.3.0/bundle.js,/as/jquery/1.12.4/... Script	1.3 KB 3.6 KB	279 ms 277 ms	
AjaxIndexHotCarByDsj.ashx?cityid=500100 /ashx	200 OK	xhr	co.ashx?path=/as/seajs/2.3.0/bundle.js,/as/jquery/1.12.4/... Script	3.7 KB 12.0 KB	137 ms 137 ms	
AjaxIndexCarFind.ashx?type=11 /ashx	200 OK	xhr	co.ashx?path=/as/seajs/2.3.0/bundle.js,/as/jquery/1.12.4/... Script	13.5 KB 49.4 KB	332 ms 169 ms	
getDefaultChatBusinessList?_appid=club.pc×tamp=1538227041995 chat.api.autohome.com.cn/c1/s1/api	200	xhr	co.ashx?path=/as/seajs/2.3.0/bundle.js,/as/jquery/1.12.4/... Script	583 B 50 B	270 ms 270 ms	

图 5-11　XHR 列表

2）向下拖动浏览页面，可以发现该页面在没有全页面刷新的前提下，实现了局部刷新。此时可以发现 XHR 中又多了一些 AJAX 条目，如图 5-12 所示。

Elements Console Sources Network Timeline Profiles Application Security Audits
View: Preserve log Disable cache Offline No throttling
Filter Regex Hide data URLs All XHR JS CSS Img Media Font Doc WS Manifest Other

Name	Status	Type	Initiator	Size	Time	Waterfall
/ashx	OK	xhr	Script	(from disk cache)	0 ms	
getDefaultChatBusinessList?_appid=club.pc×tamp=1538231211903 chat.api.autohome.com.cn/c1/s1/api	200	xhr	co.ashx?path=/as/seajs/2.3.0/bundle.js,/as/jquery/1.12.4/... Script	582 B 50 B	263 ms 263 ms	
GetHomepageVideo.ashx /ashx/index	200 OK	xhr	co.ashx?path=/as/seajs/2.3.0/bundle.js,/as/jquery/1.12.4/... Script	2.6 KB 8.1 KB	823 ms 556 ms	
GetHomepagecarpic.ashx /ashx/index	200 OK	xhr	co.ashx?path=/as/seajs/2.3.0/bundle.js,/as/jquery/1.12.4/... Script	2.2 KB 4.8 KB	530 ms 517 ms	
GetHomepageVR.ashx /ashx/index	200 OK	xhr	co.ashx?path=/as/seajs/2.3.0/bundle.js,/as/jquery/1.12.4/... Script	1.2 KB 845 B	529 ms 516 ms	
getBrandsAndSeries j.api.autohome.com.cn/api/platformData	200 OK	xhr	co.ashx?path=/as/seajs/2.3.0/bundle.js,/as/jquery/1.12.4/... Script	12.4 KB 42.5 KB	321 ms 143 ms	
getHotBrandsByCityId?_appid=cms&cityId=500100 j.api.autohome.com.cn/api/platformData	200 OK	xhr	co.ashx?path=/as/seajs/2.3.0/bundle.js,/as/jquery/1.12.4/... Script	921 B 979 B	196 ms 196 ms	
getFinanceBanner j.api.autohome.com.cn/api/platformData	200 OK	xhr	co.ashx?path=/as/seajs/2.3.0/bundle.js,/as/jquery/1.12.4/... Script	1023 B 555 B	335 ms 314 ms	
500100-6-1?userId=null&sessionId=9DAF6461-A855-4130-88F6-7AC8CE7CA90C&chexiIds= j.api.autohome.com.cn/api/platformData/getSolution	200 OK	xhr	co.ashx?path=/as/seajs/2.3.0/bundle.js,/as/jquery/1.12.4/... Script	1.9 KB 8.6 KB	446 ms 440 ms	
AjaxIndexArticleCount.ashx?dateType=jsonp&objids=923161,923159,923157,923156,923019,923149,923142,92... /ashx	200 OK	xhr	co.ashx?path=/as/seajs/2.3.0/bundle.js,/as/jquery/1.12.4/... Script	892 B 530 B	90 ms 89 ms	
AjaxIndexArticleListIndexNew.ashx?v1&all=1 /ashx	200 OK	xhr	co.ashx?path=/as/seajs/2.3.0/bundle.js,/as/jquery/1.12.4/... Script	155 KB 624 KB	391 ms 63 ms	
GetFeedNewsByTab.aspx?v1 /aspx	200 OK	xhr	co.ashx?path=/as/seajs/2.3.0/bundle.js,/as/jquery/1.12.4/... Script	28.6 KB 261 KB	1.49 s 1.32 s	

16 / 500 requests | 211 KB / 5.7 MB transferred | Finish: 15.4 min | DOMContentLoaded: 27.25 s | Load: 41.94 s

图 5-12　局部刷新界面

3）选择其中一条 AJAX 条目，并选择“Headers”选项卡，可以看到这个 AJAX 请求的 URL 是 https://www.autohome.com.cn/ashx/AjaxIndexHotCarByDsj.ashx?cityid=500100。其中，cityid 参数为 500100，如图 5-13 所示。

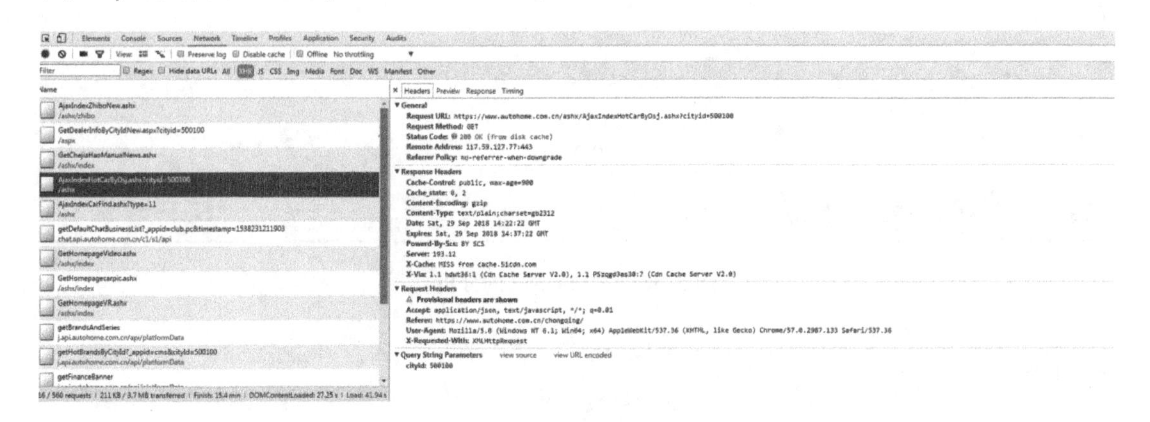

图 5-13　AJAX 的参数分析

4）切换该网站的城市位置，如图 5-14 所示。

图 5-14　切换网站的位置

5）切换了城市位置之后，可以发现 XHR 中又出现了 AJAX 条目，并且和上一个城市的 AJAX 条目有共同之处。参数 cityid 发生了变化，变为了 110100。

```
https://www.autohome.com.cn/ashx/AjaxIndexHotCarByDsj.ashx?cityid=110100
```

由此可以分析得出，此处的 cityid 参数就是指代不同的城市编码，并根据不同的 cityid 值返回不同城市的汽车信息，如图 5-15 所示。

6）选择“Preview”选项卡，可以预览这个 AJAX 请求的数据。这里是以 JSON 格式显示的一个字典列表。在一个字典列表中包含了多个字典集合表示不同的车型，其中以 Name 字段表示车型；每个字典集合又包含不同的汽车品牌系列，其中以 Name 字段和 Id 字段表示品牌系列的名称和 ID。因此，要想获取某一个车型或者车型的具体品牌系列名称和 ID 可以利用循环语句遍历得到，如图 5-16 所示。

7）在 PyCharm 中使用 Python 实现对该 AJAX 的模拟。导入 urlencode 和 requests，前者

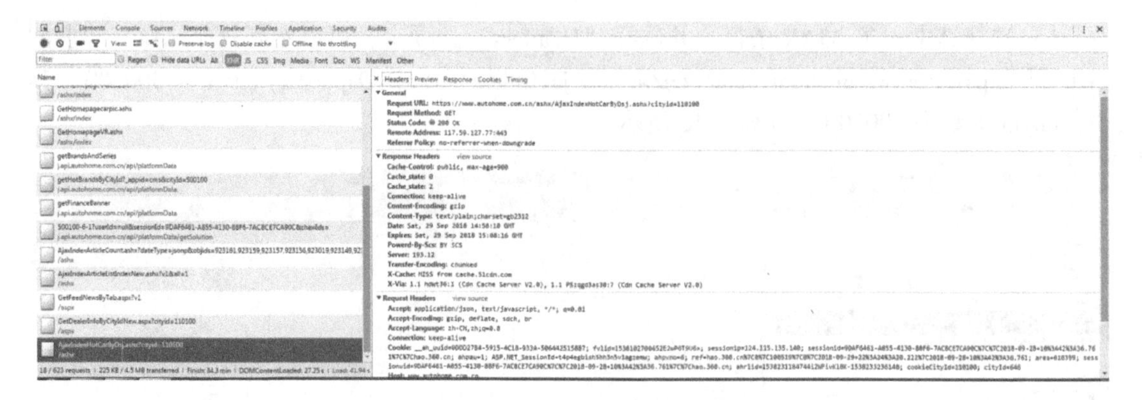

图 5-15　参数 cityid 的分析

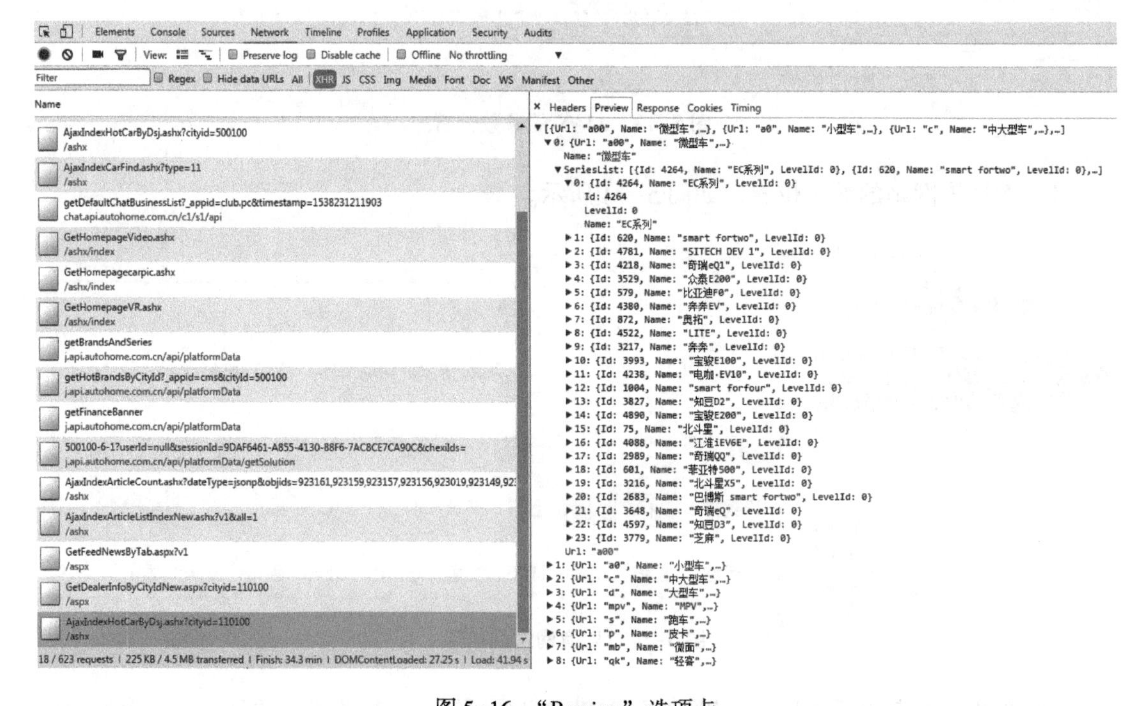

图 5-16　“Preview”选项卡

表示使用 urlencode 方法编码 URL，后者表示使用 requests 对象来发送请求，并返回响应的数据。

```
from urllib. parse import urlencode
import requests
```

8）找到需要模拟的 AJAX 请求的 URL，并将其赋给变量 original_url。

```
original_url='https://www. autohome. com. cn/ashx/AjaxIndexHotCarByDsj. ashx?'
```

9）根据该 AJAX 条目的 Request Headers 设置符合该 AJAX 请求的基本信息。

```
requests_headers={
    'Referer':'https://www.autohome.com.cn/beijing/',
    'User-Agent':'Mozilla/5.0 (Windows NT 6.1; Win64; x64) AppleWebKit/537.36 (KHTML, like Gecko) Chrome/57.0.2987.133 Safari/537.36',
    'X-Requested-With':'XMLHttpRequest',
}
```

10）自定义一个函数 get_one(cityid)，将形参设置为 cityid，表示将接收一个代表城市编码的参数，并将该参数传入字典 p 中。使用 urlencode()方法将字典 p 的值添加到 original_url 中，得到完整的 URL 请求。在 try…except…语句中使用 requests 的 get()方法获得上面的 URL，并通过设定判断条件，将得到的 response 响应数据格式化为 JSON。

```
def get_one(cityid):
    p={
        'cityid' : cityid
    }
    complete_url=original_url+urlencode(p)
    try:
            response=requests.get(url=complete_url, params=requests_headers)
            if response.status_code==200:
              return response.json()
    except requests.ConnectionError as e:
        print('Error',e.args)
```

11）再自定义一个函数 parse(json)，将形参设置为 json，表示这里将接收的数据格式为 JSON。通过前面的分析得出，这个 AJAX 返回的数据是一个字典列表，因此，通过设置判断条件，使用 json[0].get('Name')将获得第一个字典集合中的车型名称。

```
def parse(json):
    if json:
            item=json[0].get('Name')
            print(item)
```

12）编写运行程序入口，将参数设置为 110100，即表示北京。

```
if __name__=='__main__':
    jo=get_one(110100)
    parse(jo)
```

运行结果如下。

```
微型车
```

完整代码如下。

```
from urllib.parse import urlencode
import requests
original_url='https://www.autohome.com.cn/ashx/AjaxIndexHotCarByDsj.ashx?'
requests_headers={
    'Referer':'https://www.autohome.com.cn/beijing/',
    'User-Agent':'Mozilla/5.0 (Windows NT 6.1; Win64; x64) AppleWebKit/537.36 (KHTML,
like Gecko) Chrome/57.0.2987.133 Safari/537.36',
    'X-Requested-With':'XMLHttpRequest',
}

def get_one(cityid):
    p={
        'cityid': cityid
    }
    complete_url=original_url + urlencode(p)
    try:
        response=requests.get(url=complete_url, params=requests_headers)
        if response.status_code==200:
            return response.json()
    except requests.ConnectionError as e:
        print('Error',e.args)

def parse(json):
    if json:
        item=json[0].get('Name')
        print(item)
if __name__=='__main__':
    jo=get_one(110100)
    parse(jo)
```

【例 5-3】下面将通过分析特定网站的 AJAX 对象请求，获得特定的数据，本例在例 5-2 的基础上进一步获取该 AJAX 请求中的更多数据。

1）继续自定义一个函数 parse_two(json)，参数也是 json。使用 for 循环遍历 json 得到单个字典集合 i。然后使用 for 循环遍历 i.get('SeriesList')，得到单个字典集合中键为“SeriesList”的值 b，该值也是一个字典集合，表示不同的品牌系列。最后通过 b.get('Name') 获得每个字典的 item_list 值，item_list 是单个汽车品牌系列的名称。这样，就获得了该城市所有车型的汽车品牌系列名称。

```
def parse_two(json):
    if json:
        for i in json:
            for b in i.get('SeriesList'):
```

```
            item_list=b.get('Name')
            print(item_list)
```

运行结果如图 5-17 所示。

```
EC系列
smart fortwo
SITECH DEV 1
奇瑞eQ1
众泰E200
比亚迪F0
奔奔EV
奥拓
LITE
奔奔
宝骏E100
电咖·EV10
smart forfour
知豆D2
宝骏E200
北斗星
江淮iEV6E
奇瑞QQ
菲亚特500
北斗星X5
巴博斯 smart fortwo
奇瑞eQ
知豆D3
芝麻
飞度
Polo
威驰
MINI
YARiS L 致炫
瑞纳
雨燕
YARiS L 致享
宝骏310
赛欧
奥迪A1
起亚K2
威驰FS
零跑S01
KX CROSS
骊威
宝马i3
悦纳
焕驰
悦翔
MINI CLUBMAN
```

图 5-17 显示该城市所有车型的汽车品牌系列名称

2）继续自定义一个函数 parse_three(json)，参数也是 json。使用 for 循环遍历 json 得到单个字典集合 i。然后使用 for 循环遍历 i. get（'SeriesList'），得到单个字典集合中键为“SeriesList”的值 b，该值也是一个字典集合，表示不同的品牌系列。最后通过 b. get（'Name'）和 b. get(Id）获得每个字典的 item_list 值和 item_list2 值。item_list 是单个汽车品牌系列的名称，item_list2 是单个汽车品牌系列的 ID。这样，就获得了该城市所有车型的汽车品牌系列名称和 ID。

```
def parse_three(json):
    if json:
        for i in json:
            for b in i.get('SeriesList'):
                item_list=b.get('Name')
                item_list2=b.get('Id')
                print(item_list+':' + str(item_list2))
```

运行结果如图 5-18 所示。

```
EC系列:4264
smart fortwo:620
SITECH DEV 1:4781
奇瑞eQ1:4218
众泰E200:3529
比亚迪F0:579
奔奔EV:4380
奥拓:872
LITE:4522
奔奔:3217
宝骏E100:3993
电咖·EV10:4238
smart forfour:1004
知豆D2:3827
宝骏E200:4890
北斗星:75
江淮iEV6E:4088
奇瑞QQ:2989
菲亚特500:601
北斗星X5:3216
巴博斯 smart fortwo:2683
奇瑞eQ:3648
知豆D3:4597
芝麻:3779
飞度:81
Polo:145
威驰:111
MINI:209
YARiS L 致炫:3126
瑞纳:2115
雨燕:362
YARiS L 致享:4259
宝骏310:4077
赛欧:163
奥迪A1:650
起亚K2:2319
威驰FS:4260
零跑S01:4677
KX CROSS:4505
骊威:522
宝马i3:2388
悦纳:4107
焕驰:4387
悦翔:705
MINI CLUBMAN:749
```

图 5-18　显示该城市所有车型的汽车品牌系列名称和 ID

在此稍微修改一下，通过 city_list 声明定义一个字典列表，包含北京、重庆和上海的城市编码，并通过 for 循环调用 get_one( ) 方法获得每个城市的 JSON 数据，最后调用 parse_three(json)得到三个城市的数据。

```
if __name__ = ='__main__' :
city_list=[{'北京' : '110100' },{ '重庆' :'500100' },{'上海' :'310100' }]
for city in city_list:
    jo=get_one(city. values( ) )
    parse_three(jo)
```

【例 5-4】 本例在例 5-3 的基础上将用 AJAX 采集到的数据保存到 MySQL 数据库中。

1）导入 pymysql 库，用于连接 MySQL。

```
import pymysql
```

2）修改 parse_three(json)函数。根据前面章节学习过的 MySQL 的操作，通过 PyMySQL 建立 MySQL 连接，创建 AJAX 数据库和 ajax 数据表。设置数据表的字段为 car_name 和 id，id 为主键。通过 for 循环实现向表中插入数据。

```
def parse_three(json):
    if json:
        db=pymysql. connect(host='localhost', user='root', password='Woailulu1984', port=3306)
        cursor=db. cursor( )
        cursor. execute("CREATE DATABASE AJAX DEFAULT CHARACTER SET utf8mb4")
        db. close( )
        db2=pymysql. connect("localhost", "root", "密码", "AJAX",3306)
        cursor2=db2. cursor( )
        cursor2. execute("DROP TABLE IF EXISTS ajax")
        sql1="""CREATE TABLE 'ajax'(
                'car_name' char(20) NOT NULL,
                'id' int(10) NOT NULL AUTO_INCREMENT,
                PRIMARY KEY ('id')
            ) ENGINE=InnoDB DEFAULT CHARSET=utf8mb4;"""
         cursor2. execute(sql1)
        print("Created table Successfull. ")

        for i in json:
            for b in i. get('SeriesList'):
                item_list=b. get('Name')
                item_list2=b. get('Id')
                print(item_list+':' + str(item_list2))
                sql2='INSERT INTO ajax(car_name, id) VALUES(%s,%s)'
```

```
        try:
            cursor2.execute(sql2, (item_list, item_list2))
            db2.commit()
        except:
            db2.rollback()
db2.close()
```

3）编写运行入口程序。

```
if __name__ =='__main__':
    city_list=[{'北京':'110100'}]
for city in city_list:
    jo=get_one(city.values())
    parse_three(jo)
```

运行结果如图 5-19 所示。

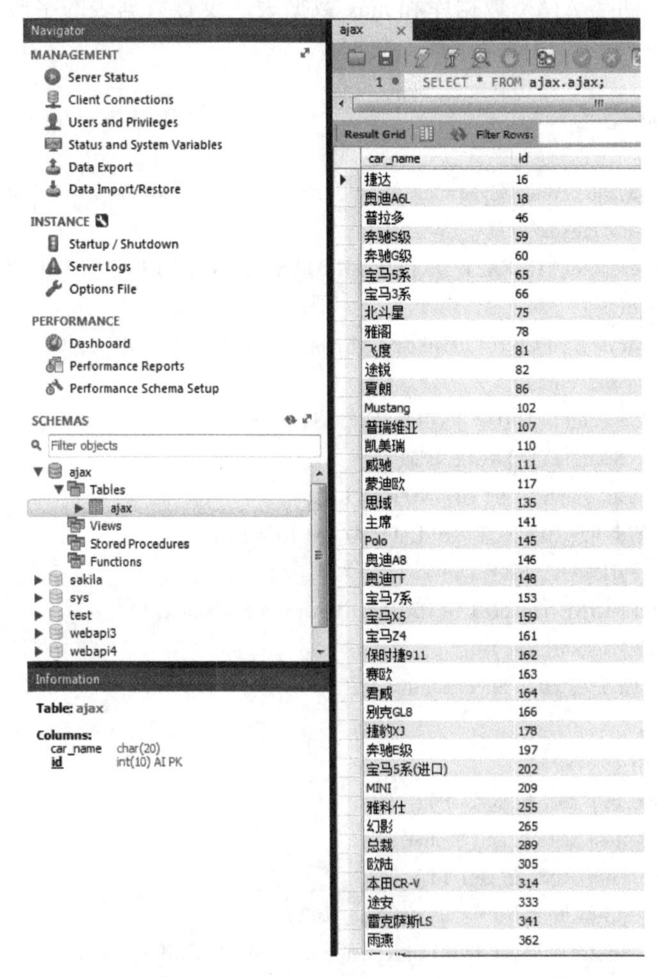

图 5-19　将用 AJAX 采集的数据保存到 MySQL 数据库中

5.3 任务实现

本任务将实现根据 AJAX 提供的动态接口，在分析特定页面数据的内在关系的基础上，使用 Python 同时获取北京、重庆和上海三个城市的数据，并将其保存到 MySQL 数据库中。

1）在例 5-4 的基础上修改 parse_three(json)函数中关于 MySQL 的操作。由于需要获得三个城市的数据，所以在循环中将调用三次 parse_three(json)函数。

```
if __name__=='__main__':
    city_list=[{'北京':'110100'},{'重庆':'500100'},{'上海':'310100'}]
for city in city_list:
    jo=get_one(city.values())
    parse_three(jo)
```

2）这就带来了一个问题：parse_three(json)函数中包含连接和创建数据库和表的内容，这必将导致报错，因为不能重复创建数据库和表。所以，必须改变这部分代码的位置，将其部分放置到函数体之外。

```
from urllib.parse import urlencode
import requests
import pymysql
original_url='https://www.autohome.com.cn/ashx/AjaxIndexHotCarByDsj.ashx?'
requests_headers={
    'Referer':'https://www.autohome.com.cn/beijing/',
    'User-Agent':'Mozilla/5.0 (Windows NT 6.1; Win64; x64) AppleWebKit/537.36 (KHTML, like Gecko) Chrome/57.0.2987.133 Safari/537.36',
    'X-Requested-With':'XMLHttpRequest',
}
db=pymysql.connect(host='localhost', user='root', password='Woailulu1984', port=3306)
cursor=db.cursor()
cursor.execute("CREATE DATABASE AJAX DEFAULT CHARACTER SET utf8mb4")
db.close()
db2=pymysql.connect("localhost", "root", "Woailulu1984", "AJAX",3306)
cursor2=db2.cursor()
cursor2.execute("DROP TABLE IF EXISTS ajax")
sql1="""CREATE TABLE 'ajax'(
            'car_name' char(20) NOT NULL,
            'id' int(10) NOT NULL AUTO_INCREMENT,
            PRIMARY KEY ('id')
          ) ENGINE=InnoDB DEFAULT CHARSET=utf8mb4;"""
```

```
        cursor2. execute( sql1)
        print( "Created table Successfull. " )
    def get_one( cityid) :
        p={
            'cityid' : cityid
        }
        complete_url=original_url + urlencode( p)
        try:
            response=requests. get( url=complete_url, params=requests_headers)
            if response. status_code= =200:
                return response. json( )
        except requests. ConnectionError as e:
            print( 'Error', e. args)
    def parse_three( json) :
        if json:
            for i in json:
                for b in i. get( 'SeriesList') :
                    item_list=b. get( 'Name')
                    item_list2=b. get( 'Id')
                    print( item_list+':' + str( item_list2) )
                    sql2='INSERT INTO ajax( car_name, id) VALUES( %s,%s)'
                    try:
                        cursor2. execute( sql2, ( item_list, item_list2) )
                        db2. commit( )
                    except:
                        db2. rollback( )
```

3）将 parse_three(json)函数的 for 循环中关于向 MySQL 插入数据的代码也做了部分修改，将 db2. close()方法放到了程序入口处。这样做的意义是，直到所有代码都执行完毕，再关闭数据库连接。

```
if __name__= ='__main__' :
    city_list=[ {'北京' : '110100' }, { '重庆' :'500100' }, {'上海' :'310100' } ]
for city in city_list:
    jo=get_one( city. values( ) )
    parse_three( jo)
db2. close( )
```

运行结果如图 5-20 所示。

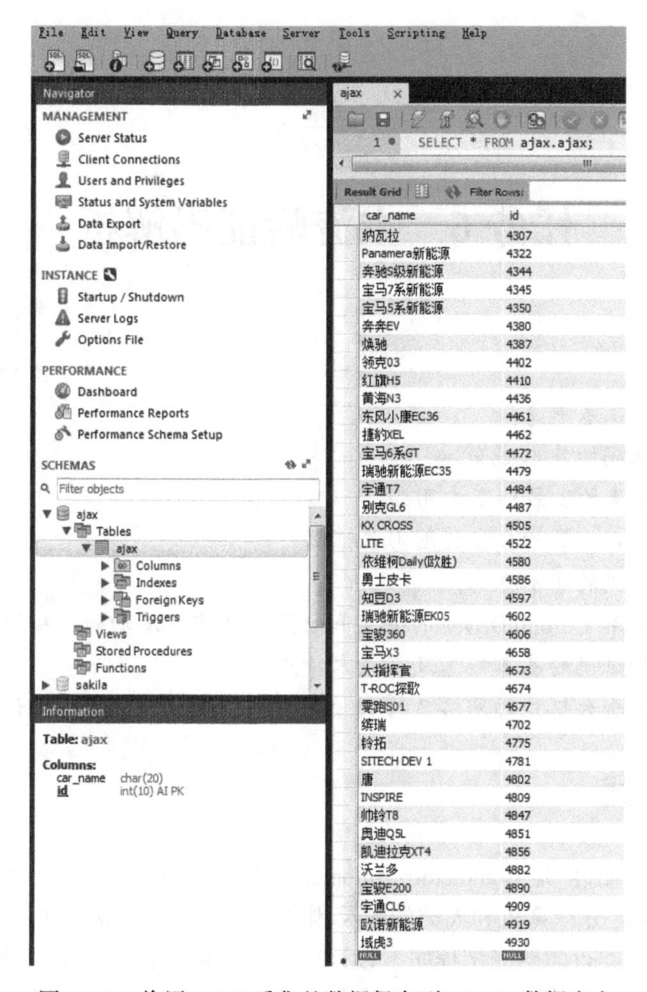

图 5-20　将用 AJAX 采集的数据保存到 MySQL 数据库中

5.4　小结

通过本任务的学习，了解了 AJAX 的基本概念和数据特点，了解了静态数据和动态数据的基本知识，实现了通过 Chrome 谷歌浏览器的开发者工具分析网站页面数据的各项内容，通过获得 AJAX 请求的 URL，运用爬虫程序向 AJAX 请求动态数据，将采集到的动态数据过滤后保存至 MySQL 数据库中。

5.5　习题

通过分析特定页面结构和数据的各项内容，使用 Python 实现 AJAX 的数据采集，并将结果保存到 MySQL 数据库中。

任务6　主流验证码解析

学习目标

自定义图形验证码解析

- 了解验证码的基本概念。
- 了解图形验证码的基本概念。
- 掌握 tesserocr 库的安装和基本用法。
- 了解使用 tesserocr 解析自定义图形验证码。
- 了解滑动验证码的基本概念。
- 了解 Selenium 和 ChromeDriver 的安装和配置，并实现滑动验证码的解析。
- 了解点击式验证码的基本概念及其技术特点。
- 了解聚合数据平台接口的网络 API 的使用方法，并实现点击式验证码的解析。

6.1　验证码概述

验证码（CAPTCHA）是 Completely Automated Public Turing test to tell Computers and Humans Apart（全自动区分计算机和人类的图灵测试）的缩写。顾名思义，验证码是一种用来区分计算机行为和人类行为的测试程序。设计验证码的目的就是为了让计算机本身不能识别或处理验证码的信息，只能以人类亲自解决的方式实现。也就是说，验证码的发明是基于人类优先使用为条件的，通过人类使用感觉和认知技能亲自参与解决简单的问题，而这个简单的问题对于计算机来说却是十分的复杂且难以处理。

验证码普遍使用在 Web 应用程序当中，应用范围很广泛，包括暴力破解密码、反复登录、批量注册等。经常可以在各种网站中看到使用验证码来保护网站和个人信息。

虽然验证码这个术语是在 2003 年被提出的，但其实早在 1997 年，最初级版本的验证码形式就已经出现。当时，这种最初级版本的验证码要求用户输入经过图形扭曲了的字母图像，或者附加一些模糊的字母或数字的序列营造一种特别的图像噪声环境。这样做的目的是防止 OCR（Optical Character Recognition，光学字符识别程序）的攻击。由于这种测试由计算机执行，而不同于标准的图灵测试是由人类执行，因此验证码有时也被描述为反向图灵测试。

现代基于文本的验证码在设计上同时需要三个元素：不变量的识别、分割和解析。首先是不变量的识别。就像不同的人拥有不同的字迹一样，对于同一个字符或字母来说具有无穷无尽的书写方式和呈现效果。虽然字迹不同，但都是同一个字。要识别不同的字迹对于人类来说还是比较容易的，但是对于计算机来说就不那么简单了，甚至是十分复杂的任务。其次是分割的问题。在验证码中如何有效地区分每个字符，并使之不相互重叠也是需要特别设计的。最后是文本的解析。一个统一、完整的验证码文本是由每一个清晰、完整的字符组成。

因此，每一个字符的呈现和排列必须合理。例如，字符“r”和“n”在经过扭曲变形处理之后可能会合并在一起看起来像“m”。

虽然这三个元素中的任何一个对于计算机来说都是十分复杂的问题，更不用说要将其全部应用到验证码的设计当中。但幸运的是，这三个元素对于人类来说却不怎么困难，甚至可以说是比较善于解决这种问题。例如，对于一个单词的拼写补全问题，人类可以在当前自身的认知范围内对某些单词进行动态的联想和猜测，并最终选择一个最符合当前情景的单词。

虽然验证码大多数应用于安全目的，但同样也是人工智能技术的技术标准之一。可以说，任何能够通过计算机程序解决的验证码识别方式，都能够实现人工智能技术的进步。例如，一个人工智能程序能够很好地解决基于图形和文字的识别问题，那么该人工智能程序将能够实现在不同的场景中对复杂物体的识别。

常见的验证码有以下几种。

1）由多位数字或字符随机混合组成的验证码。这也是比较传统的验证方式，效果最差。

2）由随机数字和字符组成的图片形式的验证码。这种验证方式的优点在于使用了图片作为呈现方式。其目的是改变了数据的格式，增加了验证码内容被获得的难度。同时，还可以在图片中增加各种噪声线和噪声点，进一步加大破译难度。

3）随机生成的汉字、日文、韩文等生成比较困难的字符形式的验证码。

4）滑动、补缺图片形式的验证码。这种形式的验证码比较流行，不仅需要计算滑动的位置，还需要计算滑动的速度快慢。

5）问题验证码。这是指通过设定各种常识性的问题，通过输入正确的答案进行验证。

6）点击式验证码。这是指通过设定特定的区域或符号，以单击的方式实现验证。

6.2 自定义图形验证码解析

6.2.1 任务描述

本任务使用 Python 生成一个比较简单的图形验证码，以及安装和使用 tesserocr 库实现图形验证码的解析。

6.2.2 图形验证码概述

图形验证码是将一串随机产生的数字或符号生成一幅图片，在图片里加上一些干扰像素，由用户肉眼识别其中的验证码信息，输入表单并提交网站验证，验证成功后才能使用某项功能。图形验证码一般是由图片格式的生成在随机位置的随机数字、随机大写英文字母、随机干扰像素构成。

想要解析图形验证码，需要先了解以下基本概念。

1. 二值化

二值化主要适用于图片的分割、增强和识别等领域。由于摄像机拍摄的图片多数都是彩色的，且彩色图片的数据量非常大，加大了计算机处理的难度，降低了工作效率。而二值化图具有所占内存空间小，处理速度快，能够执行布尔逻辑运算，以及能够高效得到识别目标的边界、大小、位置等特点，因此，为了更加高效地识别图片中的文字，就可以采用将图片的前景和背景信息进行二值划分。这里的划分依据是根据图片灰度图的直方图所设定的阈值决定的。二值化可以把灰度图转换成二值化图。把大于某个临界灰度值的像素灰度设为灰度极大值，把小于这个值的像素灰度设为灰度极小值，从而实现二值化。通常阈值的计算方法有三种：全局阈值、局部阈值和动态阈值。全局阈值的计算速度较快。局部阈值的计算速度比全局阈值慢，但对于相对复杂的图片效果更好。动态阈值在局部阈值的基础之上加入了坐标参数，因此能够得到更加准确的局部阈值。图 6-1 所示为原图与二值化图的比较。

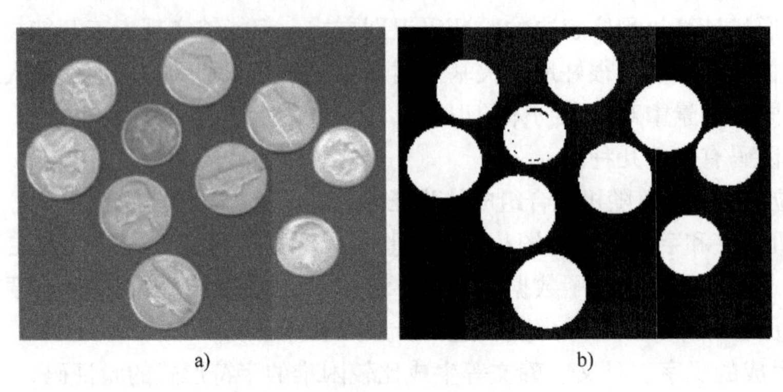

a)　　b)

图 6-1　原图与二值化图的比较

a）原图　b）二值化图

2. 图片降噪

图片降噪是图形处理过程中的一个专业名词。由于在实际的数字图片成像过程中，经常会受到各种设备和外界环境的干扰。因此，将这种干扰称为噪声，将减少这种噪声的过程称为图片降噪。图片降噪的基本原理比较简单，就是根据二值化处理后的图片所得到的每一个点为 1 或 0 的位置关系进行判断该点是否为噪点。例如，在某一个点为 1 的周围都是为 0 的点，则基本可以判断该点为一个噪点。只需将该点改为 0 即可，反之亦然。当然，还可以通过设定特定的阈值方法来判断某些具有多个噪点的区域。在一些相对复杂的图形验证码中会加入点状或线状的噪声，目的就是增加程序识别的难度，如图 6-2 所示。

a)

b)

图 6-2　图片加噪与降噪对比

a）加噪图　b）降噪图

3. 字符分割

字符分割是根据每个字符的横向和纵向间隔，以及每个字符的大小和高宽进行分割处理。对于一些字符高宽、大小相同，间隔一致的图形验证码比较容易将其分割和识别。但在相对复杂的图形验证码中，有些字符与字符之间是相互连接甚至部分覆盖的，对于这种字符的处理难度较大。如果字符的大小和高宽统一，那么可以在二值化和图片降噪后的数据中，设定一个阈值判断所分割的字符宽度。如果该字符宽度大于单个字符宽度且小于两个字符宽度，则视其为两个字符，以此类推，如图 6-3 所示。

图 6-3　字符分割

4. 特征匹配

特征匹配决定了使用什么方式、手段来判断字符的内容。其主要有两种判断方式：一种是统计的方式，将单个字符进行区域划分，然后根据不同区域的黑白点数的比例关系确定某个字符；另一种是结构的方式，取得字符的笔画端点、交叉点的数量和位置，或以笔画段为特征，配合特殊的比对方法，来确定某个字符。

6.2.3　tesserocr 库概述

tesserocr 库能够实现图形验证码的有效识别。tesserocr 是一个简单的、对 Pillow（基于 Python 的图像库）友好的、基于 Python 的 OCR 库。OCR 是通过扫描字符，按照字符的外形特征转换为电子文本的过程。该库的内核是一个基于 tesseract 的 Python API 封装。tesseract 是一个 Google 支持的开源 OCR 项目。tesserocr 使用简单易读的 Python 源代码直接集成 tesseract 的使用 Cython 的 C++ API。集成之后，tesserocr 就可以实现以并行的方式处理图片数据。

6.2.4　tesserocr 库的安装

在安装 tesserocr 库前，必须首先安装 tesseract。

tesseract 是一个光学字符识别引擎，支持多种操作系统。tesseract 是基于 Apache 许可证的自由软件，自 2006 年起由 Google 赞助开发。tesseract 被认为是最精准的开源光学字符识别引擎之一。tesseract 支持 unicode（UTF-8），可以“开箱即用”识别 100 多种语言。tesseract 支持各种输出格式，包括纯文本、hocr（html）、pdf、tsv 等格式。

1. 在 Windows 操作系统下安装 tesseract

1）访问 tesseract 下载地址 http://digi.bib.uni-mannheim.de/tesseract，下载 tesseract 安装包。其中带有 dev 字符的安装文件表示为开发版本，不带 dev 的表示为稳定版本。这里选择下载 tesseract-ocr-setup-3.05.01-20170602.exe 安装文件，如图 6-4 所示。下载后双击该安装文件，按照提示进行安装。

Index of /tesseract

Name	Last modified	Size	Description
Parent Directory		-	
debian/	2018-01-10 17:33	-	Debian packages used for cross compilation
doc/	2018-03-28 20:38	-	generated Tesseract documentation
leptonica/	2017-06-20 18:27	-	
mac standalone/	2017-05-01 11:39	-	
traineddata/	2017-09-27 19:03	-	
tesseract-ocr-setup-3.05.00dev-205-ge205c59.exe	2015-12-08 13:03	24M	
tesseract-ocr-setup-3.05.00dev-336-g0e661dd.exe	2016-05-14 10:03	33M	
tesseract-ocr-setup-3.05.00dev-394-g1ced597.exe	2016-07-11 12:01	33M	
tesseract-ocr-setup-3.05.00dev-407-g54527f7.exe	2016-08-28 13:12	33M	
tesseract-ocr-setup-3.05.00dev-426-g765d14e.exe	2016-08-31 16:01	33M	
tesseract-ocr-setup-3.05.00dev-487-g216ba3b.exe	2016-11-11 13:19	35M	
tesseract-ocr-setup-3.05.01-20170602.exe	2017-06-02 20:27	36M	
tesseract-ocr-setup-3.05.01dev-20170510.exe	2017-05-10 22:57	36M	
tesseract-ocr-setup-3.05.02-20180621.exe	2018-06-21 14:43	37M	
tesseract-ocr-setup-4.0.0-alpha.20170804.exe	2017-08-04 09:44	42M	
tesseract-ocr-setup-4.0.0-alpha.20180109.exe	2018-01-09 22:47	43M	
tesseract-ocr-setup-4.0.0dev-20161129.exe	2016-11-29 13:10	43M	
tesseract-ocr-setup-4.0.0dev-20170130.exe	2017-01-30 21:55	42M	
tesseract-ocr-setup-4.0.0dev-20170202.exe	2017-02-02 22:18	42M	

图 6-4　下载 tesseract 安装文件

2）选择安装组件。注意，可以勾选“Additional language data（download）”复选框来安装 OCR 识别支持的语言包，这样 OCR 便可以识别多国语言，但由于语言较多，下载时间会很长，因此在比复选框下只选择数字、中文和英文的语言包，即勾选“Math/equation detection module”“Chinese（Traditional）”“Chinese（Simplified）”“English-Middle（1100-1500）”复选框，单击“Next”按钮，如图 6-5 所示。

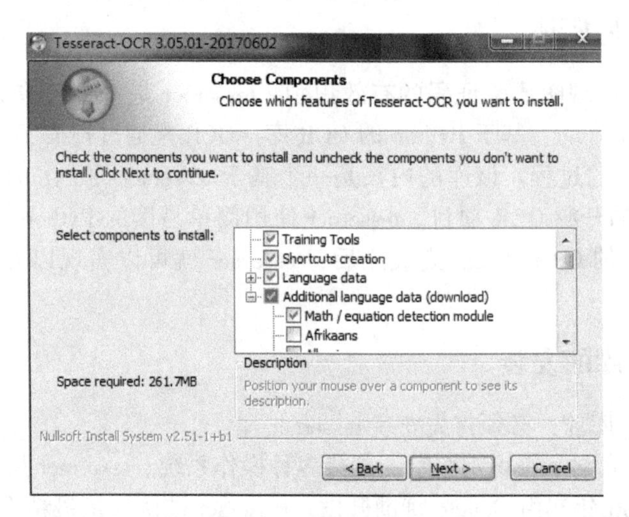

图 6-5　选择安装组件

如果在上述的安装过程中出现无法下载的情况，还可以访问 https://github.com/tesseract-ocr/tessdata，根据需要下载不同的语言包，如图 6-6 所示，将其存放在\tesseract-OCR\tessdata 目录下，如图 6-7 所示。

3）将 tesseract 的安装目录\tesseract-OCR 配置到环境变量，如图 6-8 所示。

4）环境变量配置好后，在命令行窗口中运行“tesseract-v”命令，验证是否安装成功如果安装成功，会出现如图 6-9 所示的信息。

script	Add scripts from tessdata_best (converted to fast integer models)	5 months ago
COPYING	add license info	3 years ago
README.md	Fix typo in README.md	6 months ago
afr.traineddata	Update LSTM Models to integerized tessdata_best for files < 25mb	6 months ago
amh.traineddata	Update LSTM Models to integerized tessdata_best for files < 25mb	6 months ago
ara.traineddata	remove legacy model from indic and arabic script languages	6 months ago
asm.traineddata	remove legacy model from indic and arabic script languages	6 months ago
aze.traineddata	Update LSTM Models to integerized tessdata_best for files < 25mb	6 months ago
aze_cyrl.traineddata	Update LSTM Models to integerized tessdata_best for files < 25mb	6 months ago
bel.traineddata	Update LSTM Models to integerized tessdata_best for files < 25mb	6 months ago
ben.traineddata	remove legacy model from indic and arabic script languages	6 months ago
bod.traineddata	remove legacy model from indic and arabic script languages	6 months ago
bos.traineddata	Update LSTM Models to integerized tessdata_best for files < 25mb	6 months ago
bre.traineddata	Update LSTM Models to integerized tessdata_best for files < 25mb	6 months ago
bul.traineddata	Update LSTM Models to integerized tessdata_best for files < 25mb	6 months ago
cat.traineddata	Update LSTM Models to integerized tessdata_best for files < 25mb	6 months ago
ceb.traineddata	Update LSTM Models to integerized tessdata_best for files < 25mb	6 months ago
ces.traineddata	Update LSTM Models to integerized tessdata_best for files < 25mb	6 months ago
chi_sim.traineddata	Update traineddata LSTM model with best model converted to integer	5 months ago
chi_sim_vert.traineddata	Update LSTM Models to integerized tessdata_best for files < 25mb	6 months ago
chi_tra.traineddata	Update traineddata LSTM model with best model converted to integer	5 months ago
chi_tra_vert.traineddata	Update LSTM Models to integerized tessdata_best for files < 25mb	6 months ago
chr.traineddata	Update LSTM Models to integerized tessdata_best for files < 25mb	6 months ago
cos.traineddata	Update LSTM Models to integerized tessdata_best for files < 25mb	6 months ago
cym.traineddata	Update LSTM Models to integerized tessdata_best for files < 25mb	6 months ago
dan.traineddata	Update LSTM Models to integerized tessdata_best for files < 25mb	6 months ago
dan_frak.traineddata	Update LSTM Models to integerized tessdata_best for files < 25mb	6 months ago

图 6-6　下载需要的语言包

Tesseract-OCR ▸ tessdata ▸

名称	修改日期	类型	大小
configs	2018/10/2 23:37	文件夹	
tessconfigs	2018/10/2 23:37	文件夹	
chi_sim.traineddata	2018/10/3 0:17	TRAINEDDATA ...	43,327 KB
chi_tra.traineddata	2018/10/3 0:45	TRAINEDDATA ...	57,642 KB
eng.cube.bigrams	2017/6/3 2:00	BIGRAMS 文件	168 KB
eng.cube.fold	2017/6/3 2:00	FOLD 文件	1 KB
eng.cube.lm	2017/6/3 2:00	LM 文件	1 KB
eng.cube.nn	2017/6/3 2:00	NN 文件	838 KB
eng.cube.params	2017/6/3 2:00	PARAMS 文件	1 KB
eng.cube.size	2017/6/3 2:00	SIZE 文件	12,715 KB
eng.cube.word-freq	2017/6/3 2:00	WORD-FREQ 文件	2,387 KB
eng.tesseract_cube.nn	2017/6/3 2:00	NN 文件	1 KB
eng.traineddata	2017/6/3 2:00	TRAINEDDATA ...	21,364 KB
eng.user-patterns	2017/5/10 23:09	USER-PATTERNS...	1 KB
eng.user-words	2017/5/10 23:09	USER-WORDS ...	1 KB
enm.traineddata	2018/10/2 23:50	TRAINEDDATA ...	2,057 KB
equ.traineddata	2018/10/2 23:38	TRAINEDDATA ...	2,200 KB
osd.traineddata	2017/6/3 2:00	TRAINEDDATA ...	10,316 KB
pdf.ttf	2017/6/3 2:24	TrueType 字体文件	1 KB

图 6-7　将语言包保存在指定目录下

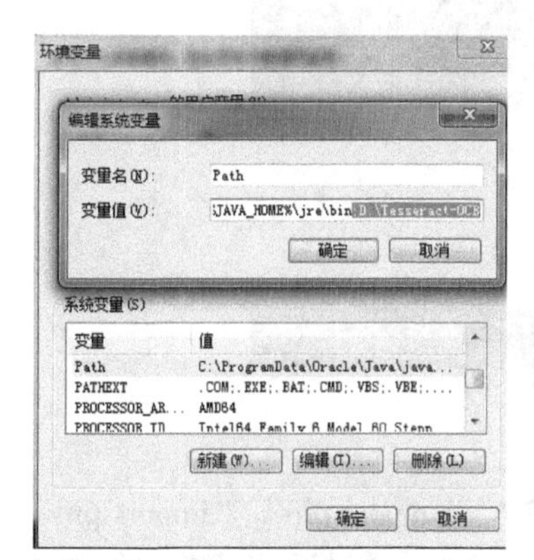

图 6-8　配置 tesseract 环境变量

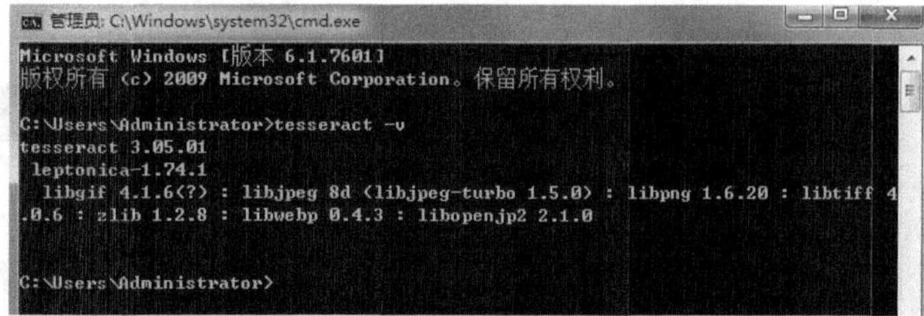

图 6-9　tesseract 安装验证

2. 在 Windows 操作系统下安装 tesserocr 库

在成功安装和配置了 tesseract 之后安装 tesserocr 库，步骤如下。

1）访问 tesserocr 库下载地址 https://github.com/simonflueckiger/tesserocr-windows_build/releases，根据实际情况下载，这里选择下载 tesserocr-2.3.1-cp37-cp37m-win_amd64.whl，如图 6-10 所示。

tesserocr v2.3.1 (tesseract 3.05.02)

simonflueckiger released this on 22 Oct · 3 commits to master since this release

Assets 4

tesserocr-2.3.1-cp37-cp37m-win32.whl

tesserocr-2.3.1-cp37-cp37m-win_amd64.whl

Source code (zip)

Source code (tar.gz)

Windows - 64bit

- tesserocr v2.3.1 - Python 3.7 - 64bit

Windows - 32bit

- tesserocr v2.3.1 - Python 3.7 - 32bit

图 6-10 下载 tesserocr 库

2）下载完成后，将该文件放到 D:\Python3.7\Scripts 文件夹中，在命令行窗口中输入"pip install tesserocr-2.3.1-cp37-cp37m-win_amd64.whl"命令进行安装即可。注意，这里的安装路径必须为全英文，不然会出现字符集出错的问题，如图 6-11 所示。

```
D:\>pip install tesserocr-2.3.1-cp37-cp37m-win_amd64.whl
Processing d:\tesserocr-2.3.1-cp37-cp37m-win_amd64.whl
Installing collected packages: tesserocr
Successfully installed tesserocr-2.3.1
```

图 6-11 安装 tesserocr 库

3）在命令行窗口中运行"python"命令之后，再运行"import tesserocr"命令，只要没有报错即表示安装成功，如图 6-12 所示。

```
D:\Python3.7\Scripts>python
Python 3.7.1 (v3.7.1:260ec2c36a, Oct 20 2018, 14:57:15) [MSC v.1915 64 bit (AMD6
4)] on win32
Type "help", "copyright", "credits" or "license" for more information.
>>> import tesserocr
>>> _
```

图 6-12 tesserocr 库安装验证

安装 tesserocr 库时可能会出现，如图 6-13 所示的问题。

```
D:\>pip install tesserocr-2.3.1-cp37-cp37m-win32.whl
tesserocr-2.3.1-cp37-cp37m-win32.whl is not a supported wheel on this platform.
```

图 6-13 tesserocr 库的安装问题

解决方式是在命令行窗口中打开 Python 解释器，依次输入"import pip""import pip._internal""print(import pip._internal.pep425tags.get_supported())"。通过返回的输出结果查看到对应的版本为 cp37、cp37m、win_amd64，由于之前下载的 tesserocr 库版本为 win32，出

现了版本冲突，如图 6-14 所示。因此将下载文件更换为 tesserocr-2. 3. 1-cp37-cp37m-win_amd64. whl 即可解决。

```
C:\Users\Administrator>python
Python 3.7.1 (v3.7.1:260ec2c36a, Oct 20 2018, 14:57:15) [MSC v.1915 64 bit (AMD6
4)] on win32
Type "help", "copyright", "credits" or "license" for more information.
>>> import pip
>>> import pip._internal
>>> print(pip._internal.pep425tags.get_supported())
[('cp37', 'cp37m', 'win_amd64'), ('cp37', 'none', 'win_amd64'), ('py3', 'none',
'win_amd64'), ('cp37', 'none', 'any'), ('cp3', 'none', 'any'), ('py37', 'none',
'any'), ('py3', 'none', 'any'), ('py36', 'none', 'any'), ('py35', 'none', 'any')
, ('py34', 'none', 'any'), ('py33', 'none', 'any'), ('py32', 'none', 'any'), ('p
y31', 'none', 'any'), ('py30', 'none', 'any')]
>>>
```

图 6-14　当前系统支持的 tesserocr 库安装版本

6. 2. 5　自定义图形验证码的生成

【例 6-1】 本例通过在 Python 中导入特定模块生成一个比较简单的图形验证码。

1）导入 random 模块，用于生成图形验证码的随机数字。例如，random. randint（a，b）用于生成一个指定范围内的随机整数，其中参数 a 是下限，参数 b 是上限。

```
import random
```

2）导入 Image、ImageDraw、ImageFont 模块，用于生成图片和字体。Image 模块创建一个可用来对图片进行操作的对象，对所有即将使用 ImageDraw 操作的图片都要先进行这个对象的创建。ImageFont 模块创建字体对象给 ImageDraw 中的 text( ) 函数使用。这里需要先安装 Pillow 库，具体安装步骤可以参考第 2. 4. 2 节，关键步骤如图 6-15 所示。然后通过 PIL 导入 Image、ImageDraw、ImageFont。

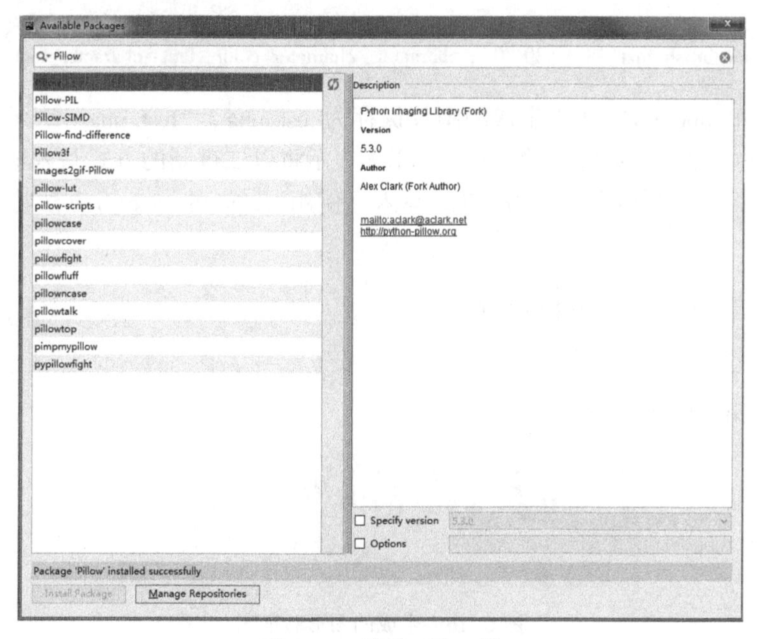

图 6-15　安装 Pillow 库

```
from PIL import Image, ImageDraw, ImageFont
```

3）定义图形验证码的背景图片。使用 Image 类实例化一个长为 200px、宽为 50px，基于 RGB（200，220，210）颜色的图片。

```
image=Image.new(mode="RGB", size=(200, 50), color=(200, 220, 210))
```

4）使用 Draw 类实例化一支画笔，用于在背景图片上实现验证码的文字内容。image 表示该背景图片实例，mode="RGB"表示采用的配色方案。

```
draw_brush=ImageDraw.Draw(image, mode="RGB")
```

5）定义在图形验证码中要使用的字体规格。注意，truetype()方法中使用的字体名称一定要小写，不然会报错。“arial.ttf”表示字体风格，28 表示字体大小。

```
character_font=ImageFont.truetype('arial.ttf', 28)
```

6）使用 for 循环和 range(7) 实现 7 次循环。循环体中使用 random.choice()方法随机选择其中生成的 ASCII 码为 65~90 的英文字母和 0~9 的数字，并分别使用 chr()和 str()方法将其转换为字符和字符串。random.randint()方法将在每次循环过程中随机生成一种字体颜色。使用 draw_brush 的()text 方法实现字符的横向间隔为 i * 30px，纵向间隔为 0px，并设置字体颜色和字体大小。

```
for i in range(7):
    character=random.choice([chr(random.randint(65, 90)), str(random.randint(0, 9))])
    character_color = (random.randint(0, 255), random.randint(0, 255), random.randint(0,
255))
    draw_brush.text([i * 30, 0], character, character_color, font=character_font)
```

7）使用 with open()方法把生成的图片保存为 test.png。“test.png”表示当前目录中要写入的文件名称，如果没有将创建一个；“wb”表示将以二进制的方式写入该文件。因为保存的是一张图片，所以使用二进制的方式写入。使用 image 的 save()方法将该图片保存为 png 格式。

```
with open("test.png", "wb") as f:
    image.save(f, format="png")
```

运行结果如图 6-16 所示。

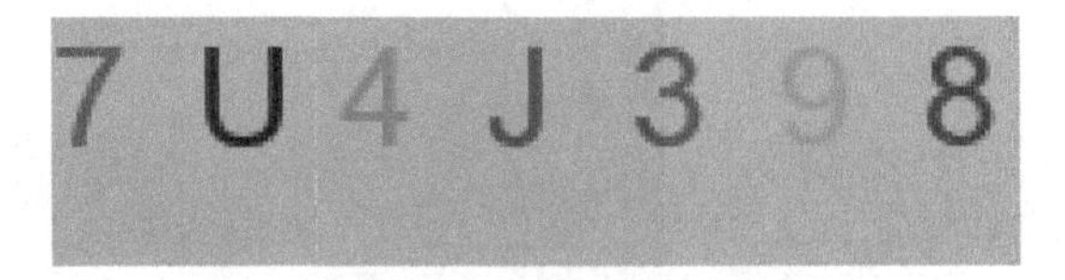

图 6-16　生成的图形验证码

完整代码如下。

```
import random
from PIL import Image, ImageDraw, ImageFont
image=Image.new(mode="RGB", size=(200, 40), color=(200, 220, 210))
draw_brush=ImageDraw.Draw(image, mode="RGB")
character_font=ImageFont.truetype('arial.ttf', 28)
for i in range(7):
    character=random.choice([chr(random.randint(65, 90)), str(random.randint(0, 9))])
    character_color = (random.randint(0, 255), random.randint(0, 255), random.randint(0, 
255))
    draw_brush.text([i * 30, 0], character, character_color, font=character_font)
with open("test.png", "wb") as f:
    image.save(f, format="png")
```

到此，生成了一个只有数字和字母的图形验证码。该验证码的特点为：字体统一为arial，英文字母均为大写，字符之间的间隔是固定的30px，每个字体的颜色是随机的。

6.2.6 使用 tesserocr 库解析自定义图形验证码

【例 6-2】 结合例 6-1 生成的图形验证码，这里将通过导入 tesserocr 库和 PIL 的 Image 模块实现一个基本的图形验证码解析。

1）导入 tesserocr 库和 PIL 的 Image 模块用于图像解析。

```
import tesserocr
from PIL import Image
```

2）使用 Image 的 open()方法打开指定的 test.png 图片，该方法返回一个图像实例，并将其赋值给变量 image_to_parse。

```
image_to_parse=Image.open("test.png")
```

3）使用 tesserocr 的 image_to_text()方法对该图像实例进行解析，该方法返回文本内容，并将其赋值给变量 text_result。注意，如果安装的是 Anaconda 的 Python，这里会报错，如图 6-17 所示。错误原因是在 E:\anacondainstallation 目录中没有找到有效的 tessdata。因此，需要将Tesseract-OCR\tessdata 文件夹复制到 E:\anacondainstallation 目录中（如果没有该文件夹则创建一个，这是在安装 Anaconda 时让用户自定义的文件夹）即可。

```
text_result=tesserocr.image_to_text(image_to_parse)
print(text_result)
```

输出结果如下。

```
7U4J398
```

```
Traceback (most recent call last):
  File "E:/python crawler/CHECKCODE4.py", line 6, in <module>
    text_result = tesserocr.image_to_text((image_to_parse))
  File "tesserocr.pyx", line 2407, in tesserocr._tesserocr.image_to_text
RuntimeError: Failed to init API, possibly an invalid tessdata path: E:\anacondainstallation\
```

图 6-17　tesserocr 库的使用问题

6.2.7　任务实现

在了解了 tesserocr 库的基本用法之后，现在再找一个相对复杂的图形验证码进行解析。该图形验证码具有点状和线状的噪点，如图 6-18 所示，然后再使用上述代码运行一次输出结果为 JDQ。

会发现输出的结果并不正确。这是怎么回事呢？通过观察该图形验证码，发现出现偏差的原因应该是图片有噪点。

本任务将借助灰度化、二值化和图片降噪等方式，通过设定阈值优化处理结果。

1）使用 Image 对象的 convert( )方法，并传入参数 “L”，目的是将该图片进行灰度化，然后使用 show( )方法将其显示。

```
image_to_convert=image_to_parse.convert('L')
image_to_convert.show()
```

运行结果如图 6-19 所示。

图 6-18　带噪点的图形验证码

图 6-19　图片灰度化

2）在灰度图上，部分色彩是介于白色和黑色之间，所以通过设置阈值的方法，把这些中间色彩全部转换成黑色和白色。因此，通过 convert( )方法传入参数'1'将灰度图进行二值化，此时的阈值默认为 127。二值化是指将图片上的像素点的灰度值设置为 0 或 255，也就是将整个图片呈现出明显的只有黑色和白色的视觉效果。

```
image_to_convert=image_to_parse.convert('1')
image_to_convert.show()
```

运行结果如图 6-20 所示。

3）经过不断地调试，最终设定一个比较合适的阈值，即 threshold 为 50，并通过循环，将小于和大于该阈值的数据分别用 0 和 1 存入列表 chart 中，通过列表数据将图片转换成二进制，1 表示白色，0 表示黑色。然后，使用 point( )方法根据 chart 列表中的数据把图片进行二值化处理。

```
threshold=50
chart=[]
for i in range(256):
    if i<threshold:
        chart.append(0)
    else:
        chart.append(1)
image_for_threshold=image_to_convert.point(chart,'1')
image_for_threshold.show()
```

运行结果如图 6-21 所示。

图 6-20　图片二值化

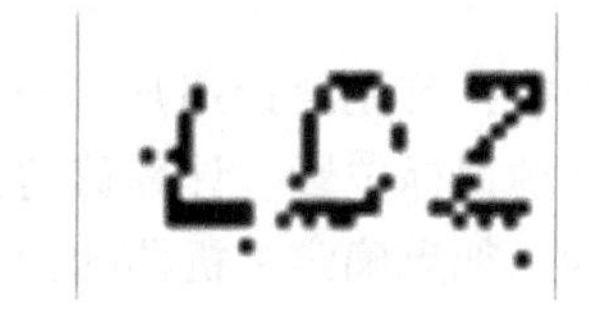

图 6-21　图形验证码处理结果

4）使用 tesserocr 库的 image_to_text()方法将经过二值化处理后的数据文本化并输出。

```
text_result=tesserocr.image_to_text(image_for_threshold)
print(text_result)
```

输出结果如下。

```
LDZ
```

到此，成功使用 tesserocr 库解析了带噪点的图形验证码，提高了图形验证码的识别率。

6.3　滑动验证码解析

6.3.1　任务描述

本节的任务是通过深入分析汽车之家网站前端页面结构和所使用的滑动验证码的技术特点，使用专门的能够模拟鼠标和浏览器的工具 Selenium 和 ChromeDriver 实现滑动验证码的解析。

6.3.2　滑动验证码概述

滑动验证也叫极验验证，是目前比较流行的验证方式，其主要目的就是有效区分人机行为。滑动验证码与传统的字母和数字验证码相比，这种验证方式通过完成拼图的方式实现，因此更加符合人类的操作习惯，具有更好的交互性，尽可能地降低了验证过程中给用户带来的不便。

图 6-22 所示是汽车之家网站的用户登录页面。

图 6-22　汽车之家网站登录页面

在该登录页面中，首先会让用户单击按钮进行验证，如图 6-23 所示。在这个过程中，该验证会跟踪用户的鼠标位置，计算移动方式和速度，根据一定的计算方式得出这是人的行为还是机器的行为。如果确定为机器的行为，就进入滑动验证方式。

图 6-23　按钮验证控件

滑动验证需要用户准确地使用鼠标拖动滑块填补图中缺失的部分，如图 6-24 所示。在这个过程中，该验证也会计算鼠标滑动的速度是否符合人的行为轨迹，收集用户设备信息，以及判断是否将缺口补全作为验证成功的等，实时分析这些信息来进行人机识别。

图 6-24　滑动验证码

分析以上的验证方式可以发现，第一个验证需要使用鼠标进行定位单击，如果验证不成功将进入第二个验证，需要使用鼠标拖动滑块进行定位操作。因此，只要能够使用程序在浏览器中模拟单击事件和鼠标滑动滑块操作即可。要实现这个过程，需要使用能够模拟鼠标和浏览器的工具 ChromeDriver 和 Selenium。

6.3.3　ChromeDriver 概述

ChromeDriver 由三个独立的部分组成：浏览器本身（Chrome），由 selenium 项目（驱动程序）提供的语言绑定，以及从 Chromium 项目下载的可执行文件，它充当 Chrome 和驱动程序之间的桥梁。

6.3.4　ChromeDriver 的安装

1）在安装 ChromeDriver 之前，务必查询所使用的 Chrome 浏览器的版本号。打开 Chrome 浏览器，在“帮助”菜单中选择“关于 Google Chrome”命令即可查看版本信息，如图 6-25 所示。

图 6-25　查询 Chrome 浏览器版本

2）根据浏览器的版本信息选择合适的 ChromeDriver 版本。由于笔者的浏览器版本是 69.0.3497.100，因此这里选择 v2.41 版本的 ChromeDriver，如图 6-26 所示。

chromedriver版本	支持的Chrome版本
v2.41	v67-69
v2.40	v66-68
v2.39	v66-68
v2.38	v65-67
v2.37	v64-66
v2.36	v63-65
v2.35	v62-64
v2.34	v61-63
v2.33	v60-62
v2.32	v59-61
v2.31	v58-60
v2.30	v58-60
v2.29	v56-58
v2.28	v55-57
v2.27	v54-56
v2.26	v53-55
v2.25	v53-55
v2.24	v52-54
v2.23	v51-53
v2.22	v49-52
v2.21	v46-50
v2.20	v43-48
v2.19	v43-47
v2.18	v43-46
v2.17	v42-43
v2.13	v42-45
v2.15	v40-43
v2.14	v39-42
v2.13	v38-41
v2.12	v36-40
v2.11	v36-40
v2.10	v33-36
v2.9	v31-34
v2.8	v30-33

图 6-26　ChromeDriver 和 Chrome 浏览器的版本匹配

3）从网上选择合适的 ChromeDriver 版本并下载安装包，如图 6-27 所示。

```
../
chromedriver_linux64.zip    2018-07-27T19:25:01.951Z    3944714(3.76MB)
chromedriver_mac64.zip      2018-07-27T20:45:35.681Z    5760121(5.49MB)
chromedriver_win32.zip      2018-07-27T21:44:20.004Z    3552160(3.39MB)
notes.txt                   2018-07-27T21:58:29.448Z    16270(15.89kB)
```

图 6-27　下载 ChromeDriver 安装包

4）ChromeDriver 安装包下载完毕并解压后，将 chromedriver. exe 文件配置到环境变量中或放到 Python 的 Scripts 目录中即可。在此直接放入 Python 的 Scripts 目录中，如图 6-28 所示。

chromedriver.exe	2017/12/9 18:30	应用程序	6,176 KB
easy_install.exe	2018/9/22 23:59	应用程序	91 KB
easy_install-3.6.exe	2018/9/22 23:59	应用程序	91 KB
pip.exe	2018/9/22 12:55	应用程序	91 KB
pip3.6.exe	2018/9/22 12:55	应用程序	91 KB
pip3.exe	2018/9/22 12:55	应用程序	91 KB

图 6-28　ChromeDriver 配置

6. 3. 5　Selenium 概述

Selenium 是一个能够适用于 Web 程序测试的工具。它能够模拟真实用户对浏览器的单击、拖动和下拉等操作。Selenium 广泛地支持主流浏览器，能够很好地抓取使用 JavaScript 的动态页面数据。

6. 3. 6　Selenium 的安装

1）可参考第 2. 4. 2 节的安装步骤安装 selenium，关键步骤如图 6-29 所示。

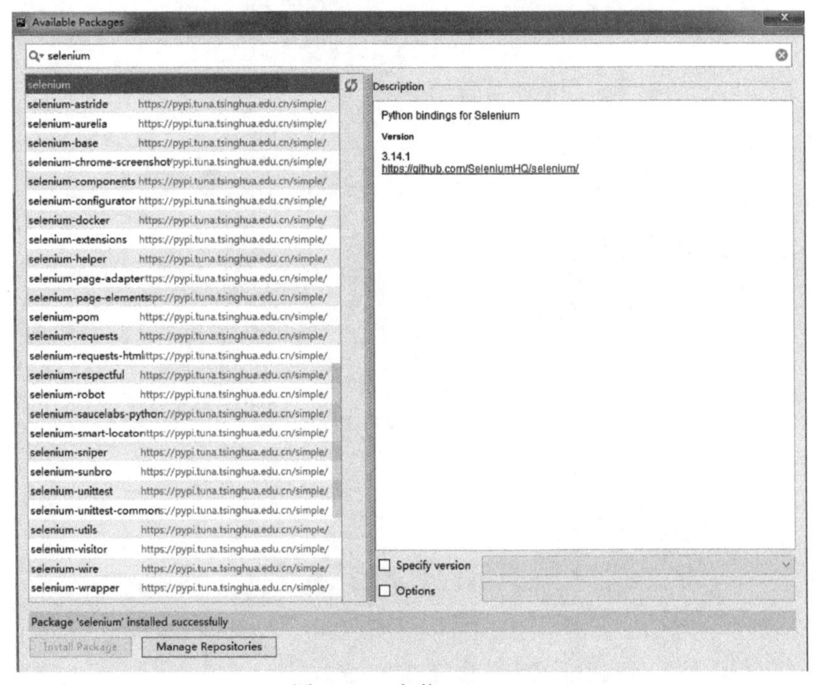

图 6-29　安装 Selenium

2）Selenium 安装验证。在命令行窗口中运行“import selenium”命令，如果没有报错，则表示安装成功，如图 6-30 所示。

```
C:\Users\Administrator>python
Python 3.7.1 (v3.7.1:260ec2c36a, Oct 20 2018, 14:57:15) [MSC v.1915 64 bit (AMD6
4)] on win32
Type "help", "copyright", "credits" or "license" for more information.
>>> import selenium
>>> _
```

图 6-30 Selenium 安装验证

6.3.7 Selenium 和 ChromeDriver 的基本用法

1. 页面控件选择和输入值

【例 6-3】 本例使用 Selenium 的 webdriver 和 Keys 实现对浏览器的模拟驱动和键盘的模拟操作。webdriver 用于根据指定的浏览器驱动程序操作某浏览器。这里将使用 Chrome( )方法调用 Chrome 浏览器，然后通过 webdriver 中特定的成员方法操作浏览器中元素的方式，逐一找到需要操作的控件，如按钮、文本框和超链接等，再结合使用 Keys 类从键盘获得用户输入的值实现模拟操作过程。

1）从 Selenium 中导入 webdriver 和 Keys。webdriver 用于调用不同浏览器的驱动，Keys 用于模拟键盘操作。

```
from selenium import webdriver
from selenium.webdriver.common.keys import Keys
```

2）使用 webdriver 对象的 Chrome( )方法调用 ChromeDriver 打开 Chrome 浏览器，并获得操作 Chrome 浏览器的对象 browser。

```
chrome_browser=webdriver.Chrome()
```

3）使用 browser 对象的 get( )方法操作 Chrome 浏览器访问指定的 URL。

```
chrome_browser.get('https://www.so.com/')
```

4）使用 maximize_window( )方法将浏览器最大化。

```
chrome_browser.maximize_window()
```

5）使用 find_element_by_id( )方法找到页面中 id 为“input”的控件，并赋值给 control_element1 变量。这里找到的控件是搜索引擎的文本框。

```
control_element1=chrome_browser.find_element_by_id('input')
```

6）使用 send_keys( )方法给控件 control_element1 输入文本“python”作为关键搜索。这样就实现了从键盘上输入值的模拟，如图 6-31 所示。

```
control_element1.send_keys('python')
```

7）单击“搜索”按钮，这里有两种方式：一是使用 send_keys( )方法给控件 control_element1 触发键盘的 ENTER 事件，表示按〈Enter〉键，这样就实现了对键盘的模拟：

```
control_element1. send_keys(Keys. ENTER)
```

二是使用 find_element_by_id( )方法找到页面中 id 为 search-button 的控件，并赋值给 control_element2 变量；然后使用 click( )方法表示对该控件的单击操作。这里找到的控件是当前页面的“搜索”按钮。这样就实现了对鼠标的模拟。效果如图 6-32 所示。

```
control_element2=chrome_browser. find_element_by_id('search-button')
control_element2. click( )
```

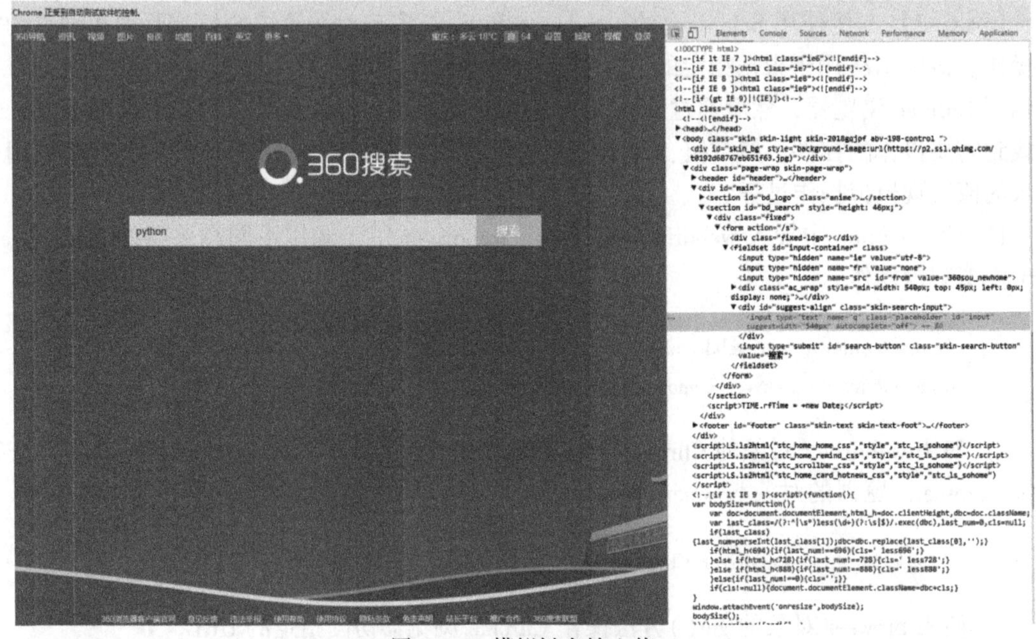

图 6-31　模拟键盘输入值

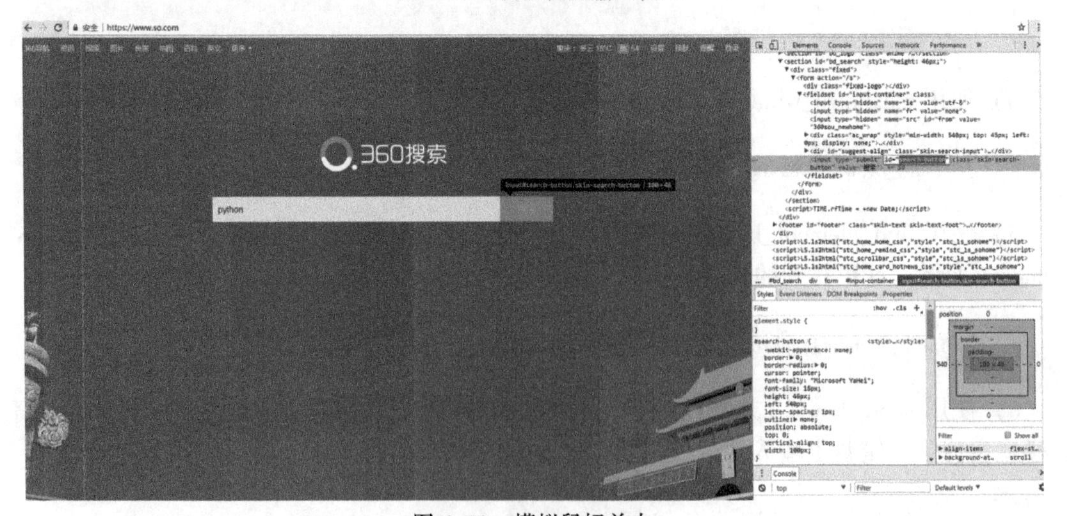

图 6-32　模拟鼠标单击

8）使用 chrome_browser 浏览器对象的 page_source 属性获得当前浏览器访问页面的信息。使用这个属性可以获取动态页面更新之后的内容，因此可以使用 Selenium 抓取动态页面的数据，如图 6-33 所示。

```
print(chrome_browser. page_source)
```

```
E:\python_crawler\venv_for_terminal\Scripts\python.exe E:/python_crawler/CHECKCODE7.py
<!DOCTYPE html><!--[if lt IE 7 ]><html class="ie6"><![endif]--><!--[if IE 7 ]><html class="ie7"><![endif]--><!--[if IE 8 ]><html class="ie8"><![endif]--><!--[if IE 9 ]><html class="ie9"><![endif]--><!--[if (gt IE 9)|!(IE)]><!--><html xmlns="http
<meta charset="utf-8" />
<meta content="always" name="referrer" />
<meta http-equiv="X-UA-Compatible" content="IE=edge,chrome=1" />
<title>python_360搜索</title>
<link rel="dns-prefetch" href="//p.ssl.qhimg.com" /><link rel="dns-prefetch" href="//s.ssl.qhimg.com" /><link rel="dns-prefetch" href="//s.ssl.qhres.com" />
<link rel="dns-prefetch" href="//p418.ssl.qhimgs4.com" /><link rel="dns-prefetch" href="//p419.ssl.qhimgs4.com" /><link rel="dns-prefetch" href="//p420.ssl.qhimgs4.com" />
<link rel="shortcut icon" href="https://s.ssl.qhres.com/static/52166db8c450f88d.ico" type="image/x-icon" />
<link rel="search" type="application/opensearchdescription+xml" href="https://www.so.com/soopensearch.xml" title="360搜索" />
<style type="text/css">body{background:#fff;color:#333;min-width:1000px;position:relative}body,th,td{font-family:arial}html,body,ul,ol,li,dl,dd,h1,h2,h3,h4,h5,h6,pre,form,input,button,textarea,p,th,td{margin:0;padding:0}p,form,ol,ul,li,h3,menu{l:
</head>

<body link="#1024ee" class="abv-198-control so-w1330 so-wlarge">
<div id="header">
    <div class="inner">
        <div id="g-hd">
            <div id="g-hd-nav">
                <div class="g-hd-logo">
                <a href="/?src=www&amp;fr=none" title="到360搜索首页" data-i="home"></a>
                </div>
                <div id="head">
                <form name="f2" class="form" action="s" method="get">
    <div class="ac_wrap" style="min-width: 540px; top: 37px; left: 0px; display: none;"><div unselectable="on" class="ac_wrap_inner"><div unselectable="on" class="ac_menu_ctn"><ul unselectable="on" class="ac_menu"></ul></div></div></div><span id
        <a href="javascript:;" class="search-del" title="清空"></a>
        <input type="text" id="keyword" name="q" tabindex="1" class="input_key" value="python" maxlength="100" autocomplete="off" />
        <input type="hidden" name="src" class="src" value="srp" />
                <input type="hidden" name="fr" value="none" />
                <input type="hidden" name="psid" value="cbb9b0d5981fd41f85000ee9a88cf8c3" />
    </span><input type="submit" tabindex="3" id="su" value="搜索" class="s_btn" />

    <span class="adv-search-wrap">
        <a href="javascript:;" hidefocus="true" data-val="all" class="adv-search-btn pngfix adv-search-btn-short">
    时间： 全部    </a>
    <div id="adv-search">
        <a href="javascript:;" data-val="all">全部</a><a href="javascript:;" data-val="d">1天内</a><a href="javascript:;" data-val="w">1周内</a><a href="javascript:;" data-val="m">1月内</a><a href="javascript:;" data-val="3m">3月内</a><a href="j
</span>
    </form>
                </div>
            </div>
            <div style="clear:both"></div>
        </div>
                <div class="hd-rtools" id="hd-rtools">
            <div class="menu">
```

图 6-33　获取动态数据

完整代码如下。

```
from selenium import webdriver
from selenium. webdriver. common. keys import Keys
chrome_browser=webdriver. Chrome()
chrome_browser. get('https://www. so. com/')
chrome_browser. maximize_window()
control_element1=chrome_browser. find_element_by_id('input')
control_element1. send_keys('python')
control_element2=chrome_browser. find_element_by_id('search-button')
control_element2. click()
print(chrome_browser. page_source)
```

2. 页面元素的拖放

在滑动验证中，需要使用鼠标对页面元素进行拖放，可以使用 selenium. webdriver 的 ActionChains 类来实现。

【例 6-4】首先导入 ActionChains 类。该类能够生成一个实现动作的对象 action_chains，该对象具备多种动作方法。这里使用 click_and_hold()方法实现按下鼠标并保持在元素 slide_block 上；使用 move_by_offset()方法实现根据参数 x_axle_move 和 y_axle_move 的坐标位置移动鼠标；最后，使用 perform()方法执行即可。

```
from selenium import webdriver
from selenium. webdriver import ActionChains
chrome_browser=webdriver. Chrome( )
chrome_browser. get( "URL" )
chrome_browser. maximize_window( )
ActionChains( chrome_browser). click_and_hold( slide_block). perform( )
ActionChains( chrome_driver). move_by_offset( x_axle_move,y_axle_move). perform( )
```

3. 页面等待

在访问网站的过程中，经常会出现页面超时的情况，可以使用 selenium. webdriver. common. by 的 By 类来确定元素选择的方式，使用 selenium. webdriver. support. ui 的 WebDriverWait 类设定浏览器的延迟等待时长，使用 selenium. webdriver. support 的 expected_conditions 对象实现条件判断。

【例 6-5】 在 Chrome 浏览器中访问 URL 之后，在 try 中使用 WebDriverWait( )方法等待 5 s，如果没有获得页面中指定的 id 值，则执行 finally 中的 quit( )方法关闭浏览器，同时抛出异常，运行结果如图 6-34 所示。

```
from selenium import webdriver
from selenium. webdriver. common. by import By
from selenium. webdriver. support. ui import WebDriverWait
from selenium. webdriver. support import expected_conditions as EC

chrome_browser=webdriver. Chrome( )
chrome_browser. get( "URL" )
try:
    target_element=WebDriverWait( chrome_browser, 5). \
    until( EC. presence_of_element_located( ( By. ID, "element_id" ) ) )
finally:
    chrome_browser. quit( )
```

```
E:\python_crawler\venv_for_terminal\Scripts\python.exe E:/python_crawler/CHECKCODE9.py
Traceback (most recent call last):
  File "E:/python_crawler/CHECKCODE9.py", line 10, in <module>
    until(EC.presence_of_element_located((By.ID, "elementid")))
  File "D:\PythonInstallDoc\lib\site-packages\selenium\webdriver\support\wait.py", line 80, in until
    raise TimeoutException(message, screen, stacktrace)
selenium.common.exceptions.TimeoutException: Message:
```

图 6-34　页面等待和抛出异常

6.3.8　任务实现

在了解了 Selenium 和 ChromeDriver 的基本用法之后，现在来实现滑动验证码的解析。分析春秋航空官网，首先，单击春秋航空官网首页的“注册”按钮，在跳转的注册页面中找到“获取验证码”按钮控件的 id 属性值和“请输入手机号”文本框控件的 name 属性值。然后，通过分析验证码图片的特点找到滑动验证码破解的入口。最后，使用 Selenium 模拟人操作鼠标拖放指定的滑块完成验证。

1）单击春秋航空官网首页的“注册”按钮跳转到指定的注册页面，获得该页面的 URL 为 https://account. ch. com/NonRegistrations-Regist，如图 6-35 所示。

图 6-35　春秋航空官网的注册页面

2）通过 Chrome 浏览器的开发者工具找到该注册页面的“获取验证码”按钮控件的 id 属性值和“请输入手机号”文本框控件的 name 属性值。其目的是使用 Selenium 进一步操作这两个控件，实现模拟输入指定的手机号码到“请输入手机号”文本框控件和模拟单击“获取验证码”按钮控件，如图 6-36 所示。

图 6-36　获取注册控件的属性值

3）在单击“获取验证码”按钮控件后，将出现滑动验证码，如图 6-37 所示。下面将重点分析该滑动验证码，详细讲解如何实现滑动验证码的模拟操作。

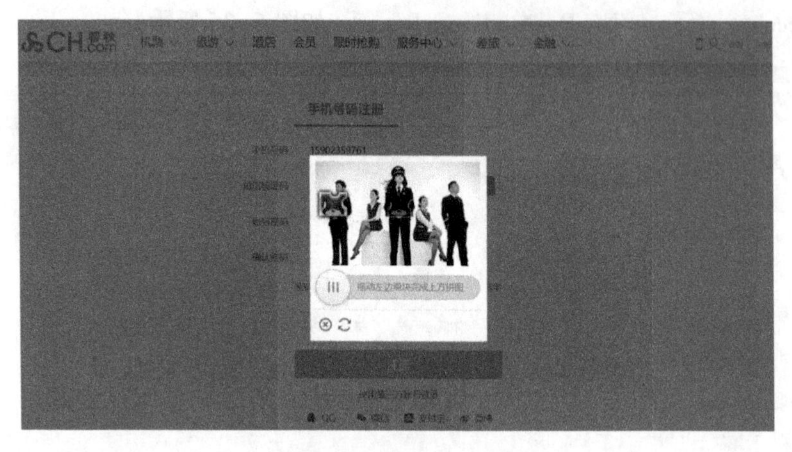

图 6-37　滑动验证码

4）滑动验证码的实现原理是通过使用鼠标拖动滑块，将滑动验证码图片上的缺口补充完整，然后进一步判断拖动之后的图片与原图是否吻合。除了判断图片是否完整之外，这个滑动验证码还能够通过滑块移动的速度判断出是人操作还是机器操作。这里破解的要点是获得滑动验证码的完整原图，具体方式是通过手动控制滑块，实现滑动验证的时候使用截屏工具进行截图，将多个滑动验证码原图全部保存至本地，再使用每次注册时截屏到的缺口图与本地保存的原图进行像素 RGB 值匹配。这里需要注意的是，每次截屏缺口图片时需要将滑块滑至最右侧再进行截图。目的是减少图形干扰，减少判断图形缺口位置的工作量，如图 6-38 所示（这里只是演示，因此只保存了一幅完整原图和缺口图）。具体操作步骤如下。

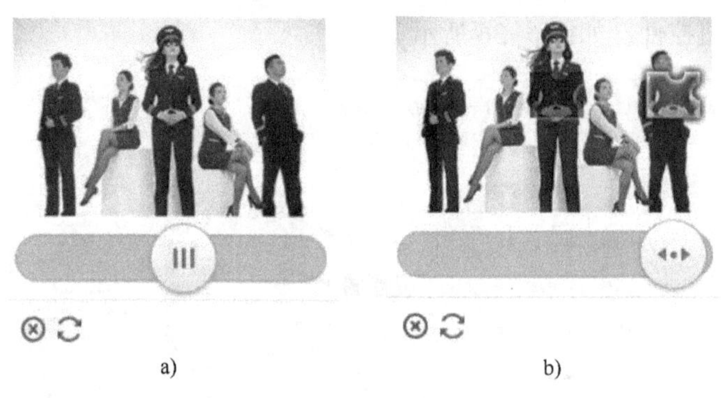

a)　　　　　　　　　　b)

图 6-38　滑动验证码图形对比

a）完整原图　b）缺口图

① 导入 PIL 的 Image 类，用于操作指定的图片对象。导入 Selenimu 的 webdriver 模块中的 ActionChains 类用于实现页面控件对象的操作，By 类用于实现页面控件对象属性的定位，WebDriverWait 类用于实现页面控件对象的初始化等待，expected_conditions 模块用于实现页面控件的条件判断。导入 time 和 random 用于实现操作流程过程中的时间模拟或等待效果。

```
import time, random
from PIL import Image
from selenium import webdriver
from selenium. webdriver. common. action_chains import ActionChains
from selenium. webdriver. common. by import By
from selenium. webdriver. support. wait import WebDriverWait
from selenium. webdriver. support import expected_conditions as EC
```

② 编写自定义方法 step_one()用于实现注册页面的“请输入手机号”和“获取验证码”控件的操作。下面是有关该方法的详细介绍。

```
def step_one():
```

由于只保存了一幅完整的滑动验证码图片进行演示，所以这里使用了 while True 的形式。目的是无限循环所有滑动验证码图片，并只在指定滑动验证码图片出现时退出循环。

```
while True:
```

声明变量 phoneNumber 用于获取输入的手机号码。

```
phoneNumber='手机号码'
```

声明变量 input1 用于获取使用 find_element_by_name()方法得到“请输入手机号”控件的属性值。

```
input1=driver. find_element_by_name('phoneNumberInput')
```

使用 send_keys()方法输入注册号码。

```
input1. send_keys(phoneNumber)
time. sleep(0. 2)
```

声明变量 getcheck 用于获取“获取验证码”控件的属性值。

```
getcheck=driver. find_element_by_id('getDynamicPwd')
```

使用 click()方法模拟单击进入滑块验证码页面。

```
getcheck. click()
```

使用 WebDriverWait 的 until()方法获取页面控件初始化后可以进行拖动操作的圆形滑块。这里使用 expected_conditions as EC 实现 EC 模块中的页面控件的条件判断方法 element_to_be_clickable()，并通过 By 类的 CLASS_NAME 找到指定控件。

```
WebDriverWait(driver, 8). until(EC. element_to_be_clickable((By. CLASS_NAME, "geetest_slider_
button")))
```

声明变量 slideblock 用于获取使用 find_element_by_class_name( )方法的返回值。该方法将值为 geetest_slider_button 的 class 属性作为参数去定位对应的控件对象。

```
slideblock = driver. find_element_by_class_name('geetest_slider_button')
```

使用 ActionChains 的 click_and_hold( )方法传入指定的控件对象，通过 perform( )方法实现鼠标按下圆形滑块不松开。

```
ActionChains(driver). click_and_hold(slideblock). perform()
```

使用 ActionChains 的 move_by_offset( )方法将圆形滑块移至相对起点位置的最右边，再进行截图的操作，这里的 x 坐标位置参数设置为 200 px，可以根据实际情况修改。

```
ActionChains(driver). move_by_offset(xoffset=200, yoffset=0). perform()
time. sleep(0. 4)
```

使用 save_screenshot( )方法保存包含滑块及缺口的页面截图。

```
driver. save_screenshot('D:\pythonprojects\python_crawler\quekou. png')
```

使用 ActionChains 的 release( )方法释放圆形滑块。

```
ActionChains(driver). release(slideblock). perform()
```

声明变量 quekouimg 打开保存至本地的缺口页面截图。

```
quekouimg = Image. open('D:\pythonprojects\python_crawler\quekou. png')
```

使用自定义方法 match_source( )匹配本地对应原图。

```
sourceimg = match_source(quekouimg)
```

使用 if 语句判断匹配结果，如果匹配成功，即当前的滑动验证码图片是保存的原图对应的缺口图就跳出 if 语句；否则，使用 refresh( )方法刷新该注册页面重新获取滑动验证码图片，这一步很关键。

```
if (sourceimg):
    break
else:
    # 刷新页面,获得新的图形验证码
    driver. refresh()
    time. sleep(3)
```

如果图形匹配成功，则返回原图和缺口图。

```
return sourceimg, quekouimg
```

③ 在 step_one()方法中调用了 match_source()方法。该方法的作用是判断当前的缺口验证码图片是否与演示用的完整验证码图片相匹配。下面是有关该方法的详细介绍。

```
def match_source(image):
```

声明变量 imaged 用于获取前面保存的滑动验证码完整原图。

```
imaged=Image.open('D:\pythonprojects\python_crawler\pictures\sources\source2.png')
```

声明变量 pixel1 和 pixel2 分别获取原图和缺口图在同一坐标位置的像素信息。目的是判断原图和缺口图是否匹配。经过图形分析发现，原图与缺口图对应滑块的横坐标位置相同，这里的原图中滑块的纵坐标位置比缺口图的大 139 px，可根据实际情况修改。

```
pixel1=image.getpixel((833, 326))
pixel2=imaged.getpixel((833, 465))
```

pixel[0]代表 RGB 值中的 R 值，pixel[1]代表 G 值，pixel[2]代表 B 值。这里 pixel1[0]-pixel2[0]的绝对值小于 10 代表在容错范围内，用于控制图片的匹配，否则返回 False。

```
if abs(pixel1[0]-pixel2[0])<10:
    return imaged
return False
```

④ 若成功匹配了原图和缺口图，这里编写自定义方法 get_diff_location()用于进一步使用像素差别找出缺口图片中的缺口位置。下面是有关该方法的详细介绍。

```
def get_diff_location(image1, image2):
```

使用 for 循环遍历整个缺口图中缺口的左上角和右下角坐标范围内的所有像素，目的是使用 is_similar()方法与原图比较像素的差异，以发现缺口的位置。经过图形分析后发现，缺口图的缺口位置是不断变化的，不同缺口图的缺口位置有相互重叠的现象，因此必须完整匹配每一张缺口图中的缺口坐标范围，才能准确判断该缺口的起点位置。最后返回 i，表示缺口最左边的 x 坐标值，即缺口滑块的起点位置。

```
for i in range(794, 1084):
    for j in range(283, 472):
```

遍历原图与缺口图像素值寻找缺口位置。

```
if (is_similar(image1, image2, i, j)==False):
        return i
return -1
```

⑤ 编写自定义方法 is_similar()用于实现原图和缺口图之间的匹配。下面是有关该方法的详细介绍。

```
def is_similar(image1, image2, x, y):
```

image1 是原图，image2 是缺口图，原图比缺口图的 y 坐标值大 139。

```
pixel1=image1.getpixel((x, y+139))
pixel2=image2.getpixel((x, y))
```

使用 print()方法查看输出结果以便于调试。

```
print(abs(pixel1[0]-pixel2[0]), abs(pixel1[1]-pixel2[1]), abs(pixel1[2]-pixel2[2]))
```

截图像素也许存在误差，以 50 作为容错范围。如果缺口图的缺口坐标范围的像素值满足以下条件，则表明这是一个完整的缺口，并返回 False。

```
if abs(pixel1[0]-pixel2[0])>=50 and abs(pixel1[1]-pixel2[1])>=50 and abs(pixel1[2]-pixel2
[2])>=50:
    return False
return True
```

⑥ 现在已经成功地获取了缺口的位置，接下来需要根据这个位置实现滑块的模拟移动。在此编写自定义方法 get_track()用于模拟滑块移动的具体方式。前面已经介绍过，该滑动验证码具有监测滑动轨迹速度的功能，以此判断是人操作还是机器操作。因此就需要根据人的操作习惯，以代码的方式实现滑块的移动。其主要思路是：滑块的移动是先加速再减速的过程。如果不这样处理，滑块的移动过程就是匀速的，会被判断为机器操作。下面是有关该方法的详细介绍。

```
def get_track(distance):
```

声明变量 track，并定义为数组类型，用于接收滑块移动的轨迹。

```
track=[]
```

声明变量 current 用于判断滑块移动过程中的中间值。

```
current=0
```

声明变量 mid 用于接收滑块的移动距离参数。

```
mid=distance*3/4
```

声明变量 t 用于接收范围在 2 和 3 之间的随机值，并将结果除以 10。

```
t=random.randint(2, 3)/10
v=0
```

使用 while 循环和 if 判断语句实现模拟人拖动滑块的先加速后减速的效果。这里的变量 a 用于实现控制加速和减速，变量 t 用于产生一定范围的随机值，变量 v、v0 和 move 用于实现滑块移动距离的累加。最后使用 append( )方法将 move 的分段数据添加到 track 列表中。

```
while current<distance:
    if current<mid:
        a=2
    else:
        a=-3
    v0=v
    v=v0+a * t
    move=v0 * t+1/2 * a * t * t
    current+=move
    track.append(round(move))
return track
```

⑦ 至此已经生成了滑块的移动轨迹。现在需要编写自定义方法 move_block( )根据前面滑块的移动轨迹，实现页面控件的具体操作。下面是有关该方法的详细介绍。

```
def move_block(d):
```

声明变量 track_list 用于接收滑块移动的轨迹，加 3 是为了模拟人操作时滑过缺口位置后返回缺口的情况。这里的参数 d 是前面获取的滑块移动距离。

```
track_list=get_track(d+3)
print(track_list)
time.sleep(2)
```

使用 WebDriverWait 的 until( )方法获取页面控件初始化后可以进行拖动操作的圆形滑块。这里也使用了 expected_conditions as EC 实现 EC 模块中的页面控件的条件判断方法 element_to_be_clickable( )，并通过 By 类的 CLASS_NAME 找到指定控件。

```
WebDriverWait(driver, 8).until(
  EC.element_to_be_clickable((By.CLASS_NAME, 'geetest_slider_button')))
```

声明变量 slideblock 用于获取使用 find_element_by_class_name( )方法的返回值。该方法将值为 geetest_slider_button 的 class 属性作为参数去定位对应的控件对象。

```
slideblock=driver.find_element_by_class_name('geetest_slider_button')
```

使用 ActionChains 的 click_and_hold( )方法传入指定的控件对象，通过 perform( )方法实现鼠标按下圆形滑块不松开。

```
ActionChains(driver).click_and_hold(slideblock).perform()
time.sleep(0.2)
```

使用 for 循环根据轨迹拖动圆形滑块。

```
for track in track_list:
```

使用 ActionChains 的 move_by_offset( )方法实现滑块移动距离的控制，通过 perform( )方法实现滑块按指定的距离移动。

```
ActionChains(driver).move_by_offset(xoffset=track, yoffset=0).perform()
```

模拟人操作时滑动超过缺口位置返回至缺口的情况，同时还加入了随机数，都是为了更贴近人工操作的滑动轨迹。

```
imitate=ActionChains(driver).move_by_offset(xoffset=-1, yoffset=0)
time.sleep(0.015)
imitate.perform()
time.sleep(random.randint(6, 10) / 10)
imitate.perform()
time.sleep(0.04)
imitate.perform()
time.sleep(0.012)
imitate.perform()
time.sleep(0.019)
imitate.perform()
time.sleep(0.033)
ActionChains(driver).move_by_offset(xoffset=1, yoffset=0).perform()
```

使用 ActionChains 的 pause( )方法实现滑块移动的间歇性停顿，release( )方法实现对圆形滑块的释放操作，perform( )方法实现滑块按指定的方式移动。

```
ActionChains(driver).pause(random.randint(6, 14)/10).release(slideblock).perform()
time.sleep(2)
```

使用 quit( )或 close( )方法结束进程。

```
driver.close()
```

至此就完成了滑动验证码的解析任务。

6.4 点击式验证码解析

6.4.1 任务描述

本节的任务是通过深入分析点击式验证码的技术特点，使用聚合数据图形验证平台来解析。该平台通过网络 API 的形式实现根据图片识别验证码，并支持数字和字母组合的点击式验证码的解析。

6.4.2 点击式验证码概述

点击式验证是一种新型的验证方式，广泛地应用在移动端和 PC 端，给用户以轻松、高效的验证体验。它通过特定的算法，确保每次都能够生成不同的验证图像，极大地提高了验证的安全性。其验证过程是根据文字出现的顺序要求，在图像中依次点击对应的文字出现的区域，如图 6-39 所示。

图 6-39　点击式验证码

通过观察可以发现，点击式验证码不同于滑动验证码，需要同时判断验证图像中的文字和图片进行验证，并且文字和图片背景易混淆在一起。

在此将使用网上的一种图形验证平台——聚合数据来解析点击式验证码。

6.4.3　聚合数据平台接口概述

聚合数据平台的官方地址为 https://www.juhe.cn。该平台提供了一个接口能够根据图片识别验证码，支持数字和字母组合。使用该平台的接口需要先注册，并获得 APP KEY 值，然后就可以获得 10 次免费体验。

聚合数据平台接口为 http://op.juhe.cn/vercode/index。

通过访问该平台指定的接口并按照其要求输入指定参数和注册的 APPKEY 值即可使用，如图 6-40 所示。“接口地址”表示该网络 API 的使用地址，通过向该 API 输入指定的参数即可获得相应的内容。“返回格式”表示该 API 返回的数据格式为 json 或者 xml。“请求方式”可以是 post 和 get。“参数说明”表示该 API 可以接收和发送的参数名称和类型。

接口地址： http://op.juhe.cn/vercode/index

返回格式： json/xml

请求方式： post

请求示例： http://op.juhe.cn/vercode/index

接口备注： 根据图片识别验证码；由于需要上传文件，本接口不适用于在聚盒子中进行测试,由于识别耗时较长,建议设置超时时间60s

API测试工具

请求参数说明：

名称	必填	类型	说明
key	是	string	您申请到的APPKEY
codeType	是	int	验证码的类型，查询
image	(二选一)	file	图片文件,默认优选读取image参数
base64Str	(二选一)	string	图片的base64编码,默认优选读取image参数
dtype	否	string	返回的数据的格式，json或xml，默认为json

返回参数说明：

名称	类型	说明
error_code	int	返回码
reason	string	返回说明
result	string	返回结果集
id	string	识别的唯一标识，报错时候使用

图 6-40　数据聚合平台 API 介绍

6.4.4 任务实现

在了解了聚合数据平台的 API 之后，这里将使用该 API 实现点击式验证码的解析。

1）导入 json 是为了将得到的数据转换为 JSON 格式的数据。导入 urllib. parse 是为了使用 urlencode( )方法实现对 URL 中的参数进行编码后传递。导入 urllib. request 是为了使用 urlopen( )方法实现对 URL 的请求操作。

```
import json, urllib
from urllib. parse import urlencode
from urllib. request import urlopen
```

2）在 main( )方法中声明变量 appkey 用于获取申请的 APP KEY 值。然后调用了两个方法：request1( )方法用于识别验证码，request2( )方法用于查询需要识别的验证码的类型（包括英文、数字混合，中文、英文、数字混合，纯数字，纯英文，纯中文，计算题，坐标题，九宫格等）。这两个方法均可以使用 POST 和 GET 的 URL 请求方式。

```
def main( ):
    appkey=" ********************** "          #此处为注册时分配的 appkey 值
    request1( appkey, "POST" )                 #以 post 的方式发送数据
    request2( appkey, "GET" )                  #以 get 的方式发送数据
```

3）在 request1( )方法中，传入形参 appkey 和 GET。定义一个字典类型数据 param 用于传递参数，key 参数为注册申请的 APP KEY 值，codeType 参数为验证码的类型，image 参数为验证码的图像文件，dtype 参数为返回数据的格式，并使用 urlencode( )方法对 param 进行编码，然后与该平台的验证码识别接口 http://op. juhe. cn/vercode/index 对接。接着，使用 read( )方法读取 urllib. request. urlopen( )方法返回的 response 对象，并使用 json. loads( )方法进行格式化。最后，使用 JSON 格式化后的数据 error_code 和 result 输出验证的处理结果。

```
#识别验证码
def request1( appkey, m="POST" ):
    url="http://op. juhe. cn/vercode/index"
    params= {
        "key": appkey,
        "codeType": "",    #查询验证码类型 https://www. juhe. cn/docs/api/id/60/aid/352
        "image": "",       #图片文件
        "dtype": "",       #返回的数据的格式为 json 或 xml,默认为 json
    }
    params=urlencode( params)   #实现对 URL 中的参数进行编码后传递
    if m=="GET":
        f=urllib. request. urlopen( url, params)#以 POST 方式实现对 URL 的请求操作
    content=f. read( )
    res=json. loads( content)#获得 json 格式的数据
```

```
        if res:
            error_code=res["error_code"]
            if error_code==0:
                #成功请求
                print(res["result"])
            else:
                print("%s:%s" % (res["error_code"], res["reason"]))
        else:
            print("request api error")
```

4）在 request2( )方法中使用了 GET 请求方式来传递参数 key 和 dtype，并且访问的接口地址是 http://op.juhe.cn/vercode/codeType。

```
    #查询验证码类型
    def request2(appkey, m="GET"):
        url="http://op.juhe.cn/vercode/codeType"
        params={
                  "key": appkey,
                  "dtype": "json",      #返回的数据的格式为 json 或 xml,默认为 json
        }
        params=urlencode(params)           #实现对 URL 中的参数进行编码后传递
        if m=="GET":
            f=urllib.request.urlopen("%s?%s"%(url, params)) #以 GET 方式实现对 URL 的请求操作
        content=f.read()
        res=json.loads(content)            #获得 JSON 格式的数据
        if res:
            error_code=res["error_code"]
            if error_code==0:
    #成功请求
                print(res["result"])
            else:
                print("%s:%s" % (res["error_code"], res["reason"]))
        else:
            print("request api error")
```

5）最后编写执行 main( )方法的入口程序。

```
    if __name__=='__main__':
        main()
```

至此就完成了点击式验证码主要内容的解析。

6.5 小结

通过本任务的学习，了解了图形验证码的二值化、图像降噪、字符分割、特征匹配等基本概念，实现了使用 Python 生成一个比较简单的图形验证码以及图形验证码的解析；了解了滑动验证码的基本概念，分析了汽车之家网站前端页面结构和所使用的滑动验证码的技术特点，实现了滑动验证码的解析；了解了点击式验证码的基本概念，分析了点击式验证码的技术特点，了解了聚合数据平台的网络 API 的使用方式，并实现了点击式验证码的解析。

6.6 习题

实现图形验证码的解析。

1）用 Python 编写一个图形验证码程序。

2）安装和配置 tesserocr 库。

3）对图形验证码进行灰度化、二值化和降噪处理，并使用 tesserocr 库完成图形验证码的解析。

任务7　模拟登录

学习目标

- 了解 GET 请求和 POST 请求的基本含义和用法。
- 了解 GET 请求和 POST 请求的区别。
- 了解 Cookie 和 Session 的基本概念和区别。
- 掌握使用 Cookie 和 Session 实现网站的模拟登录。

使用 Selenium 和 ChromeDriver 实现模拟登录

7.1　使用 Selenium 和 ChromeDriver 实现模拟登录

7.1.1　任务描述

在数据的采集过程中，很多的网站需要登录之后才能浏览。本任务将以虎嗅网为例，使用 Selenium 和 ChromeDriver 实现模拟登录。

7.1.2　GET 概述

在 HTTP 协议中可以看到，GET 主要用于获取数据，并且是以数据完整性为前提的。从理论上讲，对于同一个 URL 的第一次 GET 请求和第 *N* 次 GET 请求都应该得到完全相同的结果。在实际情况中，虽然存在对系统的多次访问会由于后台数据更新导致得到不同的结果，但从本质上看，GET 请求的需求只是获取当前该 URL 的资源，不会修改所访问的资源。

在 HTTP 中，GET 属于计算机网络的重要组成部分，而计算机网络涉及的主要内容之一就是各种网络协议。网络协议规定了 GET 的工作过程，以下是 GET 请求的过程。

1）客户端向服务器发送 TCP 连接请求。

2）服务器收到 TCP 连接请求后进行响应。

3）客户端收到服务器的响应后，开始发送 GET 请求的内容（数据报头和数据报内容）。

4）服务器收到 GET 请求的数据，如果找到相应数据，则返回响应数据。

7.1.3　GET 的基本用法

【例 7-1】 使用 GET 请求对指定 URL“login. aspx”进行访问并传递指定参数。

GET 请求的数据会附在 URL 之后（就是把数据放置在 HTTP 协议头中），以“?”分割 URL 和传输的数据，参数之间以“&”相连，如 login. aspx? id=simon&password=123&validationcode=%E4%BD%A0%E5%A5%BD。如果数据是英文字母或数字，原样发送；如果是空格，则转换为+，如果是中文或其他字符，则直接把字符串用 Base64 方式加密，如%E4%

BD%A0%E5%A5%BD。

在 Python 中的具体实现主要分为以下四步。

1）声明变量 url、ID、PWD 和 VC，分别用于接收即将访问和传递的对应的字符串。

```
url="http://login.aspx?"
ID="simon"
PWD="123"
VC="验证码内容"
```

2）声明变量 params 用于接收一个字典类型的数据集合。在此将前面的变量 ID、PWD 和 VC 分别作为字典数据的值传递进去，并赋给对应的键值 id、password 和 validationcode。

```
params={
    "id":ID,
    "password":PWD,
    "validationcode":VC,
}
```

3）声明变量 complete_url 用于接收两个字符串 url 和 urlencode(params)拼接之后的值。urlencode(params)是对 params 进行编码处理实现网络和系统之间的数据传输。

```
complete_url=url+urlencode(params)
```

4）使用 requests 的 get()方法实现 GET 请求。

```
f=requests.get(url=complete_url)
```

7.1.4 POST 概述

在 HTTP 协议中，POST 也可以用于对服务器资源的请求，但 POST 可以发送大量的数据给服务器，并实现对服务器数据的修改。例如，在微博等平台上输入的评论信息。这时就可以使用 POST 将数据提交给服务器，最终的结果就是由于有了新的评论信息，所以服务器的数据被修改了。以下是 POST 请求的过程。

1）客户端向服务器发送 TCP 连接请求。

2）服务器收到 TCP 连接请求后进行响应。

3）客户端收到服务器的响应后，开始发送 POST 请求头（数据报头）。

4）服务器收到客户端的 POST 请求头后，向客户端发送响应状态码 100 continue 表示可以接收 POST 的数据报内容。

5）客户端收到服务器的响应状态码后，开始发送 POST 的数据报内容。

6）服务器收到客户端的 POST 数据报内容后，处理成功后返回包括响应状态码 200 ok 在内的响应数据。

7.1.5 POST 的基本用法

【例 7-2】 使用 POST 请求对指定 URL “http://op.juhe.cn/vercode/index” 进行访问并

传递指定参数。

POST 请求的数据由于可能会比较大且需要考虑信息安全的因素，所以会单独放在数据报体中发送。params 是用于传递参数的变量集合。params 变量是一个字典类型的数据集合。

在 Python 中的具体实现主要分为以下四步。

1）声明变量 url、appkey、testimage、codetype 和 dtype，分别用于接收即将访问和传递的对应的字符串。

```
url = "http://op.juhe.cn/vercode/index"
appkey = "XXXXXXX"
testimage = "image.jpg"
codetype = "2003"
dtype = "json"
```

2）声明变量 params 用于接收一个字典类型的数据集合。这里将前面的变量 appkey、codetype、testimage 和 dtype 分别作为字典数据的值传递进去，并赋给对应的键值 key、codeType、image 和 dtype。

```
params = {
    "key": appkey,
    "codeType": codetype,
    "image": testimage,
    "dtype": dtype,
}
```

3）声明变量 params 用于接收 urlencode(params) 返回的值。urlencode(params) 是对 params 进行编码处理实现网络和系统之间的数据传输。

```
params = urlencode(params)
```

4）使用 requests 的 post() 方法实现 POST 请求。

```
f=requests.post(url=url, data=params)          #发送 POST 数据
```

7.1.6 GET 和 POST 的区别

在 HTTP 协议中规定了四种与服务器进行交互的方式，分别为 GET、POST、PUT 和 DELETE。从字面意思上看，这四种方式分别表示对服务器资源的查询、修改、增加和删除操作。其中常用的两种方式是 GET 和 POST。

在网络中，使用 URL 来标识一个资源。URL 是互联网上可得到资源的位置和访问方法的一种简洁表示，是对互联网上标准资源的地址的一种描述。GET 和 POST 就是对 URL 所对应资源的操作。

GET 和 POST 两种方式虽然都是对资源的请求操作，但也有各自的区别。两者的主要区

别如下。

1. 安全的区别

通过 GET 提交数据，用户名和密码将明文出现在 URL 上，因为登录页面有可能被浏览器缓存，因此若有其他人查看浏览器的历史记录，那么就有可能泄露用户账号和密码。POST 一般来说都不会被缓存，但有很多抓包工具也可以窥探到用户的数据。想要真正安全就需要把传输的信息加密。

2. 信息获取一致性的区别

GET 主要用于获取或查询资源信息。也就是说，GET 方式的请求只是单纯地获得服务器的资源，而不会对服务器资源做任何的修改。类似于数据库的查询操作，即只查询，不修改。例如，经常使用 GET 访问的各大主流门户网站，由于网站数据本身需要实时更新，但从本质上来说，用户每次的 GET 请求都是单纯地查询当前服务器最新的资源内容，其信息获取的一致性是没有改变的。

POST 一般用于更新资源信息。POST 通过向服务器提交数据，达到修改服务器资源的目的。例如，使用用户名和密码登录指定网站之后，需要修改个人信息（包括昵称、性别、电话、工作单位、年龄、个人头像等)。这时就需要使用 POST 方式向服务器发送并修改这些数据。

3. 数据承载大小的区别

HTTP 并没有对 URL 的长度进行限制。理论上，GET 方式可以通过 URL 向服务器发送没有限制的请求数据。由于特定的服务器、浏览器以及操作系统的原因，不同的服务器、浏览器以及操作系统对 URL 长度和大小的限制是不一样的。例如，IE 浏览器对 URL 的最大长度限制为 2 083 个字符，Firefox 浏览器对 URL 的最大长度限制为 65 536 个字符，Google 浏览器对 URL 的最大长度限制为 8 182 个字符，Opera 浏览器对 URL 的最大长度限制为 190 000 个字符，Safari 浏览器对 URL 的最大长度限制为 80 000 个字符。

HTTP 对 POST 提交数据也没有进行大小限制，起限制作用的是服务器处理程序的处理能力。

7.1.7 任务实现

在任务 6，已经实现了使用 Selenium 和 ChromeDriver 对网站进行验证码解析的操作。同样，也可以使用 Selenium 和 ChromeDriver 对网站进行模拟登录的操作。这种操作方式比较简单，并且能够实现绝大部分网站的模拟登录需求。

1. 页面分析

虎嗅网首页如图 7-1 所示。在模拟登录之前，必须先来查看和分析虎嗅网的登录页面，获得需要操作的登录控件的基本信息。其主要分为以下六步。

1）首先查看虎嗅网的登录页面，并对其进行分析。将光标移到“登录”按钮上，单击鼠标右键，在弹出的快捷菜单中选择“检查”命令，如图 7-2 所示。

2）通过检查，可以从 Chrome 浏览器的开发者工具中快速找到该按钮控件的位置、相关属性和值。这里的属性为 class，值为 avatar，如图 7-3 所示。

图 7-1　虎嗅网首页

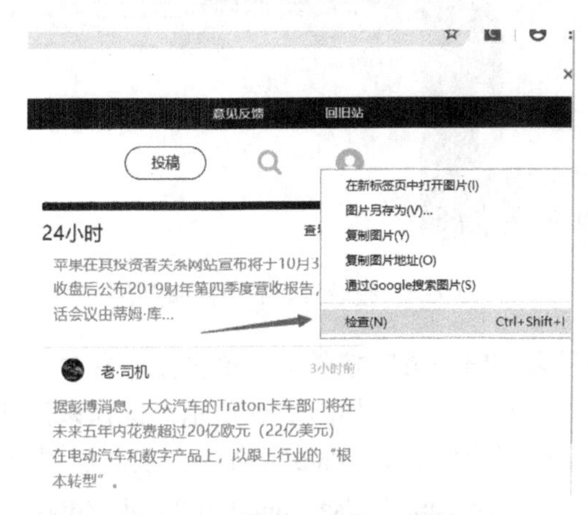

图 7-2　检查“登录”控件

图 7-3　“登录”按钮控件的 class 属性

3）单击“登录”按钮，从开发者工具中可以看到页面通过 AJAX 进行了动态更新。说明这个页面元素是使用 AJAX 技术实现的。页面数据的更新没有刷新整个页面，而是在原有页面的基础上，将登录页面添加进来，如图 7-4 所示。

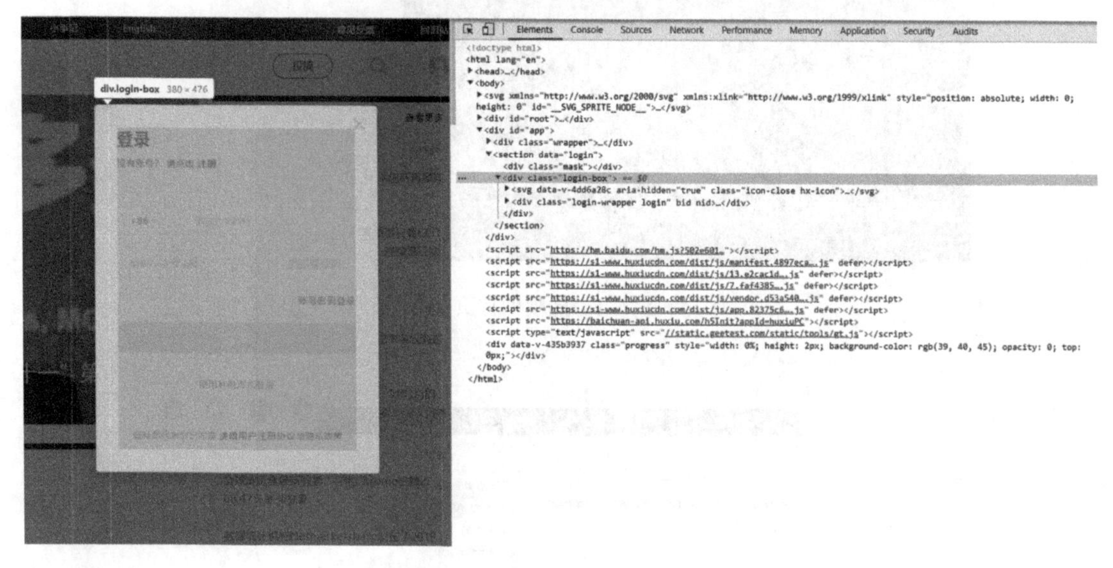

图 7-4　登录页面的结构和内容

4）将光标移到“账号和密码登录”控件上，单击鼠标右键，在弹出的快捷菜单中选择“检查”命令，查看该控件的基本信息，如图 7-5 所示。选择该控件，单击鼠标右键，在弹出的快捷菜单中选择“Copy”→“Copy XPath”命令，就能够得到该控件在页面中的标签层级位置（在此为“//*[@id="app"]/section/div[2]/div/div[1]/div[2]/span”），方便之后的检索和定位，如图 7-6 所示。

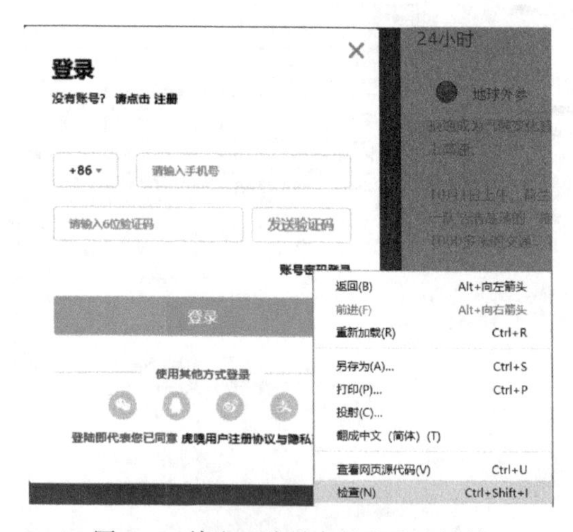

图 7-5　检查“账号密码登录”控件

5）按照前面的操作方法，获得登录页面中的输入用户名和输入密码文本框控件的 XPath 路径，在此为“//*[@id="app"]/section/div[2]/div/div[1]/div[1]/div/input”和“//*[@id="app"]/section/div[2]/div/div[1]/div[2]/div/input”，如图 7-7 所示。

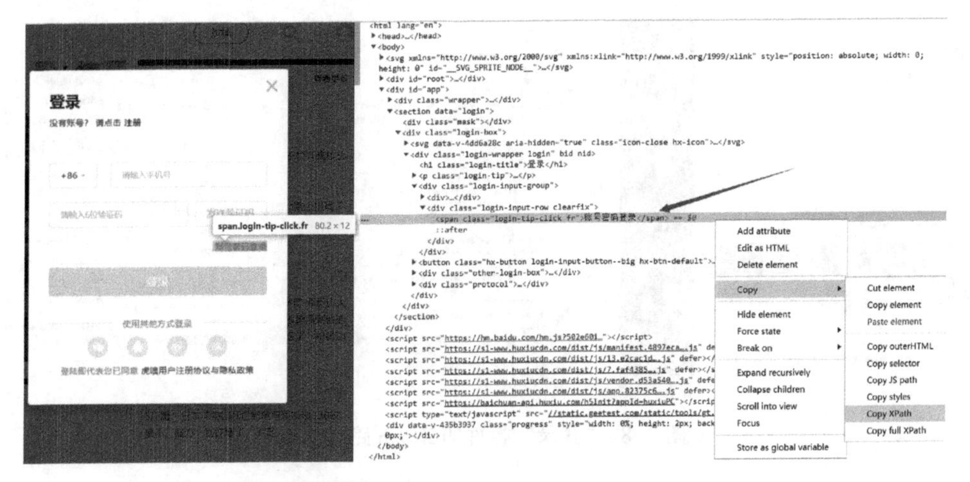

图 7-6 “账号密码登录”控件的 XPath 路径信息

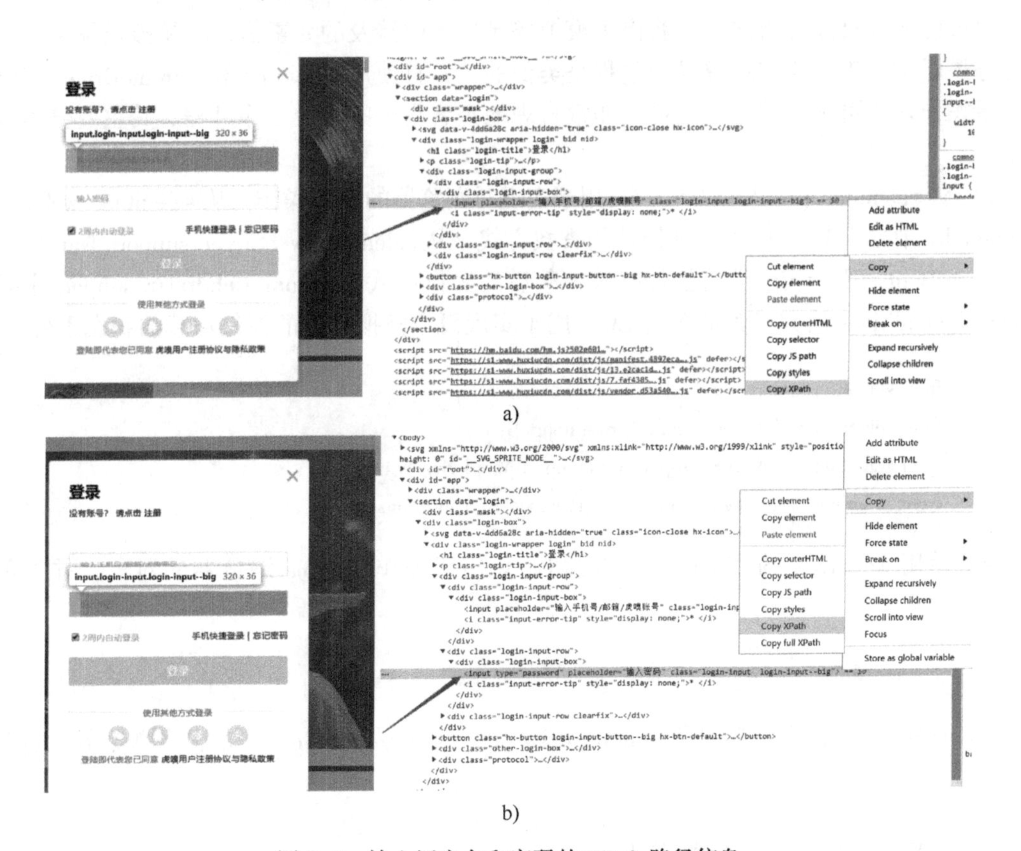

图 7-7 输入用户名和密码的 XPath 路径信息

a）输入用户名控件的 XPath 路径信息 b）输入密码控件的 XPath 路径信息

6）同样，按照前面的操作方法，获得“登录”按钮控件在页面中的标签层级位置，在此为（“//*[@id="app"]/section/div[2]/div/button”），如图 7-8 所示。

这样，就获得了所有需要操作的控件的基本信息，方便为后面的代码提供参数。

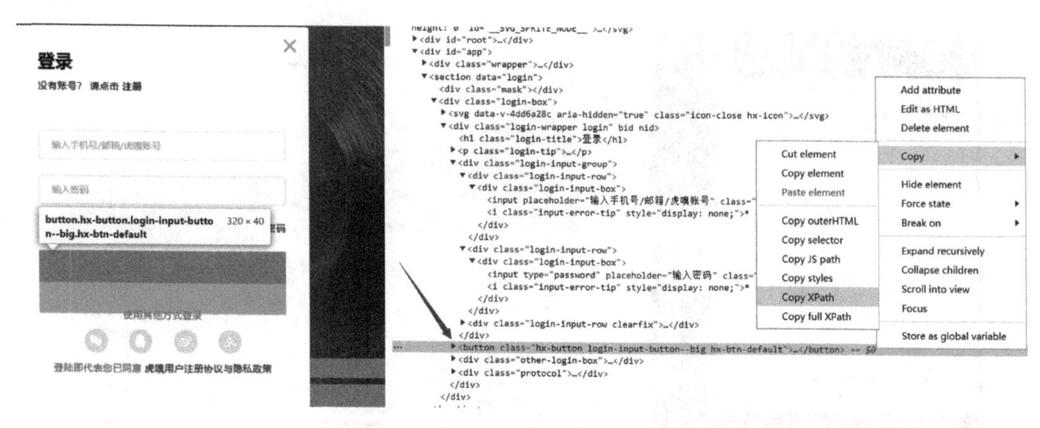

图 7-8 “登录”控件的 XPath 路径信息

2. 模拟登录

通过前面的页面分析之后，获得了模拟登录过程中涉及的元素信息。模拟登录整个过程的业务逻辑和手工操作实现登录的过程是类似的，并且使用 Selenium 和 ChromeDriver 进行模拟登录操作还是可视化的，这样可以非常直观地查看程序的整个工作过程。其主要分为以下四步。

1）从 Selenium 中导入 webdriver，用于实现对浏览器的模拟操作；从 selenium. webdriver. common. by 中导入 By，用于实现控件的查找方式；从 selenium. webdriver. support. wait 中导入 WebDriverWait，用于实现等待控件有效加载后的操作；从 selenium. webdriver. support 中导入 expected_conditions 后并将其命名为 EC，用于实现设定模拟操作的控件加载的状态条件。

```
from selenium import webdriver
from selenium. webdriver. common. by import By
from selenium. webdriver. support. wait import WebDriverWait
from selenium. webdriver. support import expected_conditions as EC
```

2）使用 webdriver 的 Chrome( )方法初始化用于操作 Chrome 浏览器的对象，并赋值给 chrome_driver。

```
chrome_driver=webdriver. Chrome( )
```

3）使用 Chrome 浏览器对象 chrome_driver 的 maximize_window( )方法将浏览器设置为最大化。

```
chrome_driver. maximize_window( )
```

4）自定义一个方法 login_with_single_id( )，用于实现模拟登录的具体业务逻辑。

login_with_single_id( )方法通过使用 Selenium 和 ChromeDriver 模块及其子类分别实现针对页面结构的具体操作。其基本的业务逻辑跟手工登录过程是一致的，模拟登录的主要过程主要分为以下十步。

```
def login_with_single_id( ):
```

① 使用 Chrome 浏览器对象 chrome_driver 的 get( )方法获取虎嗅网的 URL。

```
chrome_driver.get("https://www.huxiu.com/")
```

② 进入虎嗅网之后，找到登录的控件。使用 WebDriverWait 类实现使用 Chrome 浏览器对象 chrome_driver 对浏览器的 8 s 等待操作。其等待的目的是使用 until( )方法将 EC 的判断条件 element_to_be_clickable（等待指定的控件渲染并可以单击后作为继续执行的判断条件）作为参数。通过 By.CLASS_NAME 找到属性 class 的值为 avatar 的控件作为参数传递给 element_to_be_clickable( )方法。这样，就可以等到该登录控件成功渲染后再对其进行操作。

```
WebDriverWait(chrome_driver,8).until(EC.element_to_be_clickable((By.CLASS_NAME, "avatar")))
```

③ 使用 chrome_driver 的 find_element_by_class_name( )方法通过 avatar 属性值找到该渲染完毕并可以单击使用的登录控件，并将其赋值给 login_control。

```
login_control=chrome_driver.find_element_by_class_name("avatar")
```

④ 使用 login_control 的 click( )方法实现模拟单击操作。

```
login_control.click()
```

⑤ 通过模拟单击“登录”按钮之后，现在进入通过 AJAX 技术实现的动态页面当中。与前一步类似，使用 WebDriverWait 对象的 until( )方法结合 EC 的 element_to_be_clickable( )方法，通过 By.XPATH 的方式找到页面标签路径为“//*[@id="app"]/section/div[2]/div/div[1]/div[2]/span”的“账户和密码登录”超链接控件，等待其渲染成功并可以使用。

```
WebDriverWait(chrome_driver, 15).until(EC.element_to_be_clickable((By.XPATH, '//*[@id="app"]/section/div[2]/div/div[1]/div[2]/span')))
```

⑥ 使用 find_element_by_xpath( )方法找到“账户和密码登录”控件。

```
idandpwd_control=chrome_driver.find_element_by_xpath('//*[@id="app"]/section/div[2]/div/div[1]/div[2]/span')
```

⑦ 使用 click( )方法实现模拟单击操作。

```
idandpwd_control.click()
```

⑧ 输入用户名和密码。与前面的步骤类似，需要找到用于输入用户名和密码的控件。

```
WebDriverWait(chrome_driver, 15).until(EC.element_to_be_clickable((By.XPATH, '//*[@id="app"]/section/div[2]/div/div[1]/div[1]/div/input')))
id_control=chrome_driver.find_element_by_xpath('//*[@id="app"]/section/div[2]/div/div[1]/div[1]/div/input')
```

```
WebDriverWait(chrome_driver, 15).until(EC.element_to_be_clickable((By.XPATH, '//*[@id=
"app"]/section/div[2]/div/div[1]/div[2]/div/input')))
pwd_control=chrome_driver.find_element_by_xpath('//*[@id="app"]/section/div[2]/div/div
[1]/div[2]/div/input')
```

⑨ 通过 send_keys()方法分别实现输入用户名和密码。

```
id_control.send_keys("用户名")
pwd_control.send_keys("密码")
```

⑩ 通过页面标签路径 XPATH 找到“登录”按钮控件，并使用 click()方法实现模拟单击。

```
WebDriverWait(chrome_driver, 15).until(EC.element_to_be_clickable((By.XPATH, '//*[@id=
"app"]/section/div[2]/div/button')))
login_button_control=chrome_driver.find_element_by_xpath('//*[@id="app"]/section/div[2]/
div/button')
login_button_control.click()
```

至此就在分析了虎嗅网登录页面的基础上，通过使用 Selenium 和 ChromeDriver 实现了对该网站的模拟登录，如图 7-9 所示。

图 7-9　成功模拟登录虎嗅网

7.2　使用 Cookie 实现模拟登录

7.2.1　任务描述

在实现了模拟登录之后，由于经常需要反复登录该网站，因此需要使用 Cookie 在客户端保存登录信息，方便多次登录之用。本节的任务将实现使用 Cookie 模拟登录虎嗅网，以及使用 requests 库实现用 Cookie 和 Session 模拟登录职教云网站。

7.2.2 Cookie 概述

在浏览网站时浏览器通常会保存登录信息，这样下次登录时不用重复输入用户名和密码，甚至保留之前浏览的历史记录。例如，在网上购物时，在没有登录的前提下，可以将选择的商品先放进购物车里，最后结账时就知道之前选择哪些商品。由于 HTTP 本身是无状态的，因此客户端和服务器每次交互之后，服务器并不会记录上次做的事情。要实现购物车的功能就必须用到 Cookie。

Cookie 的作用是识别用户的身份，并在客户端存储 Session 的标识。服务器在接收到客户端的请求之后，会查看有无 Cookie 信息，如果有则读取 Cookie 信息，从而实现服务器和客户端之间的状态保持，如图 7-10 所示。

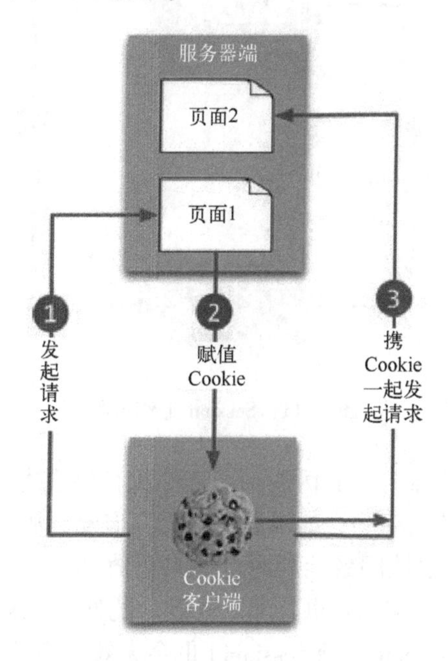

图 7-10　Cookie 的工作过程

Cookie 由服务器产生，并发送回客户端保存。根据 Cookie 保存的方式可分为临时 Cookie 和永久 Cookie，临时 Cookie 保存在内存中，永久 Cookie 保存在硬盘中。Cookie 是有过期时间的，如果没有设置过期时间，则临时 Cookie 的过期时间是从浏览器开始到浏览器关闭。如果设置了过期时间，则永久 Cookie 的过期时间是根据该时间确定，不随浏览器关闭而消失。由于永久 Cookie 保存在磁盘中，因此所有的浏览器都可以使用，实现共享甚至可以复制到其他计算机中使用。这也给用户的安全性带了不小的问题。只要能够复制到相关的 Cookie 文件，就能够实现用户登录数据的伪造。

7.2.3 Session 概述

Session 的作用是为了帮助服务器识别特定的用户请求状态。Session 是以键值对的形式通过 Sessionid 进行检索的存储在服务器中的数据。当客户端向服务器发送请求时，服务器会查看该请求事先有无 Sessionid，如果没有则根据该请求生成响应的 Session 用于保存客户端和服务器交互的状态数据，并随机配置一个 Sessionid 用于标识该状态数据，然后将其发送回客户端并保存在 Cookie 中。这样，客户端再次向服务器发送带有 Cookie 的请求时，服务器会从 Cookie 中得到该 Sessionid，并查找其映射的状态数据，然后将数据返回客户端，从而实现客户端和服务器之间的状态保持。Session 的工作过程如图 7-11 所示。

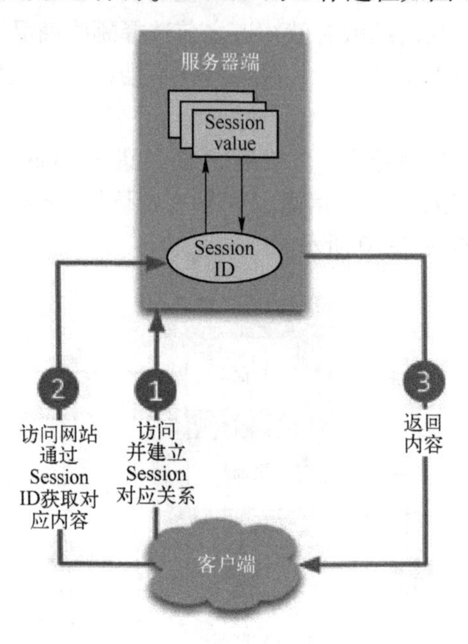

图 7-11　Session 工作过程

虽然 Session 保存在服务器中不能伪造，安全性比存储在客户端的 Cookie 要高，但是由于 Session 是保存在服务器的内存中，如果服务器重新启动，则 Session 就会丢失，用户体检较差，因此也存在一定的有效性问题。同时，如果存放 Sessionid 的 Cookie 被设置了过期时间，则当该 Cookie 过期时，Sessionid 也就随之失效。此外，Sessionid 自身的过期时间一般是 30 min。如果客户端禁用了 Cookie，则 Sessionid 也会失效。除了使用 Cookie 传递 Sessionid 之外，也可以将 Sessionid 放在 HTML 的隐藏域和 URL 中实现数据的传递。但这也给 Session 的安全性带来了不小风险。

7.2.4　Cookie 和 Session 的区别

1. 从保存的位置来对比

Cookie 保存在客户端的内存或硬盘中，Session 则保存在服务器中。如前面所述，当客户端访问服务器时，服务器会生成一个 Session，并将有关这个 Session 的标识信息保存在 Cookie 中。这种方式可以确定用户是否登录，或是否具备某些权限。这一过程是不需要开发人员干预的。所以一旦客户端禁用 Cookie，那么 Session 也会失效。

2. 从安全的角度来对比

由于 Cookie 保存在客户端，所以不是很安全，其他人可以分析保存在本地的 Cookie 并进行 Cookie 欺骗，因此考虑到安全应当使用 Session。另外，Session 的标识信息 Sessionid 也是保存在 Cookie 中的。由于 Sessionid 是由服务器根据一定的算法生成，存在小概率重复和算法规则被破解的可能性。因此，对于安全性要求十分高的系统来说，Sessionid 也会成为攻击者不断尝试的攻击目标之一。

3. 从性能的角度来对比

Session 由服务器生成和保存，但如果服务器保存了大量用户访问的 Session 状态数据，也会降低服务器本身的工作性能。因此，应该根据实际情况，在能够保证安全的前提下考虑使用 Cookie。

4. 从保存数据的容量和类型来对比

单个 Cookie 保存的数据不能超过 4 KB，很多浏览器都限制一个站点最多保存 20 个 Cookie；并且 Cookie 中只能保存 ASCII 字符串，假如需要存取 Unicode 字符或二进制数据，需要先进行编码。Session 对象没有对存储的数据量进行限制，能够存取任何类型的数据，包括而不限于 String、Integer、List、Map 等。

5. 从过期时间来对比

只要用户将 Cookie 持久地保存在客户端的硬盘中，并设置其过期时间属性为一个较长的时间即可。Session 不能保持信息的持久有效，因为考虑到系统性能和服务器内存等因素，Session 一般是在浏览器关闭之后就失效。

Cookie 和 Session 的工作原理如图 7-12 所示。

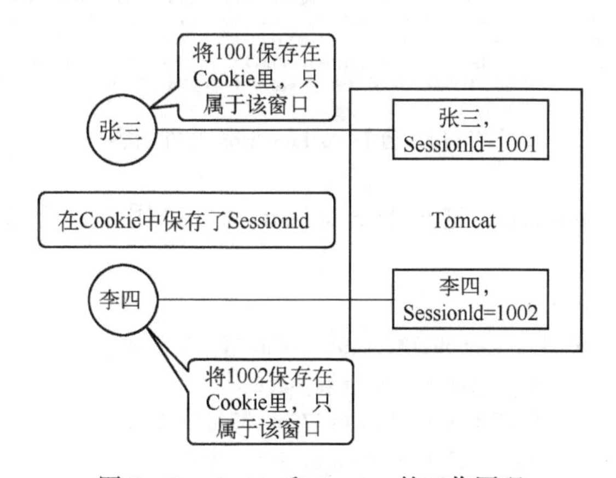

图 7-12　Cookie 和 Session 的工作原理

7.2.5　任务实现——使用 Cookie 模拟登录

本任务将基于对 Cookie 的读/写实现模拟登录虎嗅网。这里首先登录虎嗅网，让浏览器能够自动保存有关的 Cookie 信息，然后编写自定义方法将 Cookie 信息保存到指定的文件中，以便持久地保存在本地客户端的硬盘中。最后编写自定义方法读取保存在硬盘中的 Cookie 信息，实现网站的登录。

1. Cookie 信息的保存

1）自定义一个 write_cookies( )方法。在方法体中，通过使用 webdriver 的 Chrome( )方法初始化用于操作 Chrome 浏览器对象 chrome_driver 的 get_cookies( )方法，以获得之前模拟登录时的 Cookie 信息 cookies。

2）使用 with open( )方法向文件 cookies. json 写入 Cookie 信息，并将其命名为 cookiefile。

3）使用 json 对象的 dump( )方法将 cookiefile 转换为 JSON 格式的数据。dump( )方法需要一个文件对象参数 cookiefile，用于操作文件。dump 可以将 dict 字典类型的 cookies 数据转换成 str 字符串类型的数据然后存入 JSON 文件中。

```
def write_cookies( ):
cookies = chrome_driver. get_cookies( )
with open( "cookies. json" , "w" ) as cookiefile:
            json. dump( cookies, cookiefile)
```

2. Cookie 信息的读取

1）自定义一个方法 read_cookies( )。

2）使用 with open( )方法向文件 cookies. json 读取 Cookie 信息，并将其命名为 cookiefile2。

3）使用 json 对象的 loads( )方法将数据从 JSON 文件中读取出来。

4）使用 for 循环，将保存在 cookies. json 文件中的数据依次遍历出来赋值给 item，并进一步获取 item['name']和 item['value']的值。这里找到对应的键 name 和 value 的前提是先查看 cookies. json 文件中的具体内容，如图 7-13 所示。

[{"domain": "www.huxiu.com", "httpOnly": false, "name": "SERVERID", "path": "/", "secure": false, "value": "3e2292d3f2b396659e73250c9fef164b|1570075246|1570075245"},
{"domain": ".huxiu.com", "expiry": 4692139245.40166, "httpOnly": false, "name": "huxiu_analyzer_wcy_id", "path": "/", "secure": false, "value": "3vcymr4lylinjays5lu"},
{"domain": ".huxiu.com", "expiry": 1601611245, "httpOnly": false, "name": "Hm_lvt_502e601588875750790bbe57346e972b", "path": "/", "secure": false, "value": "157007524
{"domain": ".huxiu.com", "httpOnly": false, "name": "Hm_lpvt_502e601588875750790bbe57346e972b", "path": "/", "secure": false, "value": "1570075245"},
{"domain": "www.huxiu.com", "expiry": 1601611244.501503, "httpOnly": true, "name": "__secdyid", "path": "/", "secure": false, "value": "35097be3e437a816869a1b60be0f46

图 7-13　查看 cookies. json 文件内容

5）输出整合后的 cookiestr。这里的 cookiestr 就可以用于接下来的模拟登录操作，如图 7-14 所示。

```
['SERVERID=3e2292d3f2b396659e73250c9fef164b|1570075246|1570075245',
 'huxiu_analyzer_wcy_id=3vcymr4lylinjays5lu',
 'Hm_lvt_502e601588875750790bbe57346e972b=1570075245',
 'Hm_lpvt_502e601588875750790bbe57346e972b=1570075245',
 '__secdyid=35097be3e437a816869a1b60be0f464db7e3843deed8a907021570075245']
```

图 7-14　输出的 cookiestr 信息

```
def read_cookies( ):
    with open('cookies. json','r',encoding='utf-8') as cookiefile2:
    cookies = json. loads( cookiefile2. read( ) )
    cookiestr = [ item[ "name" ] + " = " + item[ "value" ] for item in cookies]
    print( cookiestr)
```

使用 with open( )方法的好处如下。

由于对磁盘文件的读/写操作都是基于操作系统的文件系统来实现的，因此非操作系统的程序是无法直接对磁盘文件进行操作的。因此，在 Python 中，可以使用 with open( )方法调用操作系统提供的用于文件读/写操作的接口实现数据的读/写。同时，文件使用完毕后必须关闭，因为文件对象会占用操作系统的资源，并且操作系统同一时间能打开的文件数量也是有限的。也就是说，当操作一个文件时，首先要将其打开，操作结束后，必须将其关闭，否则会出现文件数据丢失或资源抢占的问题。所以，为了防止忘记关闭文件的操作，使用 with open( )方法。该方法将自动执行文件关闭的命令。

3. 使用 requests 库和 Cookie 模拟登录

前面已经成功地读取到了登录用的 Cookie 信息，接下来将使用该 Cookie 信息与 requests 库实现模拟登录。

1）自定义一个方法 cookie_login( )用于执行基于 Cookie 的模拟登录。

```
def cookie_login( ):
```

2）声明变量 url 用于接收成功登录虎嗅网之后的用户主页 URL。

```
url='https://www.huxiu.com/member/2388622.html'
```

3）声明变量 headers 用于接收 cookie 和 user-agent 等数据头部信息。

```
headers={
    'cookie': cookiestr,
    'user-agent': 'Mozilla/5.0 (Windows NT 10.0; Win64; x64) AppleWebKit/537.36 (KHTML, like Gecko) Chrome/77.0.3865.90 Safari/537.36'
}
```

4）声明变量 html 用于接收 requests 库的 get( )方法返回的 URL 页面响应数据。

```
html=requests.get(url=url, headers=headers)
```

5）输出 html. text 文件内容，查看页面是否跳转到了用户主页，如图 7-15 所示。

```
print(html.text)
```

```
<html>
<head>
    <meta charset="UTF-8">
    <title>simonlee的个人中心-虎嗅网</title>
    <meta http-equiv="X-UA-Compatible" content="IE=edge">
    <meta content="width=device-width, initial-scale=1.0, maximum-scale=1.0, user-scalable=no" name="viewport">
    <meta name="renderer" content="webkit">
    <meta name="baidu-site-verification" content="R9XA51Wxu2" />
    <meta name="author" content="虎嗅网">
    <meta name="keywords" content="科技资讯,商业评论,明星公司,动态,宏观,趋势,创业,精选,有料,干货,有用,细节,内幕">
    <meta name="description" content="聚合优质的创新信息与人群，捕获精选|深度|犀利的商业科技资讯。在虎嗅，不错过互联网的每个重要时刻。">
    <meta name="base-static-url" content="https://static.huxiucdn.com/www">
        <link rel="stylesheet" type="text/css" href="https://static.huxiucdn.com/common/bootstrap/css/bootstrap.min.css">
    <link rel="stylesheet" type="text/css" href="https://static.huxiucdn.com/www/css/build.css?v=201909111727">
    <link rel="stylesheet" type="text/css" href="https://static.huxiucdn.com/www/css/phoneCheck.css?v=201906171149">
    <link rel="stylesheet" type="text/css" href="https://static.huxiucdn.com/www/css/interact_msg.css?v=201810121754">
    <link rel="stylesheet" type="text/css" href="https://static.huxiucdn.com/www/css/right.css">
    <link rel="stylesheet" type="text/css" href="https://static.huxiucdn.com/www/css/login.css?v=201903271955">
    <link rel="stylesheet" type="text/css" href="https://static.huxiucdn.com/www/css/vip_icon.css?v=201908211135">
    <link rel="stylesheet" type="text/css" href="https://static.huxiucdn.com/common/nanoscroller.css">
```

图 7-15　查看使用 Cookie 模拟登录用户主页

至此就实现了使用 Selenium 和 Chromedriver 模拟登录虎嗅网并获取指定的 Cookie 信息，同时持久化地保存到指定文件中。然后，通过读取 Cookie 文件实现了虎嗅网的模拟登录。

完整代码如下。

```
import json
import requests
from selenium import webdriver
from selenium. webdriver. common. by import By
from selenium. webdriver. support. wait import WebDriverWait
from selenium. webdriver. support import expected_conditions as EC
chrome_driver=webdriver. Chrome()
chrome_driver. maximize_window()
cookiestr="
def login_with_single_id():
    chrome_driver. get("https://www. huxiu. com/")
    WebDriverWait(chrome_driver, 8). until(EC. element_to_be_clickable((By. CLASS_NAME,
    "avatar")))
    login_control=chrome_driver. find_element_by_class_name("avatar")
    login_control. click()
    WebDriverWait(chrome_driver, 15). until(EC. element_to_be_clickable((By. XPATH, '//*
    [@id="app"]/section/div[2]/div/div[1]/div[2]/span')))
    idandpwd_control=chrome_driver. find_element_by_xpath('//*[@id="app"]/section/div
    [2]/div/div[1]/div[2]/span')
    idandpwd_control. click()
    WebDriverWait(chrome_driver, 15). until(EC. element_to_be_clickable((By. XPATH, '//*
    [@id="app"]/section/div[2]/div/div[1]/div[1]/div/input')))
    id_control=chrome_driver. find_element_by_xpath('//*[@id="app"]/section/div[2]/div/
    div[1]/div[1]/div/input')
    id_control. send_keys("simonlee")
    WebDriverWait(chrome_driver, 15). until(EC. element_to_be_clickable((By. XPATH, '//*
    [@id="app"]/section/div[2]/div/div[1]/div[2]/div/input')))
    pwd_control = chrome_driver. find_element_by_xpath('//*[@id="app"]/section/div[2]/
    div/div[1]/div[2]/div/input')
    pwd_control. send_keys("78483268")
    WebDriverWait(chrome_driver, 15). until(EC. element_to_be_clickable((By. XPATH, '//*
    [@id="app"]/section/div[2]/div/button')))
    login_button_control=chrome_driver. find_element_by_xpath('//*[@id="app"]/section/div
    [2]/div/button')
    login_button_control. click()
  def write_cookies():
  cookies=chrome_driver. get_cookies()
  with open("cookies. json", "w") as cookiefile:
```

```
            json.dump(cookies, cookiefile)
def read_cookies():
    with open('cookies.json','r',encoding='utf-8') as cookiefile2:
        cookies=json.loads(cookiefile2.read())
        cookiestr=[item["name"]+"=" + item["value"] for item in cookies]
        print(cookiestr)
def cookie_login():
    url='https://www.huxiu.com/member/2388622.html'
    headers={
        'cookie': cookiestr,
        'user-agent': 'Mozilla/5.0 (Windows NT 10.0; Win64; x64) AppleWebKit/537.36 (KHT-
        ML, like Gecko) Chrome/77.0.3865.90 Safari/537.36'
    }
    html=requests.get(url=url, headers=headers)
    print(html.text)
if __name__=="__main__":
    login_with_single_id()
    write_cookies()
    read_cookies()
    cookie_login()
```

7.2.6 任务实现——使用 requests 库实现用 Cookie 和 Session 模拟登录

前面使用 Selenium 和 ChromeDriver 实现了对虎嗅网的模拟登录和 Cookie 信息的保存和读取。这种方式虽然能够解决大多数网站的模拟登录问题，但是其运行效率并不高。因此，可使用 requests 库实现用 Cookie 和 Session 以非可视化界面的方式。对网站进行模拟登录。本任务将以该方式模拟登录职教云网站。

在登录之前，首先查看和分析职教云网站的登录页面，并获得在登录过程中需要使用的参数信息。

1. 访问职教云网站

访问职教云网站，打开其登录页面，如图 7-16 所示。如果没有账户要先注册。

2. 分析职教云网站

打开 Chrome 浏览器的开发者工具，依次选择“Network”→“Preserver log”，然后在登录页面中输入用户名和密码进行登录，从开发者工具中可以观察到，该网站使用 AJAX 技术向“Request URL“http://zjy2.icve.com.cn/common/login/login”发送了一个 POST 请求。在该请求中，包含了 Response headers、Request headers 和 Form Data，分别用于表示响应、请求和用户提交服务器的表单数据，如图 7-17 所示。

3. 登录职教云网站

这里将访问该 URL，并向其传递必要的参数，实现对网站的模拟登录。

1）导入 requests 库用于使用其中包含的 session()方法。

图 7-16　职教云网站登录页面

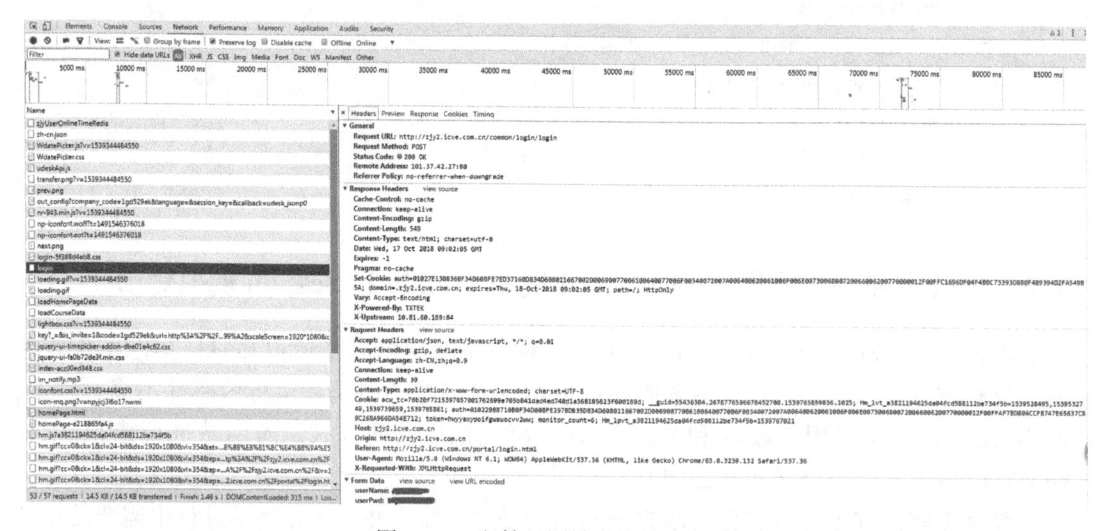

图 7-17　职教云网站登录页面分析

```
import requests
```

2）自定义一个方法 login_with_session( ) 用于编写使用 Cookie 和 Session 登录的具体步骤。

```
def login_with_session( ):
```

3）根据前面的页面分析编写登录请求的 headers 和 data 数据。其中，data 数据必要跟前面页面分析中的 From Data 一致。

```
headers = {
    'User-Agent': 'Mozilla/5.0 (Windows NT 10.0; Win64; x64) AppleWebKit/537.36 (KHTML, like Gecko) Chrome/77.0.3865.90 Safari/537.36'
```

```
    }
    data={
        'userName': 'xxxxxx',
        'userPwd': 'xxxxxxx'
    }
```

4）声明变量 session 用于接收 requests 库的 session( )方法初始化的 Session 对象。之后，将进一步围绕该 Session 对象进行请求和响应操作。

```
    session=requests.session()
```

5）使用 Session 向指定的页面发送 POST 请求。这里的 POST 带有指定的参数，分别是需要访问的 URL、访问时需要添加的 headers 信息以及带有账户和密码的 data 信息。最重要的是，Session 对象将保存 Cookie 信息。

```
    session.post('https://zjy2.icve.com.cn/common/login/login', headers=headers, data=data)
```

6）声明变量 user_home_page 用于接收使用 Session 发送 GET 请求登录后的 URL 的返回值。这里的返回值就是登录之后的用户主页。

```
    user_home_page=session.get("https://zjy2.icve.com.cn/teacher/homePage/homePage.html",
    headers=headers)
```

7）使用 with open( )方法保存前面返回的值。

```
    with open('icve.html', 'w', encoding='utf-8') as f:
        f.write(user_home_page.content.decode())
```

至此就使用了 requests 库的 session( )方法实现了用 Session 和 Cookie 对职教云网站的模拟登录操作。

完整代码如下。

```
def login_with_session():
    headers={
        'User-Agent': 'Mozilla/5.0 (Windows NT 10.0; Win64; x64) AppleWebKit/537.36 (KHT-
        ML, like Gecko) Chrome/77.0.3865.90 Safari/537.36'
    }
    data={
        'userName': 'xxxxxx',
        'userPwd': 'xxxxxxx'
    }
    session=requests.session()
    session.post('https://zjy2.icve.com.cn/common/login/login', headers=headers, data=data)
    user_home_page=session.get("https://zjy2.icve.com.cn/teacher/homePage/homePage.html",
    headers=headers)
```

```
        with open('icve.html', 'w', encoding='utf-8') as f:
            f.write(user_home_page.content.decode())
if __name__=='__main__':
    login_with_session()
```

7.3 小结

通过本任务的学习，了解了 HTTP 中 GET 和 POST 的基本概念和用法；了解了 Cookie 和 Session 的基本概念和区别；实现了使用 Selenium 和 ChromeDriver 模拟登录虎嗅网；实现了使用 Selenium 获取并保存登录虎嗅网的 Cookie 信息；使用 requests 库实现了用 Session 和 Cookie 模拟登录职教云网站。

7.4 习题

使用 Selenium 和 ChromeDriver 实现基于 Cookie 的网站模拟登录。

任务8　使用 Scrapy 爬虫框架采集数据

学习目标

Scrapy 的安装和使用

- 了解 Scrapy 爬虫框架的工作原理。
- 了解 Scrapy 爬虫框架的安装过程以及各组件的基本含义和用法。
- 掌握使用 Scrapy 爬虫框架采集数据的方法。

8.1　任务描述

本任务使用 Scrapy 爬虫框架创建一个 Scrapy 项目，编写网络爬虫爬取和抽取汽车之家网站的数据，使用命令将数据保存到 MySQL 数据库中。

8.2　Scrapy

8.2.1　Scrapy 概述

Scrapy 可以作为一个爬取网络站点数据以及获取结构化数据的应用架构，包括实现数据采集、挖掘和处理等多种应用方式。Scrapy 最初用于网站数据采集，也可以通过调用开放的 API 接口实现数据采集。正是因为 Scrapy 强大的框架设计，Scrapy 成为一种主流的网站数据采集框架。

异步请求和多线程的数据处理方式极大地优化了 Scrapy 在多请求环境下可以同时合理、高效地处理不同状态的请求。一旦某个请求没有成功，Scrapy 也能正常完成其他的请求。

除了能够以异步和多线程的方式实现多请求的爬取网站数据，Scrapy 还具备很多弹性的数据爬取设置，通过配置网络爬虫爬取策略，包括运行频次、次数及设置 IP 池等方式，实现更加真实和友好的访问和数据爬取。

8.2.2　Scrapy 的工作原理

Scrapy 的工作原理如图 8-1 所示。

网络爬虫器首先会以多线程的形式向设定的网页发出请求（Request）。这些请求将被发送到 Scrapy 引擎，并进一步被传递给调度器（Scheduler）。调度器在收到这些请求之后，会根据请求的多少进行判断，并决定是否开辟消息队列（queue），以实现所有请求的高效、有序执行。

在调度器创建的消息队列中，所有的请求都将根据一定的算法模型来决定何时被依次运行。同样，当前被选中执行的请求将通过 Scrapy 引擎传递给下载器中间件（Downloader Mid-

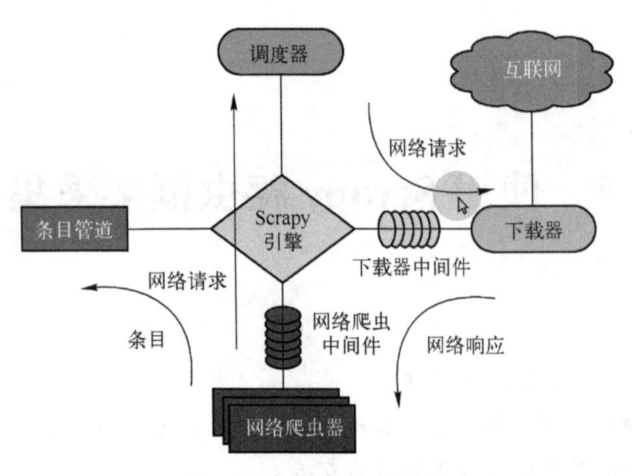

图 8-1　Scrapy 的工作原理

dleware）和负责具体实现请求和响应的下载器（Downloader）。这里的下载器中间件可以做更多详细的配置，可以同时实现多个下载器中间件并行操作，并且每个下载器中间件都可以处理不同的请求或者响应的数据。例如，可以实现某个请求报文头部信息设置，或者可以实现对请求返回的响应数据进行解压缩等操作。目的就是优化请求和响应数据的质量，提升整个 Scrapy 的工作效率。

经过下载器实现访问互联网中特定的网页并获得需要的请求/响应数据，在通过前面的下载器中间件做进一步处理之后，请求/响应数据将被传递到网络爬虫中间件（Spider Middleware）。这里的网络爬虫中间件将对请求/响应数据进行分离操作，把其中获取到的网页的条目（Item）数据和进一步需要再次爬取的请求分开（目的是实现多页面的连续请求），在与网络爬虫器交互之后，经过 Scrapy 引擎分别传递给条目管道（Item Pipeline）和调度器。这里的新请求将又一次执行前面请求的流程。而条目数据在进入条目管道之后将会被进一步地清洗和处理，并存储到指定的位置，如数据库中实现持久化存储。

8.3　Scrapy 的安装

8.3.1　在 Windows 操作系统下安装 Scrapy

在 Windows 操作系统中安装 Scrapy 时，强烈建议通过安装 Anaconda 的方式实现。因为如果通过 pip 安装等其他方式，将会存在很多的安装包依赖的问题。普通用户只要学会正常使用 Scrapy 的各种功能即可，没必要花更多的时间在安装各种依赖包上面。具体安装命令如下：

```
conda install -c conda-forge scrapy
```

同时，这里还需要安装几个特定的 Python 包用于丰富 Scrapy 的功能。使用 pip install 命令实现以下 Python 包的个别安装。

- lxml 可以用于解析 HTML 和 XML 格式的文件。
- parsel 可以用于解析响应数据的字符串格式，便于后期特定数据的匹配处理。

- w3lib 可以用于实现 HTML 标签修改、URL 地址提取、HTTP 报文格式转换以及字符集编码。
- Twisted 可以实现异步输入和输出的网络引擎应用框架，帮助 Scrapy 实现异步操作。
- pyOpenSSL 可以实现数据的加密和解密操作，以满足不同数据的安全需求。

当安装 Scrapy 完成之后，在命令行窗口中运行 “scrapy” 命令，如果显示如图 8-2 所示的信息，就表示安装成功。

```
(base) E:\python_crawler>scrapy
Scrapy 1.5.1 - no active project

Usage:
  scrapy <command> [options] [args]

Available commands:
  bench         Run quick benchmark test
  fetch         Fetch a URL using the Scrapy downloader
  genspider     Generate new spider using pre-defined templates
  runspider     Run a self-contained spider (without creating a project)
  settings      Get settings values
  shell         Interactive scraping console
  startproject  Create new project
  version       Print Scrapy version
  view          Open URL in browser, as seen by Scrapy

  [ more ]      More commands available when run from project directory

Use "scrapy <command> -h" to see more info about a command
```

图 8-2　Scrapy 安装验证

然后在命令行窗口中开启 Python 解释器，运行 “import scrapy” 命令，如果没有报错，则表示 Scrapy 已成功导入，如图 8-3 所示。

```
(base) E:\python_crawler>python
Python 3.7.0 (default, Jun 28 2018, 08:04:48) [MSC v.1912 64 bit (AMD64)] :: Anaconda, Inc. on win32
Type "help", "copyright", "credits" or "license" for more information.
>>> import scrapy
>>> ▌
```

图 8-3　在 Python 中导入 Scrapy

8.3.2　在 Linux 操作系统下安装 Scrapy

与前面在 Winodws 操作系统下安装 Scrapy 一样，在 Linux 操作系统下安装 Scrapy 同样需要安装相应的依赖包。

1. CentOS 和 RedHat

在 CentOS 和 RedHat 中需要安装如下依赖包。

```
sudo yum groupinstall -y development tools
sudo yum install -y epel-release libxslt-devel libxml2-devel openssl-devel
```

然后，使用 pip 命令安装 Scrapy。

```
pip install Scrapy
```

2. Ubuntu 和 Debian

在 Ubuntu 和 Debian 中需要安装如下依赖包。

```
sudo apt-get install build-essential python3-dev libssl-dev libxml2 libxml2-dev libxslt1-dev zlib1g-
dev
```

然后，使用 pip 命令安装 Scrapy。

```
pip install Scrapy
```

8.4 Scrapy 各组件的用法

8.4.1 Selector 类

在获取网页数据的过程中，HTML 数据是主要的数据源。因此，在 Selector 类中可以使用以下几个常用的工具实现数据的获取。

BeautifulSoup 是一个十分主流的 HTML 格式文件转换和提取工具。它能够有效地处理和转换 HTML 文件中的不合理标签，因此具备一定的数据清洗和转换的能力。也正是因为这个能力，其运行速度稍慢。

lxml 也是一个解析 HTML 格式文件的工具。它不仅可以解析 HTML 文件，还能解析 XML 文件。

Scrapy 作为一个集合框架，也拥有自己的 HTML 文件解析工具 XPath。这个解析工具能够通过对作用于 HTML 元素的 CSS（层叠样式表）的结构解析实现对 HTML 元素的间接选择和解析。

XPath 使用文本（对象）作为参数，实例化 Selector 类，并根据其内部的优化算法实现 HTML 和 XML 文件内部结构的解析。其使用方式如下，其中 Selector 表示获取到的 HTML 元素。

```
>>> from scrapy.selector import Selector
>>> from scrapy.http import HtmlResponse
```

从文本构建实例对象的代码如下。

```
>>> text='<html><body><span>testdemo</span></body></html>'
>>> Selector(text=text).xpath('//span/text()').extract()
[u'testdemo']
```

这里假设 URL 所指向的页面结构中包含 text，目的是为了演示响应数据进一步的处理效果。从响应数据构建实例对象的代码如下。

```
>>> data_response = HtmlResponse( url = url, body = text)
>>> Selector( response = data_response). xpath('//span/text()'). extract()
[u'testdemo']
```

使用响应对象的 selector 属性，调用 xpath( )方法定位到指定网页路径中的文本值，使用 extract( )方法对其进行提取。

```
>>> response. selector. xpath('//span/text()'). extract()
[u'testdemo']
```

【例 8-1】 以 HTML 代码为例，使用 Scrapy 的 shell 程序进行交互和测试，以实现选择器的使用。

```
<html>
<head>
<base href='http://testdemo. com/'/>
<title>testdemo</title>
</head>
<body>
<div id='pictures'>
<a href='pic1. html'>label: hi pic 1 <br /><img src='pic_1. jpg' /></a>
<a href='pic2. html'>label: hi pic 2 <br /><img src='pic_2. jpg' /></a>
<a href='pic3. html'>label: hi pic 3 <br /><img src='pic_3. jpg' /></a>
<a href='pic4. html'>label: hi pic 4 <br /><img src='pic_4. jpg' /></a>
<a href='pic5. html'>label: hi pic 5 <br /><img src='pic_5. jpg' /></a>
</div>
</body>
</html>
```

1）运行 Scrapy，并指定需要提取数据的 URL，具体命令如下。

```
>>>scrapy shell url
```

2）在执行完第一条命令之后，程序将返回响应数据。这时就可以通过应用 response 的 xpath( )方法来实现该 HTML 文件中特定元素的选择和解析，并提取指定元素包含的文本数据。例如，这里获取的是 HMTL 元素中的<title>testdemo</title>标签中的文本数据。

```
>>>response. xpath('//title/text()')
```

3）XPath 是使用 CSS 作用于 HTML 的，所以还可以使用 css( )方法实现做 CSS 元素的操作。该方法也可以实现快速定位和 HTML 元素选择。这里通过 css( )方法定位到标签<img>的元素，并使用 xpath( )方法定位到该元素中所有属性为 src 的值，使用 extract( )方法对其进行提取。

```
>>>response.css('img').xpath('@src').extract()
[u'pic_1.jpg',
u'pic_2.jpg',
u'pic_3.jpg',
u'pic_4.jpg',
u'pic_5.jpg']
```

这里必须调用 extract()方法才能获得实际的文本数据。

```
>>> response.xpath('//title/text()').extract()
[u'testdemo']
```

其中，可以使用 extract_first()方法实现提取返回结果中第一个元素对应的值。

```
>>>response.xpath('//div[@id="pictures"]/a/text()').extract_first()
u'label: hi pic 1 '
```

可以通过判断语句返回的布尔值了解是否找到指定元素。

```
>>>response.xpath('//span[@id="none"]/text()').extract_first() is None
True
```

可以使用自定义的返回值表示没有找到特定元素的返回值。

```
>>>response.xpath('//div[@id="none"]/text()').extract_first(default='none')
'none'
```

可以使用 CSS 特有的语法结构实现 HTML 元素的定位、选择和操作。这里表示查找标签<title>的 text 值，然后使用 extract()提取该值。

```
>>>response.css('title::text').extract()
[u'testdemo']
```

可以先使用 contains()方法进一步筛选和处理数据，再将数据传递给 xpath()方法和 css()方法。这里表示获取标签<a>中包含属性 href 和指定标签<img>的元素。

```
>>>links=response.xpath('//a[contains(@href,"image")]')
>>>links.extract()
[u'<a href="pic1.html">label: hi pic 1 <br /><img src="pic_1.jpg"></a>',
 u'<a href="pic2.html">label: hi pic 2 <br /><img src="pic_2.jpg"></a>',
 u'<a href="pic3.html">label: hi pic 3 <br /><img src="pic_3.jpg"></a>',
 u'<a href="pic4.html">label: hi pic 4 <br /><img src="pic_4.jpg"></a>',
 u'<a href="pic5.html">label: hi pic 5 <br /><img src="pic_5.jpg"></a>']
```

可以使用 re()方法实现通过正则表达式匹配指定的数据。这里表示在获取了前面所述方法返回的指定元素之后，使用正则表达式匹配所有以“label:”开头的字符串。

```
>>>response.xpath('//a[contains(@href,"image")]/text()').re(r'label:\s*(.*)')
    [u'hi pic 1',
    u'hi pic 2',
    u'hi pic 3',
    u'hi pic 4',
    u'hi pic 5']
```

8.4.2 Spider 类

Spider 类是实现网络爬虫具体如何工作的类。Spider 类可以指定具体需要爬取的网页 URL 及其所需的参数配置。通过分析需要爬取的页面结构，有针对性地设计所要获取页面的数据内容。因此 Spider 类可以以自定义的方式获取指定的数据内容。

网络爬虫的具体工作流程如下。

1）Scrapy 通过网络爬虫器的 Spider 类生成实例化对象，并使用其该对象成员的方法 start_requests()处理需要生成的请求。start_requests()方法不仅仅可以生成网络爬虫拟访问网页的请求，还能够进一步地通过调用回调函数，循环地把每次请求之后的响应数据作为参数进一步地处理。

2）每次请求返回的响应数据都将被回调函数作为参数做进一步的解析。整个解析过程就是使用前面介绍过的各种解析工具 BeautifulSoup、lxml 和 XPath 等进行的。

3）经过解析之后的数据将被转换成条目（Item）数据，并传递到条目管道中做持久化处理。

跟所有的面向对象设计思想一样，在 Scrapy 中建立网络爬虫请求对象，就必须继承其 Spider 类。这个 Spider 类提供了一个 start_requests()方法。所有继承它的子类都必须实现该方法。同时，该方法中还包含一些重要的形参或属性，可以用来配置生成的网络爬虫对象，具体内容如下。

1. name

该属性是每一个网络爬虫对象特有的标识符，即对象名。这是帮助 Scrapy 在生成的多个网络爬虫对象集合中快速找到指定网络爬虫对象的必要标识符。因此，该属性的值是所有网络爬虫该标识符的唯一值。

2. allowed_domains

该属性规定了网络爬虫的工作范围。该属性指向的数据结构是一个字符串列表，因此该属性的值是一个可变长度的可选择的参数。网络爬虫的所有请求对象包含在该工作区域及其子区域中。

3. start_urls

该属性明确指定了网络爬虫首先开始爬取的 URL 列表对象。该属性是整个 Scrapy 框架运行的头部，其返回的结果将直接被后续组件传递和使用。

4. custom_settings

该属性可以满足用户的自定义设置需求。该属性的主要作用是针对指定的网络爬虫以自定义的方式修改 Scrapy 默认的全局配置文件。

5. crawler

该属性是一个实例化之后的网络爬虫对象。该对象将作为参数和其特定的配置信息绑定在一起被传入 from_crawler( )方法，然后在调度器中与其他网络爬虫对象一起使用。

6. settings

该属性能够指定调用 Scrapy 默认的全局配置文件中指定的配置信息，实现自定义配置功能。

7. logger

该属性能供使用指定的网络爬虫对象名称创建该对象运行过程中的日志数据对象。通过该对象可以了解当前网络爬虫对象的运行状态。

8. start_requests( )

该方法是一个迭代方法。它具有两个作用，首先是创建一个网络爬虫的请求对象，并以此对象作为整个 Scrapy 框架的起点。其次，通过将前一个请求返回的每个响应数据作为参数传递给后面的回调函数，实现一次调用多次运行的效果。

```
class MySpider(scrapy.Spider):
    name = 'myspider'
    def start_requests(self):
        return [scrapy.FormRequest("http://www.testdemo.com/login",
                                   formdata={'user': 'john', 'pass': 'secret'},
                                   callback=self.logged_in)]
    #回调函数,用于迭代运行该网络爬虫的后续请求
    def logged_in(self,response):
        pass
```

9. parse(response)

在没有自定义的回调函数时，Scrapy 使用默认的 parse(response)作为回调函数，用于处理返回的响应数据。

10. closed(reason)

该方法是用于结束网络爬虫的接口。该接口可以实现自定义条件以传递网络爬虫结束信号。

【例 8-2】 从一个回调函数中返回多个请求和项目。

```
import scrapy
class MySpider(scrapy.Spider):
    name='testdemo.com'
    allowed_domains=['testdemo.com']
    start_urls=[
        'http://www.testdemo.com/1.html',
        'http://www.testdemo.com/2.html',
        'http://www.testdemo.com/3.html',
    ]
#使用默认的回调函数 parse 获取响应数据的 url 值
```

```
def parse(self, response):
    self.logger.info('A response from %s just arrived!', response.url)
import scrapy
class MySpider(scrapy.Spider):
    name='testdemo.com'
    allowed_domains=['testdemo.com']
    start_urls=[
        'http://www.testdemo.com/1.html',
        'http://www.testdemo.com/2.html',
        'http://www.testdemo.com/3.html',
    ]
#使用默认的回调函数 parse 获取响应数据,并使用 for 循环和 xpath 方法获取数据
def parse(self, response):
#使用 for 循环和 xpath 抽取指定标签 h3 的数据
    for h3 in response.xpath('//h3').extract():
        yield {"title": h3}
#使用 for 循环和 xpath 抽取指定标签 a 的 href 属性
    for url in response.xpath('//a/@href').extract():
        yield scrapy.Request(url, callback=self.parse)
```

8.4.3 下载器中间件

下载器中间件可以在网络爬虫执行爬取指定网页前对网络爬虫的爬取策略和网络爬虫的信息进行全局或局部的设置，具体包括 User-Agent 信息、网页重定向、失败处理以及 Cookies 信息等。下载器中间件的这些强大功能，极大地丰富了网络爬虫的可靠性和可用性。

下载器中间件的使用方式极为简单，就是通过配置一个 dict 字典数据对象 DOWNLOADER_MIDDLEWARES，以键值对的形式自定义下载器中间件所要实现的具体功能配置（这些功能配置都是以常量名的形式内置在 Scrapy 框架中的）。

```
DOWNLOADER_MIDDLEWARES={
    'myproject.middlewares.CustomDownloaderMiddleware': 543,}
```

这里的键（CustomDownloaderMiddleware）表示拟实现功能的名称，值 543 表示该功能在 Scrapy 引擎中的运行优先级，值越小，优先级越高。

除了使用 DOWNLOADER_MIDDLEWARES 自定义局部配置之外，还有可以使用 DOWNLOADER_MIDDLEWARES_BASE 进行全局配置。这两种涉及不同配置范围的配置可以满足不同的网络爬虫对象的下载器中间件配置从局部自定义到全局共享的不同需求，并且所有的配置都是基于优先级有序调用的。

下载器中间件本身是一个类，因此其使用方式也是基于面向对象设计的思想，其成员方法包括以下内容。

1. process_request(request,spider)

该方法用于处理所有来自调度器或下载器的请求或响应数据，在所有网络爬虫请求被下

载器具体执行之前（用于处理请求数据）或之后（用于处理响应数据），其请求和响应数据都必须调用该方法，其中参数 request 是具体的请求对象，spider 是具体的网络爬虫对象。该方法会根据不同的返回值，决定下一步的处理方式。

- 如果返回的值是 None，则将继续执行该方法，直到该方法被执行完毕为止，并且将返回结果作为 process_response( ) 的输入。
- 如果返回的值是请求数据，则该方法将把新的请求对象传递给调度器，让调度器具体安排新请求对象的使用顺序。
- 如果返回的值是响应数据，则该方法认为下载器已经成功获取了请求之后的响应数据，因而调用 process_response( ) 方法处理响应数据。
- 如果返回的值是 IgnoreRequest 异常，则该方法调用专门处理异常数据的 process_exception( ) 方法。

总之，process_request( ) 方法会对来自调度器的请求数据和来自下载器的响应数据根据条件作出判断，并决定具体的操作。

2. process_response(request,response,spider)

与前面的 process_request( ) 方法类似，该方法也会根据不同的返回值选择不同的处理方式。该方法是在下载器成功获得响应数据之后，根据响应数据的类型进行判断和操作的。

- 如果返回的值是响应数据，则继续调用本身，做递归处理。
- 如果返回的值是请求数据，则与前面的 process_request( ) 方法一样，将其传递给调度器。
- 如果返回的值是 IgnoreRequest 异常，则调用 process_exception( ) 方法。

3. process_exception(request,exception,spider)

该方法专门用来处理下载器中间件的各种异常，并将处理后的不同类型的返回结果传递给不同的组件。

- 如果返回的值是 None，则该方法将继续处理该异常，直到该异常被处理为止。
- 如果返回的值是请求数据，则该方法会将其传递给调度器处理。
- 如果返回的值是响应数据，则该方法会将其传递给 process_response( ) 方法处理。

4. from_crawler(cls,crawler)

该方法的主要作用就是将当前网络爬虫的数据和下载器中间件进行统一的封装，并返回一个新的实例对象。这样做的目的就是，既可以融合某个特定网络爬虫对象的个性化，又可以加入下载器中间件的对象元素。这个新对象能够访问 Scrapy 的所有重要接口，实现与 Scrapy 核心组件的交互。

8.4.4 条目管道

条目管道能够用于接收并处理来自于网络爬虫的条目数据。条目管道将对条目数据做一系列的清洗和存储操作，包括清洗数据中的无效值、缺失值、空值等，还能对数据进行验证、判断和去重，并将处理之后的数据存储到数据库中。条目管道有以下几个方法可以实现这些操作。

1. process_item(self,item,spider)

该方法是条目管道中的主要方法，用于处理来自网络爬虫的条目数据。其返回值是根据当前具体的数据清洗要求来自定义的。在将最后的结果导入数据库之前，可以把该方法作为一个数据清洗的工具。

2. open_spider(self,spider)

该方法用于打开当前的网络爬虫。

3. close_spider(self,spider)

该方法用于关闭当前的网络爬虫。

4. from_crawler(cls,crawler)

该方法的主要作用是将当前网络爬虫的数据和条目管道中间件进行统一的封装，并返回一个新的实例对象。这样做的目的就是，既融合了某个特定网络爬虫对象个性化，也加入条目管道中间件的对象元素。这个新对象能够访问 Scrapy 的所有重要接口，实现与 Scrapy 核心组件的交互。

【例 8-3】 使用 process_item()方法获取指定的条目数据中的 price 字段值，判断其是否为空，并对其做进一步的赋值和删除空值操作。

```
from scrapy.exceptions import DropItem
class PriceCheck(object):
    vat_factor=1.15
    def process_item(self, item, spider):
        if item['price']:
            if item['price_excludes_vat']:
                item['price']=item['price'] * self.vat_factor
            return item
        else:
            raise DropItem("没有价格 in %s" % item)
```

【例 8-4】 将网络爬虫传递过来的条目数据存储到单个 Items.js 文件，每行包含一个 JSON 格式序列化的项目。

```
import json
class JsonWrite(object):
    def open_spider(self, spider):
        self.file = open('items.js', 'w')
    def close_spider(self, spider):
        self.file.close()
    def process_item(self, item, spider):
        line = json.dumps(dict(item)) + "\n"
        self.file.write(line)
        return item
```

在使用条目管道之前，必须启用 ITEM_PIPELINES 的配置项。这里的键包含当前的项目名 myproject 和类名 PriceCheck、JsonWrite，值表示当前的执行优先级。值的范围是 0~1000。

```
ITEM_PIPELINES={
    'myproject. pipelines. PriceCheck': 300,
    'myproject. pipelines. JsonWrite': 800,}
```

【例 8-5】连接 MySQL，并将数据插入到指定数据库中。

首先创建一个名为 testdb 的数据库，然后在该数据库中创建一个表 testtbl。使用 SQL 语句生成该表。

```
CREATE TABLE testtbl(name VARCHAR(255) NULL, type   VARCHAR(255) NULL)
```

然后，实现一个类 MysqlPipeline，代码如下。

```
class MysqlPipeline():
    def _init_(self, host, database, user, password, port):
        self. host=host
        self. database=database
        self. user=user
        self. password=password
        self. port=port
    def   from_crawler(cls, crawler):
        return cls(
            host=crawler. settings. get('MYSQL_HOST'),
            database=crawler. settings. get('MYSQL_DATABASE'),
            user=crawler. settings. get('MYSQL_USER'),
            password=crawler. settings. get('MYSQL_PASSWORD'),
            port=crawler. settings. get('MYSQL_PORT'),
            )
    def open_spider(self, spider):
        self. db=pymysql. connect(self. host, self. user, self. password,
        self. database, charset='utf-8', port=self. port)
        self. cursor=self. db. cursor()
        def close_spider(self, spider):
        self. db. close()
    def process_item(self, item, spider):
        data=dict(item)
        keys=','. join(data. keys())
        values=','. join(['%s'] * len(data))
        sql='insert into %s (%s) values (%s)' % (item. table, keys, values)
        self. cursor. execute(sql, tuple(data. values()))
        self. db. commit()
        return item
```

执行完上面的命令之后，在 settings. py 中配置以下关键信息：连接 MySQL 的主机位置、数据库名字、用户名、数据库密码和数据库使用的端口号。

```
MYSQL_HOST='localhost'
MYSQL_DATABASE='testdb'
MYSQL_USER='root'
MYSQL_PASSWORD='数据库密码'
MYSQL_PORT='3306'
```

在条目管道中可以根据不同的文件类型分别执行不同的操作。例如，要提取文件可以使用文件管道（FilesPipeline），要提取图像数据可以使用图像管道（ImagesPipeline）。同时，条目管道还能够在多个条目中自动判断和优化包含的相同 URL 的数据，并将其作为多个条目数据的共享数据。这样做的目的是优化性能，避免内存和网络资源的重复使用。具体使用方式入如下。

1. 文件管道

当网络爬虫将一个条目数据传递给文件管道时，该条目数据中应包含需要获取的文件数据的 URL。这时，文件管道将该 URL 作为请求数据传递给调度器、下载器中间件和下载器，重复所有其他网络爬虫的请求操作，它比普通的网络爬虫请求的优先级高。因为此时的 Scrapy 业务流程已经到了条目管道环节，即将完成数据的业务流程，所以应该保证这些任务优先完成。因此，下载器将优先执行来自文件管道的 URL 请求数据。在文件数据下载的过程中，文件管道对该任务进行了“加锁”操作，保证其不被外部操作影响。

2. 图像管道

1）图像管道与前面的文件管道的操作类似，所不同的是，图像管道可以配置图片的处理方式：返回缩略图或指定图像大小等。这里需要额外注意的是，在使用图像管道时，需要下载图形依赖库 Pillow。

2）与文件管道一样，在使用文件管道和图像管道之前，需要打开其配置文件 ITEM_PIPELINE。

3）图像管道的配置方法如下。

```
ITEM_PIPELINES={'scrapy.pipelines.images.ImagesPipeline': 1}
```

文件管道的配置方法如下。

```
ITEM_PIPELINES={'scrapy.pipelines.files.FilesPipeline': 1}
```

4）配置文件数据的保存位置的方法如下。

```
FILES_STORE='/path/dir'
```

配置图像数据的保存位置的方法如下。

```
IMAGES_STORE='/path/dir'
```

3. 以自定义的方式重写文件和图像数据的获取方法

这里主要介绍两种重写方法：get_media_requests(item,info)和 item_completed(results,item,info)。

（1） get_media_requests(self,item,info)

该方法用于从条目中获取文件或图像数据的 URL，并将获取的 URL 包装成请求对象，传递给下载器进行优先下载。

```
def get_media_requests(self,item,info):
    for file_url in item['file_urls']:
        yield scrapy.Request(file_url)
```

该方法的返回结果不仅仅包含下载的文件或图像数据。如果下载成功，则返回的数据类型将是一个包含 success 和 file_info_or_error 两个元素的元组列表。其中，success 是布尔类型数据，表示成功或失败。file_info_or_error 是字典类型数据，包含：（成功时）文件或图像的 URL、文件或图像存储的路径（path）和图像的 MD5 散列值（checksum），或（失败时）失败数据信息。不管下载成功还是失败，该元组列表的数据都将被传递给 item_completed(results,item,info)方法。

（2） item_completed(results,item,info)

该方法的主要作用是根据 get_media_requests(self,item,info)的返回值，通过调用 FilesPipeline.item_completed()方法或 ImagesPipeline.item_completed()方法对获取的文件和图像数据的条目做进一步的处理，包括循环和判断条目的数据项实现行级和字段级数据的清洗操作。

【例 8-6】 本例使用图像管道通过循环提取图像的 URL 实现图像数据的请求、判断和删除操作。具体实现了 image_urls 的循环提取和判断，生成 Request 请求对象，并进一步获取和判断每个 image_urls 请求对象的返回值 results['path']，实现对包含无效 image_paths 的条目的删除操作。

```
import scrapy
from scrapy.pipelines.images import ImagesPipeline
from scrapy.exceptions import DropItem
class MyImagesPipeline(ImagesPipeline):
    def get_media_requests(self, item, info):
        for image_url in item['image_urls']:
            yield scrapy.Request(image_url)
    def item_completed(self, results, item, info):
        image_paths=[x['path'] for ok, x in results if ok]
        if not image_paths:
            raise DropItem("Item contains no images")
        item['image_paths']=image_paths
        return item
```

8.4.5 网络爬虫中间件

网络爬虫中间件可以在网络爬虫提交的请求、条目以及下载器返回的响应数据中进行全局或局部的设置，实现对这些数据的进一步操作，包括网络爬虫请求的爬取深度、HTTP 错误返回信息设置、允许爬取的域名范围以及允许爬取的 URL 长度限制等。网络爬虫中间件的这些配置功能极大地丰富了网络爬虫的操作灵活性。

网络爬虫中间件的配置方式跟其他的中间件配置方式一致，都是通过配置一个字典对象（SPIDER_MIDDLEWARES）来实现的。以键值对的形式自定义 SPIDER_MIDDLEWARES 所要实现的具体功能配置（这些功能配置都是以常量名的形式内置在 Scrapy 框架中的）。

```
SPIDER_MIDDLEWARES={
    'myproject.middlewares.CustomSpiderMiddleware': 543,}
```

这里的键（CustomSpiderMiddleware）表示拟实现功能的名称，值 543 表示该功能在 Scrapy 引擎中的运行优先级，值越小，优先级越高。

除了使用 SPIDER_MIDDLEWARES 自定义局部配置之外，还有可以使用 SPIDER_MIDDLEWARES_BASE 进行全局配置。这两种涉及不同配置范围的配置可以满足不同的网络爬虫对象的网络爬虫中间件配置从局部自定义到全局共享的不同需求，并且所有的配置都是基于优先级有序调用的。

网络爬虫中间件本身是一个类，因此其使用方式也是基于面向对象设计的思想，其成员方法包括以下内容。

1. process_spider_input(response, spider)

该方法用于处理所有来自网络爬虫的请求对象和条目数据以及所有来自下载器的响应数据，在所有请求对象和条目数据被传递到调度器和条目管道之前或响应数据被传递到网络爬虫之前，其请求和响应都必须调用该方法。

其中，参数 response 是从下载器获取的响应数据，spider 是具体的网络爬虫对象。该方法会根据不同的返回值决定下一步的处理方式。

- 如果返回的值是 None，则将继续执行该方法，直到该方法被执行完毕为止，并将返回其他的结果作为 process_spider_output()的输入。
- 如果返回的是错误值，则该方法调用 errback()方法，并将 errback()方法的输出作为 process_spider_output()方法的输入。
- 如果返回的是异常值，则调用 process_spider_exception()方法处理。

2. process_spider_output(response, result, spider)

该方法用于接收 process_spider_input(response, spider)的输出结果，并返回字典数据、条目数据或请求数据的类型。

3. process_spider_exception(response, exception, spider)

该方法用于接收 process_spider_input(response, spider)的异常输出结果，并返回字典数据、条目数据、请求数据的类型或 None。这里需要注意的是，如果返回值是 None，则 process_spider_exception()方法将持续跟踪该异常，直到该异常一直往上抛到 Scrapy 引擎位置，并最终由 Scrapy 引擎按默认方式处理。

4. process_start_requests(start_requests, spider)

该方法在网络爬虫启动请求时被调用，其中，start_requests 参数表示接收一个可以被遍历的请求集合，spider 表示当前的网络爬虫对象标识符。

5. from_crawler(cls,crawler)

该方法的主要作用就是将当前网络爬虫的数据和网络爬虫中间件进行统一的封装，并返回一个新的实例对象。这样做的目的就是，既可以融合某个特定网络爬虫对象的个性化，又可以加入网络爬虫中间件的对象元素。这个新对象能够访问 Scrapy 的所有重要接口，实现与 Scrapy 核心组件的交互。

8.5 任务实现

本任务使用 Scrapy 爬虫框架创建一个 Scrapy 项目，编写网络爬虫爬取和抽取汽车之家网站的文章标题和内容数据，如图 8-4 所示，并将数据输出为 JSON 格式，同时保存到 MySQL 数据库中。

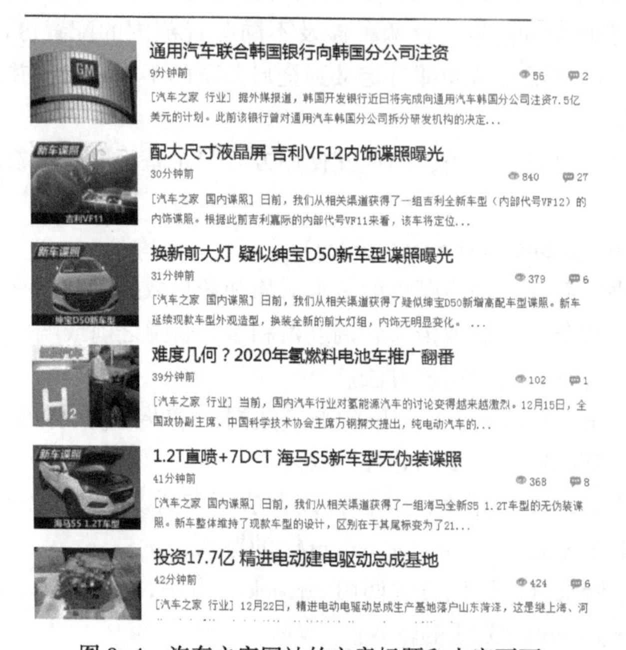

图 8-4　汽车之家网站的文章标题和内容页面

1）在操作系统控制台或 PyCharm 控制台中使用 scrapy 命令“scrapy startproject DemoAuto”创建一个名为 DemoAuto 的项目。其中，“scrapy startproject”为创建项目的固定语句，“DemoAuto”为自定义的项目名称，如图 8-5 所示。

图 8-5　创建 Scrapy 项目

2）通过观察可以发现，该项目被创建在 C:\Users\Administrator\DemoAuto 路径下，因此使用 PyCharm 将其打开。

打开之后，即可看见 DemoAuto 的项目目录，包括 spiders、__init__. py、items. py、middlewares. py、pipelines. py、settings. py 等，如图 8-6 所示。

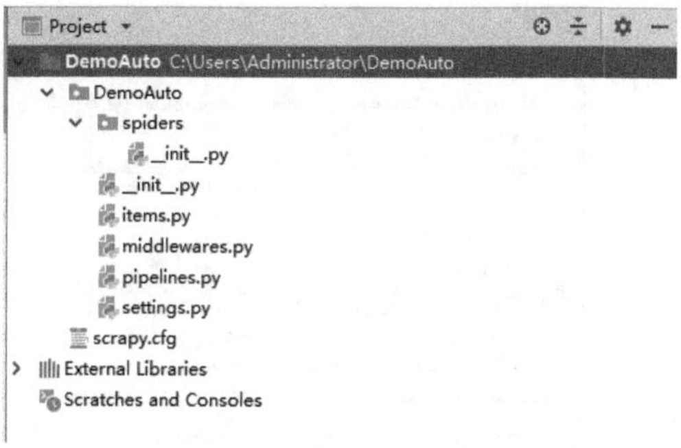

图 8-6　Scrapy 项目目录

DemoAuto 项目目录下各项的含义如下。

- DemoAuto：该项目的名称。
- spiders：放置 Spider 代码的目录，用于自定义爬虫的位置。
- __init__. py：用于初始化当前项目时需要执行的方法。
- items. py：用于操作条目数据的文件。
- middlerwares. py：用于操作下载中间件和网络爬虫中间件的文件。
- pipelines. py：用于操作条目管道的文件。
- settings. py：项目的设置文件。
- scrapy. cfg：项目的配置文件。
- External libraries：用于配置该项目的外部引用库。

3）选择 “File” → “Settings” 菜单命令，如图 8-7 所示。在弹出的 “Settings” 对话框的左侧窗格中依次选择 “Project DemoAuto” → “Project Interpreter” 选项，然后选择 anaconda 的包环境，这样就完成了 Scrapy 项目的建立和 anaconda 包环境的配置，如图 8-8 所示。

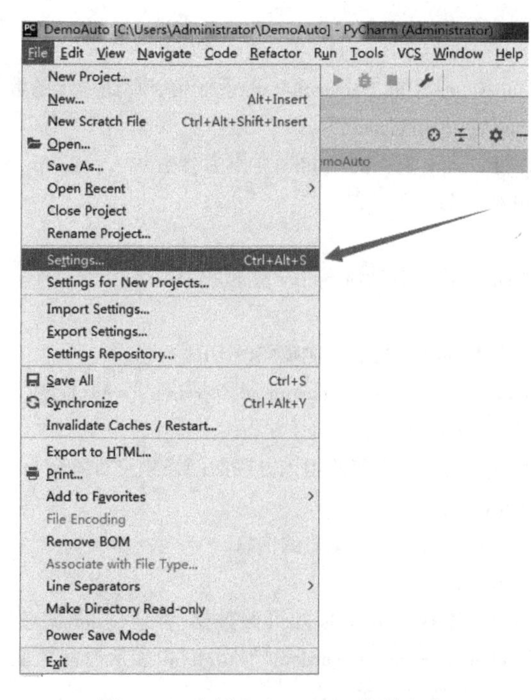

图 8-7　选择 “Settings” 菜单命令

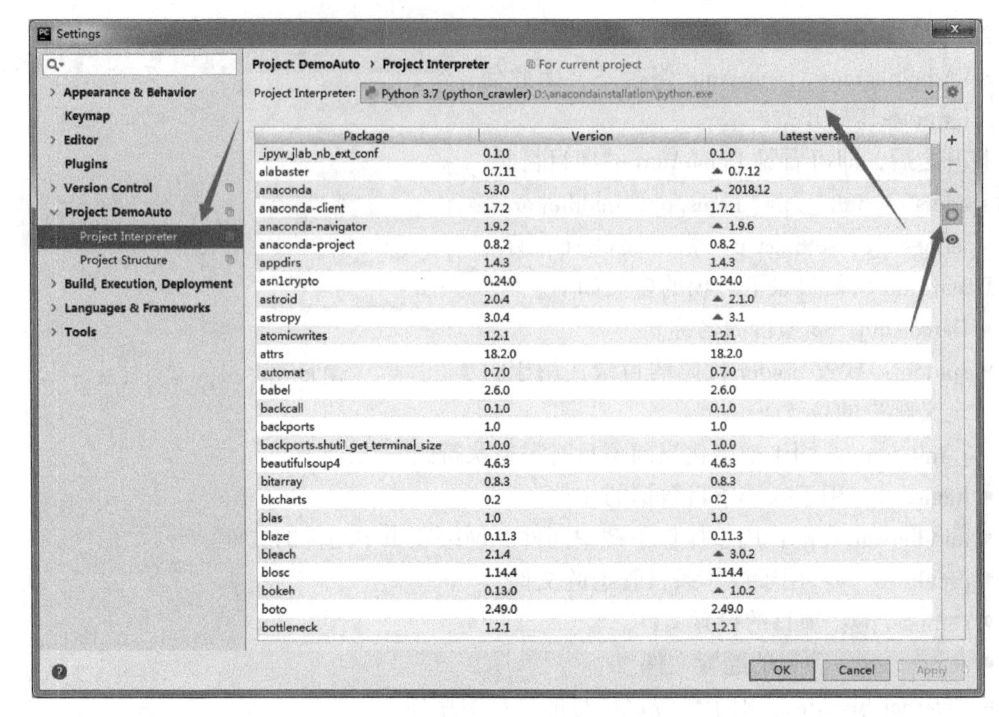

图 8-8　配置 anaconda 的包环境

4）在工程文件中的 spiders 目录中创建一个名为 SpiderDemo. py 的文件。该文件的作用是编写自定义的爬虫代码，代码如下。

```
# 导入 scrapy 模块
import scrapy
# 导入本地 DemoAuto. items 中的 DemoautoItem 模板用于存储指定的数据
from DemoAuto. items import DemoautoItem
# 自定义一个类,并将 scrapy 模块的 Spider 类作为参数传入。scrapy. Spider 类是最顶层的 Spider 类,所有的网络爬虫对象都会继承它
class DemoScrapy( scrapy. Spider):
# 设置全局唯一的 name,作为启动该 Spider 类时的识别名称
name = 'DemoAuto'
# 填写爬取地址,作为该 Spider 类第一次爬取的 URL
start_urls = ['https://www. autohome. com. cn/all/#pvareaid=3311229']
# 编写自定义爬取的 parse(self, response)方法
# self 和 response 参数分别表示当前使用该方法的网络爬虫对象和 start_urls 返回的响应数据
def parse(self, response):
    # 实例化一个容器 item,并保存爬取的信息
    item = DemoautoItem()
    # 使用 xpath()方法查找 start_urls 的页面数据,并通过 for 循环语句遍历返回的响应数据。"//*[@id="auto-channel-lazyload-article"]/ul/li/a"表示当前页面中的 div 元素。该 div 元素包含本项目需要的文章标题和正文内容
```

```
        for div in response.xpath('//*[@id="auto-channel-lazyload-article"]/ul/li/a'):
            # 获取指定的标题和内容,并赋值给 item 容器的两个字段。这里使用了 extract()[0].
strip()表示在循环中每次只抽取第一个元素的内容,并除去左右空白
            item['title'] = div.xpath('.//h3/text()').extract()[0].strip()
            item['content'] = div.xpath('.//p/text()').extract()[0].strip()
            yield item
```

5）items.py 用于实例化数据模型 item，代码如下。

```
import scrapy
# 声明 DemoautoItem 类以定义和保存网络爬虫爬取数据的字段名
# 声明 DemoautoItem 类的参数 scrapy.Item,表示导入了 scrapy 模块的 Item 类
class DemoautoItem(scrapy.Item):
    # 保存标题。这里使用 scrapy.Field()方法创建 title 和 content 两个字段模型给 item
    title = scrapy.Field()
    content = scrapy.Field()
    pass
```

6）pipelines.py 用于处理数据的存储。定义 DemoautoPipeline 类用于条目数据的读写和数据类型转换，代码如下。

```
import json
# 自定义一个名为 DemoautoPipeline 的类,并传入一个 object 参数
class DemoautoPipeline(object):
    # __init__(self)方法是 DemoautoPipeline 类内置方法。当该类被初始化时,__init__(self)方
法必须被执行
    def__init__(self):
        # open()方法打开文件 data.json,并且以写入的方式操作该文件
        # 如果没有创建该文件则自动创建,并使用 utf-8 作为字符集编码格式
        self.file = open('data.json', 'w', encoding='utf-8')
    # process_item()方法用于处理条目数据
    def process_item(self, item, spider):
        # 使用 json 模块的 dumps()方法处理条目数据,dict(item)方法表示将条目数据转换为
字典类型数据
        line = json.dumps(dict(item), ensure_ascii=False) + "\n"
        # 将条目数据写入文件 data.json
        self.file.write(line)
        return item
    # open_spider()方法用于启动当前的网络爬虫对象
    def open_spider(self, spider):
        pass
    # close_spider()方法用于关闭当前的网络爬虫对象
    def close_spider(self, spider):
        pass
```

至此已经完成了一个简单的 Scrapy 爬虫的编写。在控制台中执行“scrapy crawl Demo-Auto”命令，结果如图 8-9 所示。

```
{'content': '[汽车之家 新鲜技术解读] '
            '保时捷可变几何截面涡轮（VTG），奔驰48V电子涡轮（eBooster），这些耳熟能详的“黑科技”涡轮增压器，其实都来自...',
 'title': '受F1赛车启发 全新博格华纳涡轮增压器'}
2018-12-27 00:18:16 [scrapy.core.scraper] DEBUG: Scraped from <200 https://www.autohome.com.cn/all/>
{'content': '[汽车之家 初步海选] '
            '如果预算在20万左右，想买到豪华品牌新车可能吗？随着BBA纷纷将旗下入门车型引入国内生产，如今在20-30万这一价格区间内已...',
 'title': '20万的豪华定义 豪华品牌紧凑型车海选'}
2018-12-27 00:18:16 [scrapy.core.scraper] DEBUG: Scraped from <200 https://www.autohome.com.cn/all/>
{'content': '[汽车之家 行业] '
            '自前段时间停发工资、资金不足等负面传闻曝出后，奇点汽车并未对此做出官方回复，只有奇点汽车市场部对于媒体的问询简单表达了‘目前发展...',
 'title': '力保奇点 铜陵经开区从幕后走向前台'}
2018-12-27 00:18:16 [scrapy.core.scraper] DEBUG: Scraped from <200 https://www.autohome.com.cn/all/>
{'content': '[汽车之家 行情分析] '
            '年底了，又到了年终总结盘点的时候。对于想在新年时节购买一台SUV的朋友来说，这篇降价盘点文章应该会对您有所帮助，因为此次选择...',
 'title': '最高降2.8万 6款热门紧凑型SUV购车盘点'}
2018-12-27 00:18:16 [scrapy.core.scraper] DEBUG: Scraped from <200 https://www.autohome.com.cn/all/>
{'content': '[汽车之家 原创试驾] '
            '丰田卡罗拉是一款风靡全球的家庭轿车，同时也是中国紧凑型车市场上的一棵常青树，2015年推出混动版本之后更是饱受好评，只是混动...',
 'title': '更适合中国市场 试驾丰田卡罗拉双擎E+'}
2018-12-27 00:18:16 [scrapy.core.scraper] DEBUG: Scraped from <200 https://www.autohome.com.cn/all/>
{'content': 'p.p1 {margin: 0.0px 0.0px 5.0px 8.0px; line-height: 16.0px; font: '
            '14.0px Si...',
```

图 8-9　爬取的文章标题和内容

7）在获得了指定的数据之后，现在需要将数据持久化保存到 MySQL 数据库中。先在 MySQL 中创建一个名为 file123 的数据库以及名为 table123 的数据表。数据表中包含 title 和 content 两个字段，如图 8-10 所示。

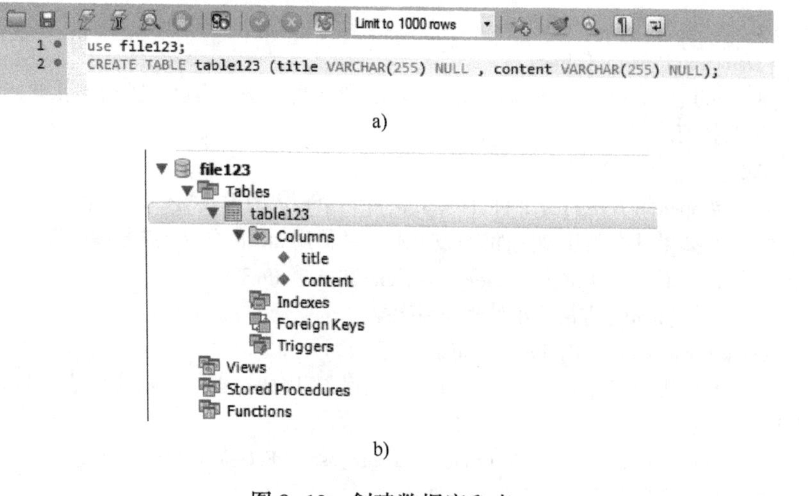

a)

b)

图 8-10　创建数据库和表

a）创建指定数据库和表的 SQL 语句　b）数据库目录

8）在 pipelines.py 中定义 MySQLPipeline 类用于将数据持久化保存到 MySQL 数据库中，代码如下。

```
# 导入 pymysql 模块
import pymysql
# 定义 dbHandle()方法用于连接 MySQL 数据库
```

```
def dbHandle():
    conn = pymysql.connect("localhost","root","密码","数据库名")
    return conn
# 定义 MySQLPipeline 类以连接 MySQL 数据库的连接和读写
class MySQLPipeline(object):
    # process_item()方法用于处理条目数据
    def process_item(self, item, spider):
        # 调用 dbHandle()方法连接 MySQL 数据库
        dbObject = dbHandle()
        # 调用 dbObject 的 cursor()方法实现初始化数据库游标。该游标用于保存操作数据库的命令
        cursor = dbObject.cursor()
        # 定义操作数据库的 SQL 语句实现对数据表 table123 中 title 和 content 字段的插入
        sql ='insert into table123(title,content) values (%s,%s)'
        # 使用 try except 语句捕捉程序异常
        try:
            # 使用 execute()方法执行游标
            cursor.execute(sql,(item['title'],item['content']))
            # 使用 commit()方法确认并且执行操作数据库的命令
            dbObject.commit()
        except:
            # 使用 rollback()方法实现程序发生异常时回滚到当前数据库的操作
            dbObject.rollback()
        return item
```

运行结果如图 8-11 所示。

title	content
受F1赛车启发 全新博格华纳涡轮增压器	[汽车之家 新鲜技术解读] 保时捷可变几何…
20万的豪华定义 豪华品牌紧凑型车海选	[汽车之家 初步海选] 如果预算在20万左右…
力保奇点 铜陵经开区从幕后走向前台	[汽车之家 行业] 自前段时间停发工资、资…
最高降2.8万 6款热门紧凑型SUV购车盘点	[汽车之家 行情分析] 年底了，又到了年终…
更适合中国市场 试驾丰田卡罗拉双擎E+	[汽车之家 原创试驾] 丰田卡罗拉是一款风…
紧凑型轿车的新选择，原创试驾荣威i5	p.p1 {margin: 0.0px 0.0px 5.0px 8.0px; line-he…
温故知新 保时捷911 Carrera车主访谈	[汽车之家 车主访谈] 直言不讳的说，保时…
冬季自驾实战2：链子？放气？打太极！	[汽车之家 用车宝典] 似乎从用车频道诞生…
各持股50% 江淮与康明斯成立合资公司	[汽车之家 行业] 日前，安徽江淮汽车集团…
补贴前售11.48-13.78万 欧拉R1正式上市	[汽车之家 新车上市] 2018年12月26日，长…
比拼的不仅是产品 宋EV500对比威马EX5	[汽车之家 车型PK] 尽管在一周前，曾经被…
首推基准版车型 蔚来ES6配置信息解读	[汽车之家 购车手册] 2018年12月15日，蔚…
雪地撒野神器 日产推出370Zki概念车	[汽车之家 精彩汽车生活] 在刚刚过去的圣…
啼笑皆非的陷车 司机:我是谁？我在哪？	[汽车之家 用车资讯] 听说过越野时陷车的…
售40.28-46.38万 2018款A6L典藏版上市	[汽车之家 新车上市] 日前，一汽-大众奥迪…
不再专属 大指挥官将在美换标克莱斯勒	[汽车之家 新闻] 日前，有海外媒体报道称J…
简约科技风 广汽新能源Aion S内饰曝光	[汽车之家 国内谍照] 日前，我们从网络上…
轻享归入华夏出行 北汽出行业务整合	[汽车之家 行业] 12月26日，北汽华夏出行…
内燃机不亡 中国品牌三缸机元年将开启	[汽车之家 行业] 日前，同济大学李理光教…
居家暖男 小姐姐车主聊广汽本田-缤智	[汽车之家 车主访谈] 也不知从什么时候开…
又增20辆 百度在京路测资格车已达45辆	[汽车之家 行业] 12月25日，智能车联网站…
剑指牧马人等 大众或将推出电动SUV车型	[汽车之家 新闻] 日前，有海外媒体报道称…
外观风格夸张 新款普锐斯推TRD版车型	[汽车之家 新车官图] 日前，丰田发布了TRD…
2023年智能交通市场市值或达1492亿美元	[汽车之家 行业] 据外媒报道，到2023年，…
一汽-大众全年产量首次突破200万辆大关	[汽车之家 行业] 12月24日，一汽-大众2018…

图 8-11　将数据存入 MySQL 数据库

在编写完 DemoAutoPipelines. py 和 MySQLPipelines. py 文件之后，还需要在 settings. py 文件中进行配置，代码如下。这里的数字的取值范围为 1～1000，表示 Pipeline 执行的优先级，数字越小，优先级越高。

```
ITEM_PIPELINES = {
    'DemoAuto. pipelines. DemoautoPipeline': 300,#保存到文件中
    'DemoAuto. pipelines. MySQLPipeline': 300,#保存到 mysql 数据库
}
```

至此实现了使用 Scrapy 爬取汽车之家网站的文章标题和内容数据，并将数据输出为 JSON 格式保存到 MySQL 数据库中。

8.6 小结

通过本任务的学习，读者可以了解 Scrapy 爬虫框架的工作原理、安装过程以及各组件的基本作用和用法，掌握如何使用 Scrapy 爬虫框架创建一个 Scrapy 项目，以及编写网络爬虫爬取汽车之家网站的指定数据，并将数据输出为 JSON 格式保存到 MySQL 数据库中。

8.7 习题

1. 根据自己的设备环境安装 Scrapy。

2. 使用 Scrapy 创建项目爬取网站的页面数据，并将结果保存到 MySQL 数据库中（网站可自行指定）。

任务9　综合案例

学习目标

- 分析智通人才网的网页结构和内容。
- 使用 Selenium 和 ChromeDriver 实现网站的模拟登录。
- 使用 requests 库编写爬虫代码获取指定的静态和动态数据。
- 使用 lxml 库实现数据的解析。
- 使用 PyMySQL 库实现数据的持久化。

9.1　任务描述

本案例通过 Chrome 浏览器综合分析智通人才网的网页结构和内容，找到该网站的登录入口，使用 Selenium 和 ChromeDriver 实现网站的可视化模拟登录操作。然后，通过进一步分析登录之后的用户主页，使用 requests 库和 lxml 库编写和解析自定义的爬虫代码，获取字段为公司名称（comname）、地址（address）、招聘要求（requirement）、工资（salary）、招聘岗位（name）、招聘信息（information）的静态和动态数据。最后，使用 pymysql 库在 MySQL 数据库管理系统中创建指定的数据库 test 和数据表 zhitong，实现数据的持久化存储。

9.2　页面分析

根据前面的任务描述，可以知道本爬虫案例的具体需求，包括技术需求和数据需求，这是第一步。接下来将对页面结构和内容进行深度分析，目的是找到智通人才网中跟具体需求相关的业务逻辑和业务数据。图 9-1 所示的页面能够清楚地看到“个人注册”和“登录”控件。因此，本案例第一次使用的 URL 将是这个有“个人注册”和“登录”控件的页面。这里不仅是本任务中要求的模拟登录的起点，也是爬虫开始爬取该网站的起点和入口。

右击“登录”控件后，在弹出的快捷菜单中选择“检查”命令，如图 9-2 所示。Chrome 浏览器打开自带的开发者工具，并将焦点指向该“登录”控件，获取该“登录”控件所属的标签在页面内容中的 class 属性值为 login-per-dialog，如图 9-3 所示。

图 9-1　智通人才网的“个人注册”和“登录”控件

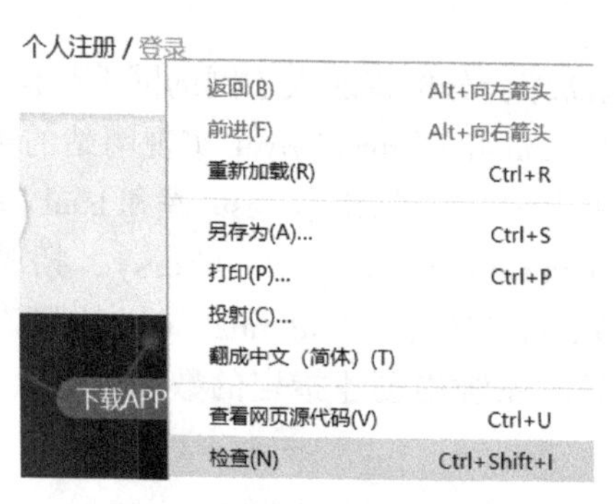

图 9-2　检查“登录”控件

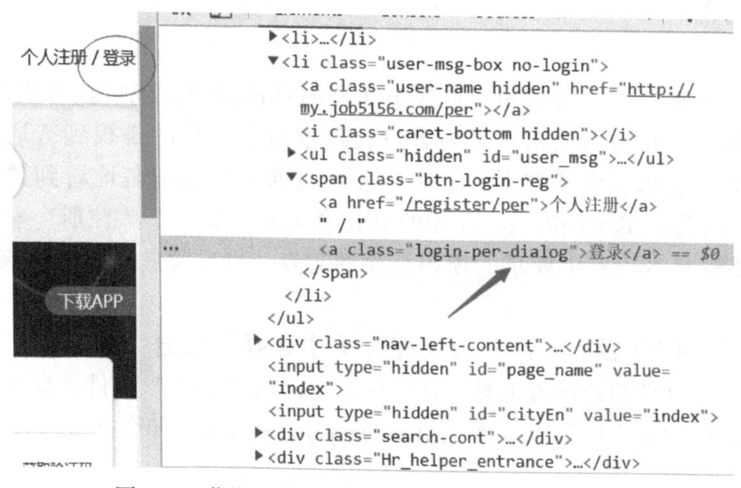


```
▶<li>…</li>
▼<li class="user-msg-box no-login">
   <a class="user-name hidden" href="http://
   my.job5156.com/per"></a>
   <i class="caret-bottom hidden"></i>
  ▶<ul class="hidden" id="user_msg">…</ul>
  ▼<span class="btn-login-reg">
     <a href="/register/per">个人注册</a>
     " / "
     <a class="login-per-dialog">登录</a> == $0
   </span>
 </li>
</ul>
▶<div class="nav-left-content">…</div>
<input type="hidden" id="page_name" value=
"index">
<input type="hidden" id="cityEn" value="index">
▶<div class="search-cont">…</div>
▶<div class="Hr_helper_entrance">…</div>
```

图 9-3　获取“登录”控件所属标签的 class 属性值

至此，通过使用 Chrome 浏览器访问并分析了智通人才网的“登录”控件在该页面中的具体位置、状态及其 class 属性值，为下一步编写代码找准了目标。

为了能够实现模拟登录，还需要找到能够输入用户名和密码的登录页面，这样才能进一步使用代码对其进行精确的操作。因此，单击“登录”控件，跳转到登录页面，如图 9-4 所示。使用 Chrome 浏览器的开发者工具可以看到该登录页面位于一个 form 表单中。接下来将深入查看和分析该表单中主要控件的信息。

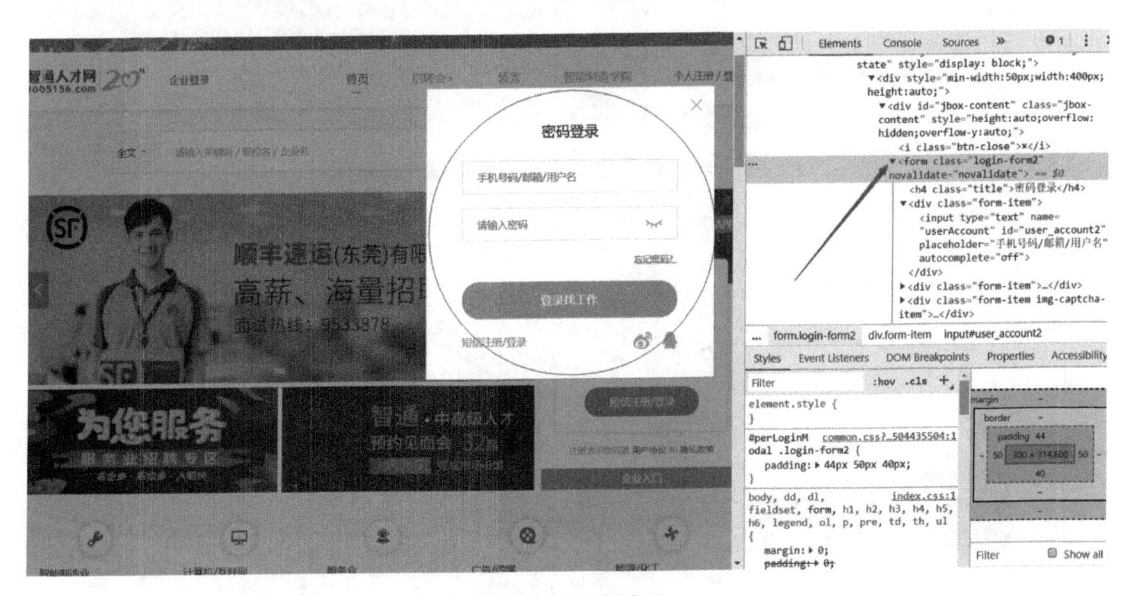

图 9-4　登录页面

在该表单控件中，可以观察到其中包含了多个控件，包括一个 type 为 text、id 为 user_account2 的<input>标签和一个 type 为 password、id 为 user_password2 的<input>标签。这两个标签分别用于获取用户输入的用户名和密码，如图 9-5 和图 9-6 所示。

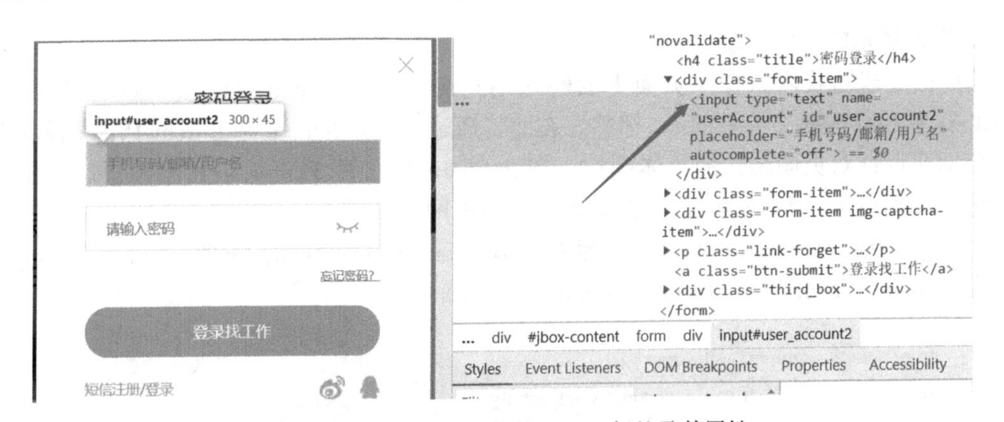

图 9-5　输入用户名控件的<input>标签及其属性

此外，在该表单控件中还包含一个 class 属性值为 btn-submit 的<a>标签。该标签的作用是将表单的数据统一向后台服务器进行提交，如图 9-7 所示。如果用户填写的用户名和密码正确，将跳转到指定的页面；如果失败，则会提示用户名或者密码错误。

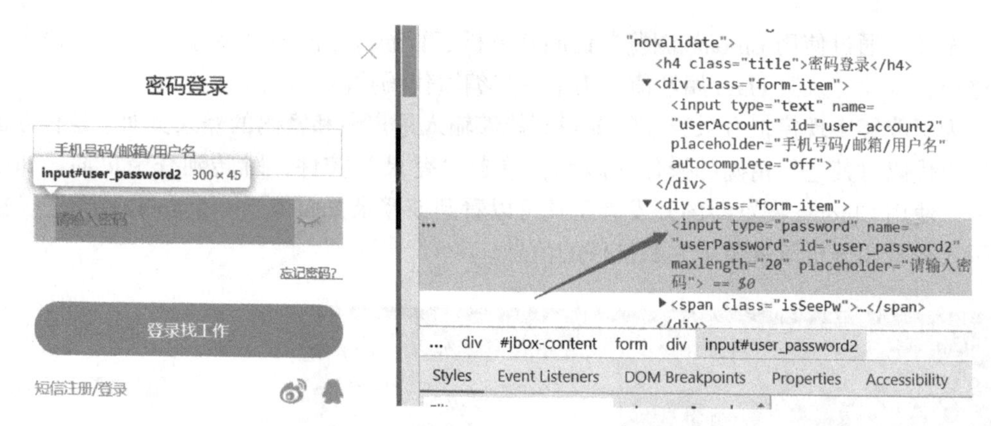

图 9-6　输入密码控件的<input>标签及其属性

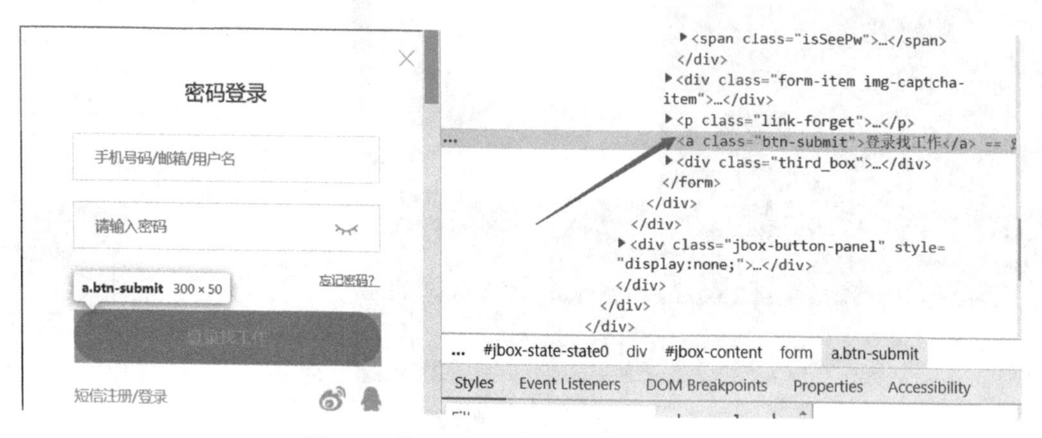

图 9-7　数据提交控件的<a>标签及其属性

9.3　模拟登录

1. 模拟登录的总体步骤

前面已经成功获取了登录页面中的输入用户名控件的<input>标签、输入密码控件的<input>标签和数据提交控件的<a>标签。在此将通过导入 Selenium 和 ChromeDriver 模块及其子类分别实现针对页面结构的具体操作。在 PyCharm 中使用 Python 语言模拟手工登录的业务逻辑，实现自定义 login_demo()方法模拟登录该网站的操作。

1）导入指定的 Selenium 模块，分别是 webdriver. common. by 的 By 类，webdriver. support. wait 的 WebDriverWait 类和 expected_conditions 模块。

```
from selenium import webdriver
from selenium. webdriver. common. by import By
from selenium. webdriver. support. wait import WebDriverWait
from selenium. webdriver. support import expected_conditions as EC
```

2）使用 webdriver 的 Chrome()方法初始化用于操作 Chrome 浏览器的对象，并赋值给 chrome_driver。

```
chrome_driver=webdriver.Chrome()
```

3）使用 Chrome 浏览器对象 chrome_driver 的 maximize_window()方法将浏览器设置为最大化。

```
chrome_driver.maximize_window()
```

4）自定义一个方法 login_demo()，用于实现模拟登录的具体业务逻辑。login_demo()方法是整个模拟登录过程的核心代码。该方法真正实现了模拟手工登录的过程。因此，需要单独介绍。

2. login_demo()方法的具体业务逻辑和代码详解

login_demo()方法通过使用 Selenium 和 ChromeDriver 模块及其子类分别实现针对页面结构的具体操作。其基本的业务逻辑和手工登录过程是一致的。

```
def login_demo():
```

1）使用 Chrome 浏览器对象 chrome_driver 的 get()方法获取智通人才网的 URL。

```
chrome_driver.get("http://www.job5156.com/")
```

2）进入智通人才网之后，找到登录的控件。使用 WebDriverWait 类实现使用 Chrome 浏览器对象 chrome_driver 对浏览器的 8 s 等待操作。其等待的目的是使用 until()方法将 EC 的判断条件 element_to_be_clickable（等待指定的控件渲染并可以单击后作为继续执行的判断条件）作为参数，再通过 By.CLASS_NAME 找到属性 class 的值为 login-per-dialog 的控件作为参数传递给 element_to_be_clickable()方法。这样，就可以等到该登录控件成功渲染后再对其进行操作。

```
WebDriverWait(chrome_driver, 8).until(EC.element_to_be_clickable((By.CLASS_NAME,"login-
per-dialog")))
```

3）使用 chrome_driver 的 find_element_by_class_name()方法通过 login-per-dialog 属性值找到该渲染完毕并可以单击使用的登录控件，并将其赋值给 login_control。

```
login_control=chrome_driver.find_element_by_class_name("login-per-dialog")
```

4）使用 login_control 的 click()方法实现模拟单击操作。

```
login_control.click()
```

5）找到用于输入用户名和密码的控件，在此分别是 user_account2 和 user_password2。

```
WebDriverWait(chrome_driver, 15).until(EC.element_to_be_clickable((By.ID, "user_
account2")))
id_control=chrome_driver.find_element_by_id("user_account2")
```

6）通过 send_keys( )方法分别实现输入用户名和密码。

```
id_control. send_keys( "用户名" )
WebDriverWait ( chrome _ driver, 15 ) . until ( EC. element _ to _ be _ clickable ( ( By. ID, " user _
password2" ) ) )
pwd_control = chrome_driver. find_element_by_id( "user_password2" )
pwd_control. send_keys( "密码" )
```

7）通过页面标签路径 XPATH 找到“登录”按钮控件，并使用 click( )方法实现模拟单击。

```
WebDriverWait( chrome_driver, 15). until( EC. element_to_be_clickable( ( By. XPATH, '// * [ @ id =
" jbox-content" ]/form/a') ) )
login_button_control = chrome_driver. find_element_by_xpath( '// * [ @ id = " jbox-content" ]/form/a')
login_button_control. click( )
```

至此就在分析了智通人才网登录页面的基础上，通过使用 Selenium 和 ChromeDriver 实现了该网站的模拟登录。完整代码如下。

```
from selenium import webdriver
from selenium. webdriver. common. by import By
from selenium. webdriver. support. wait import WebDriverWait
from selenium. webdriver. support import expected_conditions as EC
chrome_driver = webdriver. Chrome( )
chrome_driver. maximize_window( )
def login_demo( ):
        chrome_driver. get( " http://www. job5156. com/" )
        WebDriverWait( chrome_driver, 8). until( EC. element_to_be_clickable( ( By. CLASS_NAME,
        " login-per-dialog" ) ) )
        login_control = chrome_driver. find_element_by_class_name( " login-per-dialog" )
        login_control. click( )
        WebDriverWait( chrome_driver, 15). until( EC. element_to_be_clickable( ( By. ID, " user_
        account2" ) ) )
        id_control = chrome_driver. find_element_by_id( " user_account2" )
        id_control. send_keys( "用户名" )
        WebDriverWait( chrome_driver, 15). until( EC. element_to_be_clickable( ( By. ID, " user_
        password2" ) ) )
        pwd_control = chrome_driver. find_element_by_id( " user_password2" )
        pwd_control. send_keys( "密码" )
        WebDriverWait( chrome_driver, 15). until( EC. element_to_be_clickable( ( By. XPATH, '//
        * [ @ id = " jbox-content" ]/form/a') ) )
        login_button_control = chrome_driver. find_element_by_xpath( '// * [ @ id = " jbox-content" ]/
        form/a')
        login_button_control. click( )
```

9.4 获取静态数据

在成功地实现了模拟登录之后，现在来获取智通人才网搜索网页中推荐的公司名称（comname）、地址（address）、招聘要求（requirement）、工资（salary）、招聘岗位（name）、招聘信息（information）的静态数据。

在登录之后的页面中找到该网站的“搜索”按钮，如图 9-8 所示。目的是通过该按钮跳转到指定的搜索页面。

图 9-8　登录之后的“搜索”按钮

单击“搜索”按钮，页面将跳转到指定的详细搜索页面，如图 9-9 所示。分析该页面的页面结构和内容之后发现，该页面的 URL 默认返回如下主要内容：城市站点、福利标签、筛选条件、默认职位信息等。

在 Chome 浏览器开发者工具的“Network”选项卡下的 Doc 项目中可以看到，该默认 URL 返回的城市站点、福利标签、筛选条件、默认职位信息等均为静态数据，如图 9-10 所示。因此，就可以使用 requests 库和 lxml 库编写自定义的爬虫代码对该部分的静态数据直接进行获取。

在开发者工具的“Network”选项卡下的 Headers 选项卡中可以观察到该默认 URL 的头部信息，包括 General 部分的 Request URL、Request Method、Status Code、Remote Address 和 Referrer Policy；Request Headers 部分的 Accept、Accept-Encoding、Accept-Language、Cache-Control、Connection、Cookie、Host、Referer、Upgrade-Insecure-Requests 和 User-Agent；Query String Parameters 部分的 keywordType、keyword、locationList、_csrf，如图 9-11 所示。这些信息能够为接下来的爬虫代码提供直接有效的数据信息。

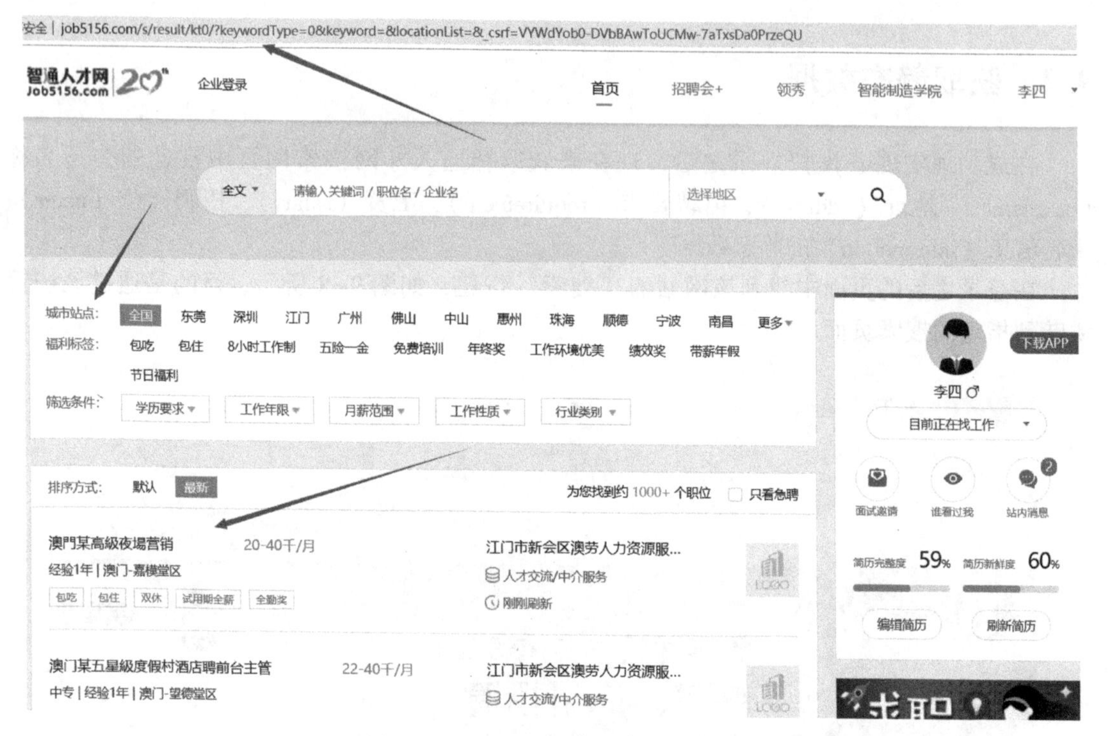

图 9-9 详细搜索页面的结构和内容

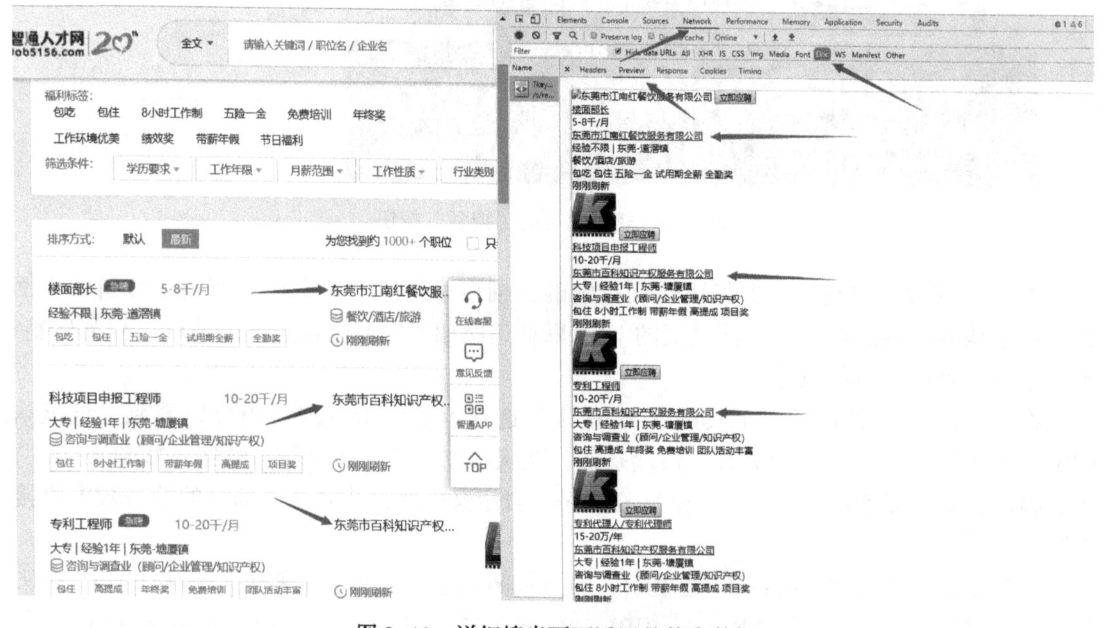

图 9-10 详细搜索页面返回的静态数据

1. 静态数据获取的总体步骤

在对详细搜索页面进行分析之后，现在就可以开始使用 requests 库和 lxml 库编写自定义的爬虫代码对该部分的静态数据直接进行获取了。

1）导入爬虫代码需要使用的 requests 库用于获取 URL 的页面响应数据，导入 lxml 库中的 etree 用于解析页面的响应数据，并进一步实现数据的精确定位和操作。

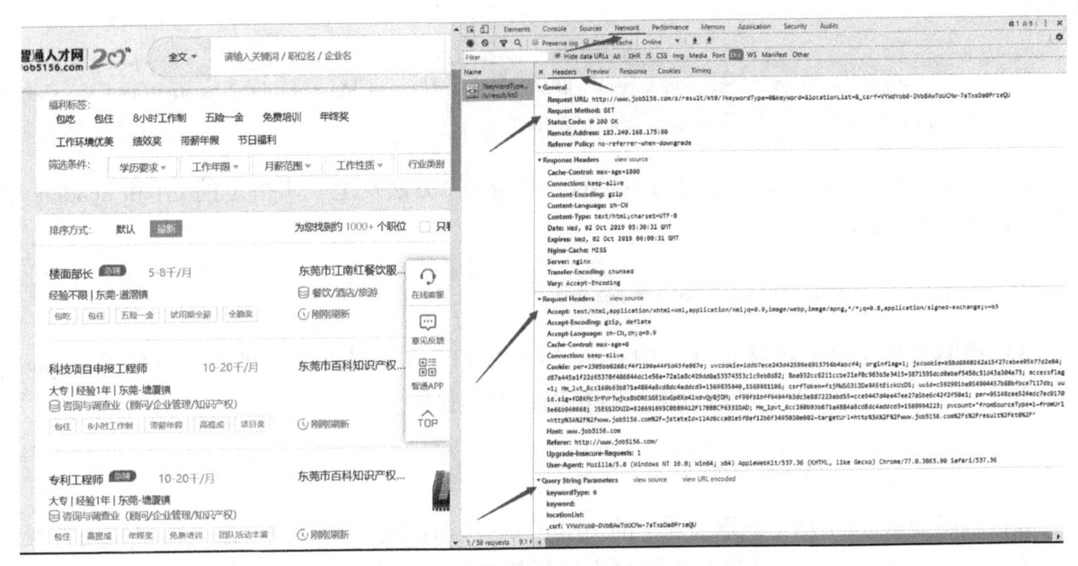

图 9-11　详细搜索页面的 Headers 信息

```
import requests
from lxml import etree
```

2）构造爬虫代码请求该 URL 的 Headers 头部信息。在开发者工具的“Network”选项卡下的“Headers”选项卡中得到该默认 URL 的 Headers 头部信息。其目的是向智通人才网的后台服务器隐藏爬虫代码的真实身份，让爬虫代码带着这些请求信息伪装成浏览器正常访问该网站服务器的状态，而不被服务器的反爬措施发现。

```
headers = {
    'Accept': 'text/html, application/xhtml+xml, application/xml;q=0.9, image/webp, image/apng,
    */*;q=0.8, application/signed-exchange;v=b3',
    'Accept-Encoding': 'gzip, deflate',
    'Accept-Language': 'zh-CN, zh;q=0.9',
    'User-Agent': 'Mozilla/5.0 (Windows NT 10.0; Win64; x64) AppleWebKit/537.36 (KHTML,
    like Gecko) Chrome/74.0.3729.108 Safari/537.36'
}
```

3）自定义爬虫方法 get_static( ) 用于获取指定 URL 的静态数据。该方法是实现获取静态数据的核心方法。因此，需要单独介绍。

2. get_static( ) 方法的具体业务逻辑和代码详解

该方法将使用 Python 语言调用 requests 库访问指定的 URL，并调用 lxml 库对返回值进行进一步的解析，针对页面结构通过使用分支和循环语句获取页面结构中指定的静态数据。

```
def get_static():
```

1）声明变量 url 用于获取指定爬取的 URL。这里将智通人才网的详细搜索页面的 URL 赋值给 url。

```
url = 'http://www.job5156.com/s/result/kt0/?keywordType=0&keyword=&locationList=&_csrf=6Ke7YymD-m6dbgxq00h7UrQQmm2b8op98GmQ'
```

2）声明变量 response 用于获取 requests 库的 get()方法从上一步指定的 url 和 headers 中获取的页面响应数据。

```
response=requests.get(url,headers=headers)
```

3）声明变量 s 用于获取 lxml 库中 etree 的 HTML()方法对上一步页面响应数据 response 的解析，其目的是为了接下来对数据进行精确定位和操作。

```
s=etree.HTML(response.text)
```

4）声明变量 infos 用于获取变量 s 的 xpath()方法返回的指定数据。这里需要使用开发者工具的“Elements”选项卡详细分析该页面的标签结构和数据内容，如图 9-12 所示。可以观察到，该 URL 返回的静态数据都是位于一个<ul>标签下面的各个<li>标签当中，并且所有<li>标签的标签结构和内容都是一样的。这为进一步的深度数据获取创造了条件。

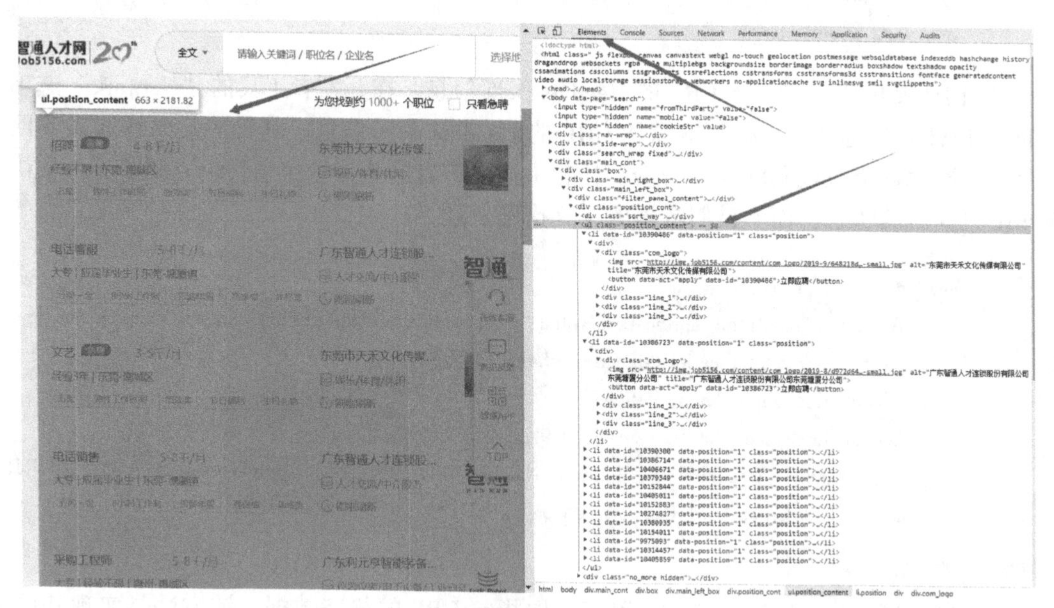

图 9-12　详细搜索页面的职位信息标签结构

将光标定位到开发者工具的 Elements 选项卡中的<ul>标签上，单击鼠标右键，在弹出的快捷菜单中选择“Copy XPath”命令，如图 9-13 所示。这样就获取了所有<li>的数组集合及其所包含的 XPath 路径信息“/html/body/div[4]/div/div[2]/div[2]/ul”，并将其赋值给变量 infos。这里稍作调整，将该 XPath 路径信息修改为“/html/body/div[4]/div/div[2]/div[2]/ul/li”。这样做的目的是为了将 XPath 的路径信息指向所有<li>标签的集合。然后输出目前该 URL 返回的静态数据的个数。

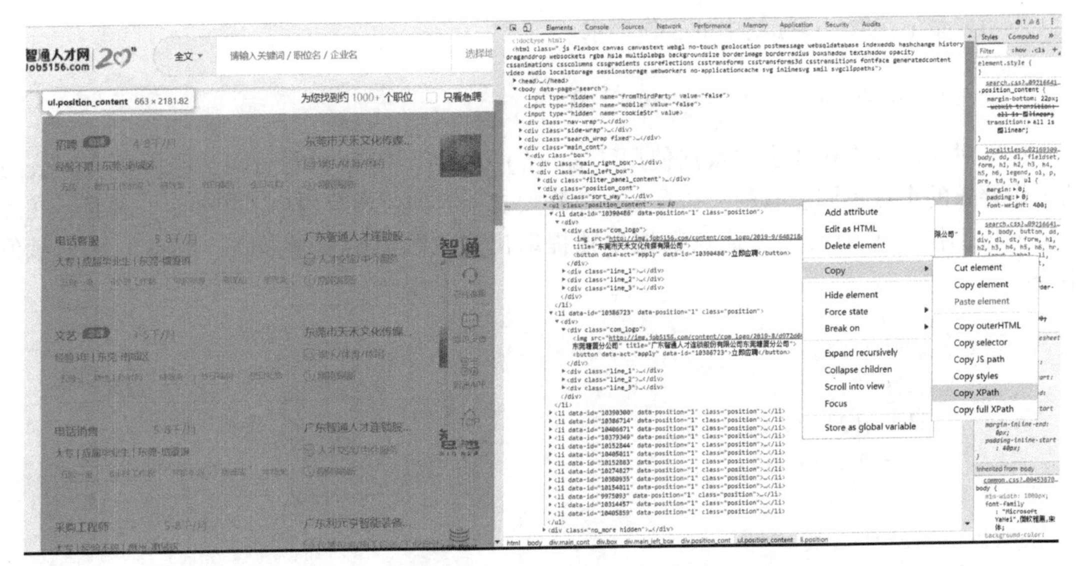

图 9-13　获取职位信息<li>标签的 XPath 路径信息

```
infos=s. xpath('/html/body/div[4]/div/div[2]/div[2]/ul/li')
print(len(infos))
```

5）使用 for 循环遍历各个<li>标签以获取所有<li>标签中的静态数据，包括公司名称（comname）、地址（address）、招聘要求（requirement）、工资（salary）、招聘岗位（name）、招聘信息（information）的数据。通过分析<li>的结构和内容后可以发现，任务所需要的数据均位于各自<li>标签中的不同位置。因此，这里需要获取每一个<li>标签中的指定内容的 XPath 路径信息，如图 9-14 所示。

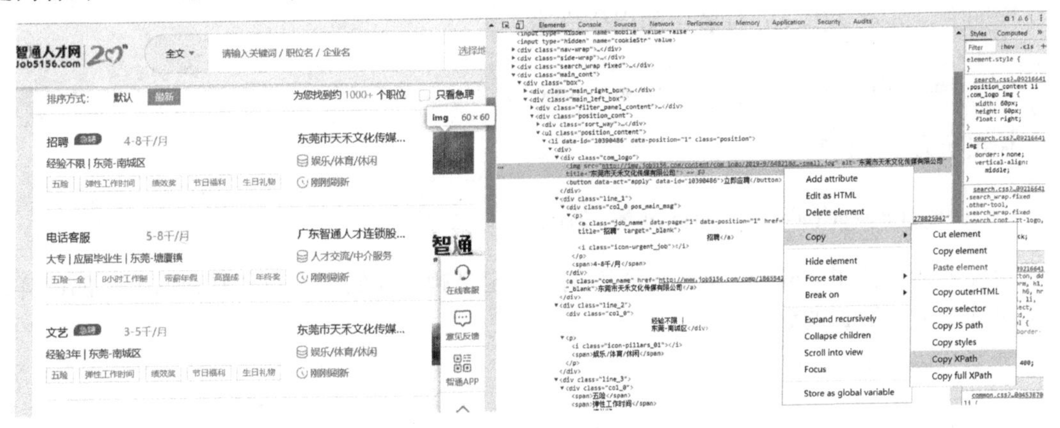

图 9-14　获取职位信息<li>标签中指定内容的 XPath 路径信息

```
for info in infos:
```

声明变量 comname 获取<li>标签中的公司名称。

```
comname=info. xpath('div/div[2]/a/@title')[0]
```

声明变量 r 获取<li>标签中的工作要求。

```
r=info.xpath('div/div[3]/div/text()')[0]
```

这里对获取的工作要求的数据使用了 split()方法用“|”进行分隔，原因是有些公司的工作要求的个数不同，有的公司有三个工作要求，有的公司有两个工作要求。并且，在此也需要将工作要求中的工作地点数据单独提取出来，赋值给变量 addr，其余的数据赋值给 req。

```
r=r.split('|')
if len(r)==3:
    addr=r[2].strip()
    r1=r[0].strip()
    r2=r[1].strip()
    req=r1+','+r2
else:
    addr=r[1].strip()
    req=r[0].strip()
```

声明变量 salary 获取<li>标签中的工资信息。

```
salary=info.xpath('div/div[2]/div/span/text()')[0]
```

声明变量 name 获取<li>标签中的岗位名称。

```
name=info.xpath('div/div[2]/div/p/a/text()')[0].strip()
```

声明变量 desc 获取<li>标签中的岗位描述。

```
desc=info.xpath('div/div[4]/div/span/text()')[0]
```

输出所有指定内容。

```
print(comname,addr,req,salary,name,desc)
```

至此就通过使用 requests 库和 lxml 库编写自定义爬虫代码，实现了对智通人才网的详细搜索页面的静态数据的获取。

完整代码如下。

```
import requests
from lxml import etree
headers={
    'Accept': 'text/html,application/xhtml+xml,application/xml;q=0.9,image/webp,image/apng,
    */*;q=0.8,application/signed-exchange;v=b3',
    'Accept-Encoding': 'gzip, deflate',
    'Accept-Language': 'zh-CN,zh;q=0.9',
```

```
        'User-Agent': 'Mozilla/5.0 (Windows NT 10.0; Win64; x64) AppleWebKit/537.36 (KHTML, like Gecko) Chrome/74.0.3729.108 Safari/537.36'
    }
def get_static():

        url='http://www.job5156.com/s/result/kt0/?keywordType=0&keyword=&locationList=&_csrf=6Ke7YymD-m6dbgxq00h7UrQQmm2b8op98GmQ'
        response=requests.get(url,headers=headers)
        s=etree.HTML(response.text)
        infos=s.xpath('/html/body/div[4]/div/div[2]/div[2]/ul/li')
        print(len(infos))
        for info in infos:
            comname=info.xpath('div/div[2]/a/@title')[0]
            r=info.xpath('div/div[3]/div/text()')[0]
            r=r.split('|')
            if len(r)==3:
                addr=r[2].strip()
                r1=r[0].strip()
                r2=r[1].strip()
                req=r1+','+r2
            else:
                addr=r[1].strip()
                req=r[0].strip()
            salary=info.xpath('div/div[2]/div/span/text()')[0]
            name=info.xpath('div/div[2]/div/p/a/text()')[0].strip()
            desc=info.xpath('div/div[4]/div/span/text()')[0]
            print(comname,addr,req,salary,name,desc)
if __name__=='__main__':
        get_static()
```

9.5 获取动态数据

在成功获取了详细搜索页面的静态数据后，通过对该页面的进一步分析发现，使用鼠标不断滑动页面可以获得更多的职位信息。通过查看开发者工具的“Network”选项卡中的XHR可以发现出现了一个动态数据请求URL，如图9-15所示。因此，接下来将围绕该URL进行分析和操作。

在开发者工具中依次选择“Network”→“XHR”→“Preview”，可以查看该URL返回的动态数据，如图9-16所示。该数据是一个字典和列表相互嵌套使用的数据集合。因此，要获得指定的数据就必须对该数据集合进行准确的解析。

1. 动态数据获取的总体步骤

通过使用开发者工具查看并分析了详细搜索页面，获得了动态数据的结构和内容。下面就使用 requests 库编写自定义的爬虫代码，针对页面结构通过使用分支和循环语句获取页面结构中指定的动态数据。

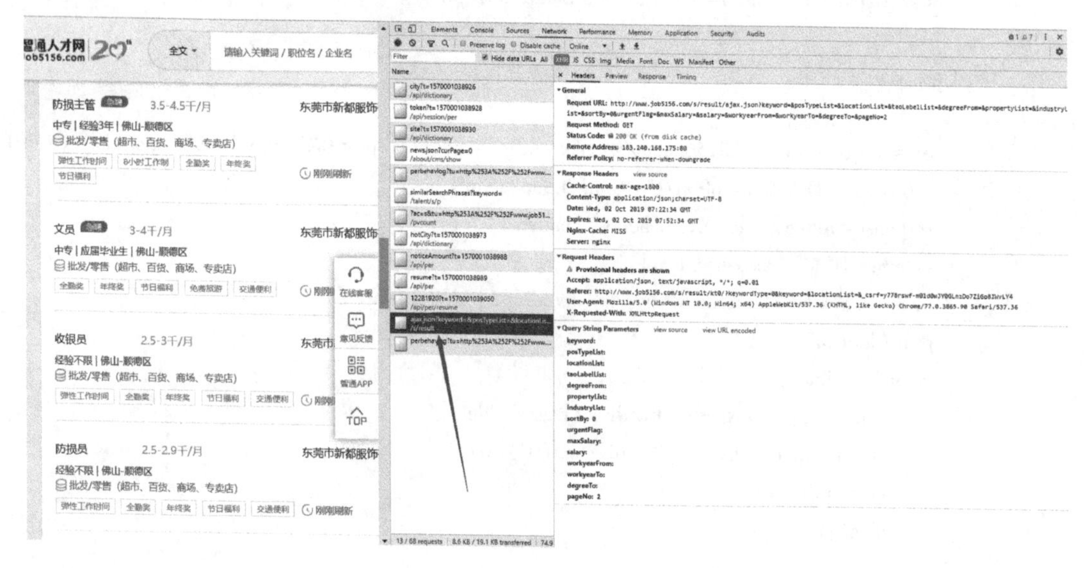

图 9-15　动态数据请求 URL

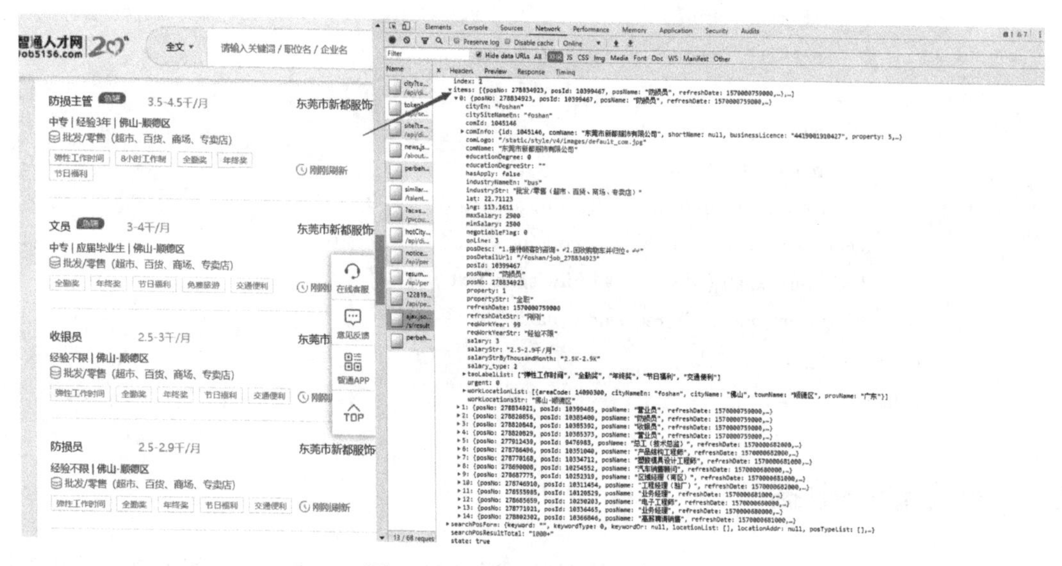

图 9-16　动态数据的结构和内容

1）导入爬虫代码需要使用的 requests 库用于获取 URL 的页面响应数据，导入 time 库用于控制爬虫使用的频率，以防止爬虫过于频繁地访问该网站的后台服务器，导致该服务器拒绝为其提供服务。

```
import requests
import time
```

2）构造爬虫代码请求该 URL 的 Headers 头部信息。在开发者工具的“Network”选项卡下的“Headers”选项卡中得到该默认 URL 的 Headers 头部信息。其目的是为了向智通人才网的后台服务器隐藏爬虫代码的真实身份，让爬虫代码带着这些请求信息伪装成浏览器正常访问该网站服务器的状态，而不被服务器的反爬措施发现。

```
headers = {
    'Accept': 'text/html, application/xhtml+xml, application/xml; q = 0.9, image/webp, image/apng,
    */*;q=0.8, application/signed-exchange;v=b3',
    'Accept-Encoding': 'gzip, deflate',
    'Accept-Language': 'zh-CN,zh;q=0.9',
    'User-Agent': 'Mozilla/5.0 (Windows NT 10.0; Win64; x64) AppleWebKit/537.36 (KHTML,
    like Gecko) Chrome/74.0.3729.108 Safari/537.36'
}
```

3）自定义爬虫方法 get_dydata(i)用于获取指定 URL 的动态数据，同时传入参数 i 用于实现动态数据的多页连续操作。该方法是实现获取动态数据的核心代码。因此，需要单独介绍。

2. get_dydata(i)的具体业务逻辑和代码详解

该方法将使用 Python 语言调用 requests 库访问指定的 URL，针对返回的动态数据的结构和内容，通过使用分支和循环语句获取指定的动态数据。

```
def get_dydata(i):
```

1）通过观察可以发现，该 URL 包含多个指定的参数名，包括 keyword、posTypeList、locationList、taoLabelList、degreeFrom、propertyList、industryList、sortBy、urgentFlag、maxSalary、salary、workyearFrom、workyearTo、degreeTo、pageNo。这里的每一个参数名和值都是以键值对的形式出现，以能够被后台服务器的指定程序获取，其中的值将作为参数用于进一步执行后台的程序逻辑。通过进一步的分析发现，不同的城市有着不同的 locationList 值。例如，东莞的 locationList 是 14010000、深圳的 locationList 是 14020000、广州的 locationList 是 14030000，如图 9-17 所示。同时，pageNo 值也随着滚动条不断下滑而有序增加，这表示动态数据的页数。根据前面对页面及其动态数据的分析，这里对 locationList 和 pageNo 的参数值进行操作，分别传入东莞、深圳和广州的参数，以及使用 .format(i)方法传入页数的参数，目的是为了实现连续地获取动态数据。

```
url='http://www.job5156.com/s/result/ajax.json? keyword=&keywordType=0&posTypeList=&locationList
=14010000%2C14030000%2C14020000&taoLabelList=&degreeFrom=&propertyList=&industryList=&sortBy
=0&urgentFlag=&maxSalary=&salary=&workyearFrom=&workyearTo=&degreeTo=&pageNo={}'.format
(i)
```

2）声明变量 response 用于获取 requests 库的 get()方法获取指定 URL 和 headers 的 text 页面响应数据。

```
response=requests.get(url,headers=headers).text
```

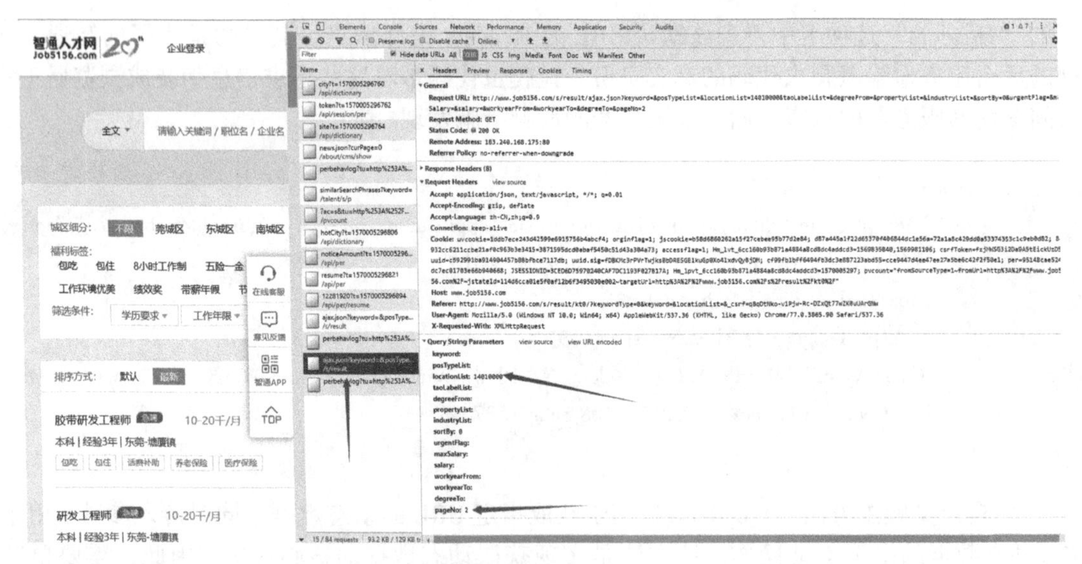

图 9-17　不同的城市拥有不同的 locationList 值

3）因为该 URL 返回的动态数据中包含 null、false 和 true，这三个单词在 Python 中无法被识别，会报错，所以需要替换掉这三个单词。eval()函数可以把请求的内容根据指定内容转换成一定的类型。response 在请求后转换成了字符串类型，但内容却很像字典类型，因此 eval()函数会把 response 转换成字典类型的数据，以便于接下来的操作。

```
response=response.replace('null','None').replace('false','False').replace('true','True')
response=eval(response)
```

进一步分析该 URL 返回的动态数据结构和内容后发现，可以使用 for 循环遍历 response 中包含的键为 page 和 items 的字典和列表的嵌套结构。其中，所有的职位信息都包含在键为 items 及其映射的列表当中，该列表中又嵌套了多个字典数据，如图 9-18 所示。因此，这里的重点是获取所有的 items 数据，并使用 for 循环将里面的嵌套数据准确地提取出来，具体步骤如下。

4）使用 for 循环遍历 response 数据结构中所有键为 page 的值当中包含子键为 items 的内容，并进一步获取键为 items 的映射值。

```
fora in response['page']['items']:
```

从图 9-18 中可以发现，键为 items 的值为一个列表，其中包含多个字典数据。因此，这里将通过键值对映射的关系，找到指定的职位信息。例如，键名 comName 表示公司名字、workLocationsStr 表示公司地址、salaryStr 表示工资等。

声明变量 comname 获取键为 comName 的值。

```
comname=a['comName']
```

声明变量 addr 获取键为 workLocationsStr 的值。

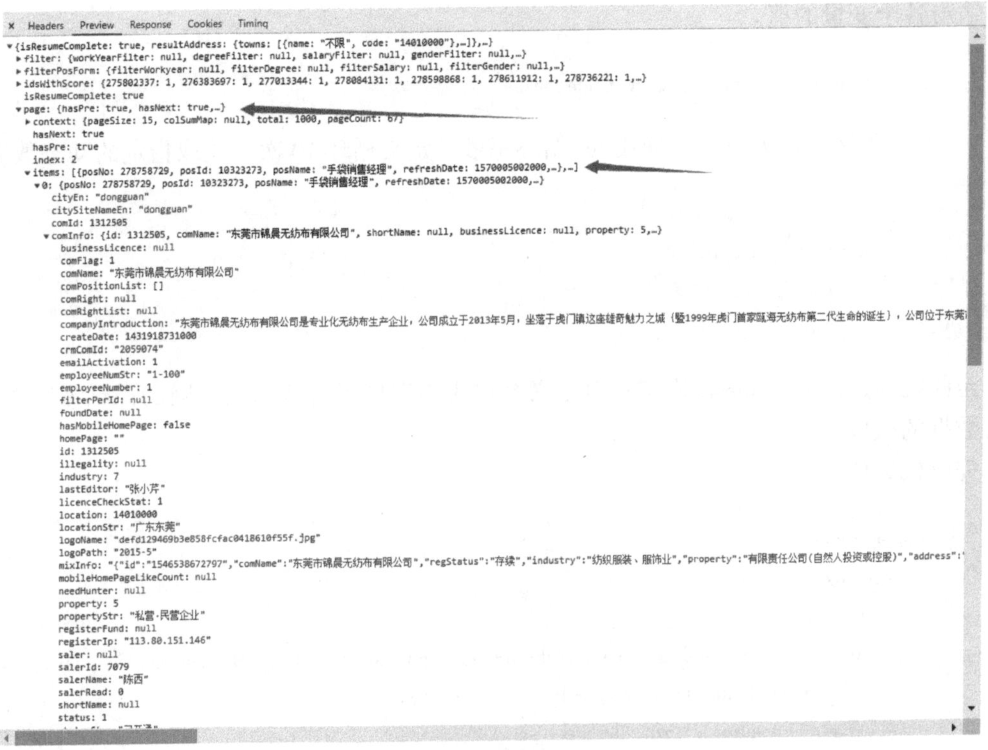

× Headers Preview Response Cookies Timing
▾{isResumeComplete: true, resultAddress: {towns: [{name: "不限", code: "14010000"},…]},…}
▸filter: {workYearFilter: null, degreeFilter: null, salaryFilter: null, genderFilter: null,…}
▸filterPosForm: {filterWorkyear: null, filterDegree: null, filterSalary: null, filterGender: null,…}
▸idsWithScore: {275802337: 1, 276383697: 1, 277013344: 1, 278084131: 1, 278598868: 1, 278611912: 1, 278736221: 1,…}
isResumeComplete: true
▾page: {hasPre: true, hasNext: true,…}
▸context: {pageSize: 15, colSumMap: null, total: 1000, pageCount: 67}
hasNext: true
hasPre: true
index: 2
▾items: [{posNo: 278758729, posId: 10323273, posName: "手袋销售经理", refreshDate: 1570005002000,…},…]
▾0: {posNo: 278758729, posId: 10323273, posName: "手袋销售经理", refreshDate: 1570005002000,…}
cityEn: "dongguan"
citySiteNameEn: "dongguan"
comId: 1312505
▾comInfo: {id: 1312505, comName: "东莞市锦晨无纺布有限公司", shortName: null, businessLicence: null, property: 5,…}
businessLicence: null
comFlag: 1
comName: "东莞市锦晨无纺布有限公司"
comPositionList: []
comRight: null
comRightList: null
companyIntroduction: "东莞市锦晨无纺布有限公司是专业化无纺布生产企业，公司成立于2013年5月，坐落于虎门镇这座雄奇魅力之城（暨1999年虎门首家瓯海无纺布第二代生命的诞生），公司位于东莞
createDate: 1431918731000
crmComId: "2059074"
emailActivation: 1
employeeNumStr: "1-100"
employeeNumber: 1
filterPerId: null
foundDate: null
hasMobileHomePage: false
homePage: ""
id: 1312505
illegality: null
industry: 7
lastEditor: "张小芹"
licenceCheckStat: 1
location: 14010000
locationStr: "广东东莞"
logoName: "defd129469b3e858fcfac0418610f55f.jpg"
logoPath: "2015-5"
mixInfo: "{"id":"1546538672797","comName":"东莞市锦晨无纺布有限公司","regStatus":"存续","industry":"纺织服装、服饰业","property":"有限责任公司(自然人投资或控股)","address":"
mobileHomePageLikeCount: null
needHunter: null
property: 5
propertyStr: "私营·民营企业"
registerFund: null
registerIp: "113.80.151.146"
saler: null
salerId: 7079
salerName: "陈西"
salerRead: 0
shortName: null
status: 1

图 9-18　解析动态数据的结构和内容

```
addr=a['workLocationsStr']
```

由于键名 educationDegreeStr 映射的值可能为空，所以使用 if 条件语句进行判断和字符串合并处理。声明变量 req 获取职位需求的值。

```
if a['educationDegreeStr']=='':
    req=a['reqWorkYearStr']
else:
    r1=a['educationDegreeStr']
    r2=a['reqWorkYearStr']
    req=r1+','+r2
```

声明变量 salary 获取键为 salaryStr 的值。

```
salary=a['salaryStr']
```

声明变量 name 获取键为 posName 的值。

```
name=a['posName']
```

声明变量 desc 获取键为 industryStr 的值。

```
desc=a['industryStr']
```

输出各个变量的值。

```
print(comname,addr,req,salary,name,desc)
```

5）编写程序入口方法，并使用 for 循环每秒自定义循环 10 次，获取指定的动态数据。

```
if __name__=='__main__':
    for i in range(1,10):
        get_dydata(i)
        time.sleep(1)
```

至此就通过使用 requests 库编写自定义爬虫代码实现了对智通人才网的详细搜索页面的动态数据的获取。

完整代码如下。

```
import requests
import time
headers={
    'Accept':'text/html,application/xhtml+xml,application/xml;q=0.9,image/webp,image/apng,
    */*;q=0.8,application/signed-exchange;v=b3',
    'Accept-Encoding':'gzip, deflate',
    'Accept-Language':'zh-CN,zh;q=0.9',
    'User-Agent':'Mozilla/5.0 (Windows NT 10.0; Win64; x64) AppleWebKit/537.36 (KHTML,
    like Gecko) Chrome/74.0.3729.108 Safari/537.36'
}
def get_dydata(i):
    url='http://www.job5156.com/s/result/ajax.json? keyword=&keywordType=0&posTypeList=
&locationList=14010000%2C14030000%2C14020000&taoLabelList=&degreeFrom=&propertyList=
&industryList=&sortBy=0&urgentFlag=&maxSalary=&salary=&workyearFrom=&workyearTo=
&degreeTo=&pageNo={}'.format(i)
    response=requests.get(url,headers=headers).text
    response=response.replace('null','None').replace('false','False').replace('true','True')
    response=eval(response)
    for a in response['page']['items']:
        comname=a['comName']
        addr=a['workLocationsStr']
        if a['educationDegreeStr']=='':
            req=a['reqWorkYearStr']
        else:
            r1=a['educationDegreeStr']
            r2=a['reqWorkYearStr']
            req=r1+','+r2
        salary=a['salaryStr']
```

```
            # name=a['posName'].replace('<em><em>','').replace('</em></em>','')
            name=a['posName']
            desc=a['industryStr']
            print(comname,addr,req,salary,name,desc)
if __name__=='__main__':
    for i in range(1,200):
            get_dydata(i)
            time.sleep(1)
```

9.6 数据持久化保存

前面已经通过编写的爬虫程序实现了智通人才网指定页面静态和动态数据的获取，但是这些数据都只保存在内存之中，并没有对其进行规范化和持久化的管理。因此，为了能够让数据结构化，使数据之间具有联系，从而更好地面向整个系统，同时提高数据的共享性、扩展性和独立性，降低冗余度，将使用 DBMS 对其进行统一管理和控制。这里将使用 MySQL 数据库管理系统。因此在操作前务必安装好 MySQL，本案例使用的数据管理工具是 Navicat Premium。

下面将通过调用 PyMySQL 库，使用 Python 语言实现连接和操作 MySQL，使用 Navicat Premium 实现对指定数据库和表的创建和插入操作。

1）导入 PyMySQL 库用于在 Python 中连接和操作 MySQL。

```
import pymysql
```

2）使用 PyMySQL 的 connect()方法，通过传入指定的参数实现对 MySQL 的登录和具体数据库的连接操作。这里的参数分别是：host 表示将要连接的设备地址，localhost 表示本机；user 和 password 分别表示登录到 MySQL 的账户和密码；port 表示登录 MySQL 过程中使用的端口号，在此为 3306；db 表示在 MySQL 中已经存在的数据库。这里需要先在 Navicat Premium 中创建该数据库。最后，将该方法的返回值返回给变量 db。

```
db=pymysql.connect(host='localhost',user='root',password='xxxx',port=3306,db='test')
```

3）使用 cursor()方法是实现对数据库 db 执行 SQL 操作的基础。

```
cursor=db.cursor()
```

4）声明变量 sql 用于接收以字符串形式编写的 SQL 语句。该 SQL 语句的含义是：使用 CREATE TABLE 命令创建一个名为 zhitong 的数据表。该表中包含 comname、address、requirement、salary、name、information 共六个字段。这六个字段正好用于接收前面对应的职位数据信息。

```
sql='CREATE TABLE 'zhitong'(' \
        'comname varchar(50),' \
        'address varchar(30),' \
        'requirement varchar(20),' \
        'salary varchar(10),' \
        'name varchar(50),' \
        'information varchar(20)' \
      ')ENGINE=InnoDB DEFAULT CHARSET=utf8mb4;'
```

5）使用 execute( )方法实现上面的 SQL 语句。在 Navicat Premium 中的 test 数据库中创建 zhitong 数据表。

```
cursor.execute(sql)
```

6）使用 SQL 的 INSERT INTO 命令向指定的 zhitong 数据表中的 comname、addr、req、salary、name、information 字段中插入数据。

```
cursor.execute("INSERT INTO zhitong VALUES(%s,%s,%s,%s,%s,%s)",(comname,addr,req,
salary,name,desc))
```

7）将获取的静态和动态数据导入到 MySQL 数据库中。在 get_static(cursor)和 get_dydata(i,cursor)中加入变量 cursor，目的是将前面的 cursor=db.cursor( )传递到这两个方法中，从而实现 cursor.execute("INSERT INTO zhitong VALUES(%s,%s,%s,%s,%s,%s)",(comname,addr,req,salary,name,desc))。

至此就通过使用 PyMySQL 库成功实现了 Python 连接 MySQL，并将获取的数据保存到 MySQL 数据库中。

完整代码如下。

```
import pymysql
db=pymysql.connect(host='localhost',user='root',password='xxxx',port=3306,db='test')
cursor=db.cursor()
sql='CREATE TABLE 'zhitong'(' \
        'comname varchar(50),' \
        'address varchar(30),' \
        'requirement varchar(20),' \
        'salary varchar(10),' \
        'name varchar(50),' \
        'information varchar(20)' \
      ')ENGINE=InnoDB DEFAULT CHARSET=utf8mb4;'
cursor.execute(sql)
cursor.execute("INSERT INTO zhitong VALUES(%s,%s,%s,%s,%s,%s)",(comname,addr,req,
salary,name,desc))
```

图 9-19 和图 9-20 所示分别是执行 get_static(cursor)和 get_dydata(i,cursor)方法后，

MySQL 中 test 数据库的情况。

对象 zhitong @test (vs) - 表

开始事务 备注 筛选 排序 导入 导出

comname	address	requirement	salary	name	information
东莞市炫晶饰品	东莞-常平镇	中专,经验5年	4-6.5千/月	行政会计 (	8小时工作制
东莞市华汝制衣	东莞-常平镇	大专,经验1年	5.5-6.5千/	英文跟单员	五险一金
东莞市炫晶饰品	东莞-常平镇	高中,经验3年	4-6千/月	3D绘图员 (	免费培训
东莞市炫晶饰品	东莞-常平镇	经验3年	3-6千/月	QC包装组	8小时工作制
东莞市炫晶饰品	东莞-常平镇	中专,经验2年	3-6千/月	电商运营 /	8小时工作制
东莞市炫晶饰品	东莞-常平镇	高中,经验5年	3-6千/月	生产主管助	8小时工作制
东莞市炫晶饰品	东莞-常平镇	高中,经验3年	3-6千/月	生产跟单 /	8小时工作制
东莞市炫晶饰品	东莞-常平镇	大专,经验1年	3.5-5千/月	业务员	包吃
东莞市炫晶饰品	东莞-常平镇	高中,经验2年	3-5千/月	仓库文员 (	8小时工作制
东莞市炫晶饰品	东莞-常平镇	经验不限	2.5-5千/月	普工 （首	8小时工作制
东莞市炫晶饰品	东莞-常平镇	经验3年	2.5-5千/月	粘石熟手 (	8小时工作制
东莞市炫晶饰品	东莞-常平镇	高中,经验3年	2.5-5千/月	办公室文员	8小时工作制
东莞市炫晶饰品	东莞-常平镇	高中,经验2年	2.5-5千/月	开发文员 /	8小时工作制
东莞市炫晶饰品	东莞-常平镇	高中,经验3年	2.5-4.5千/	前台文员/	8小时工作制
东莞市炫晶饰品	东莞-常平镇	高中,经验1年	2.5-4.5千/	初级3D绘	免费培训

图 9-19　使用 get_static(cursor)方法获取的静态数据持久化

对象 zhitong @test (vs) - 表

开始事务 备注 筛选 排序 导入 导出

comname	address	requirement	salary	name	information
东莞市恒钜机械	东莞-东城区	经验不限	8-15千/月	CAD制图员	仪器仪表/电工设备/工业自动化
东莞市恒钜机械	东莞-东城区	大专,经验1年	7-12千/月	外贸经理	仪器仪表/电工设备/工业自动化
东莞市恒钜机械	东莞-东城区	大专,经验1年	5-10千/月	机械售后服	仪器仪表/电工设备/工业自动化
东莞市恒钜机械	东莞-东城区	大专,经验1年	5-10千/月	售后工程师	仪器仪表/电工设备/工业自动化
东莞市恒钜机械	东莞-东城区	大专,经验1年	8-10千/月	机械设计	仪器仪表/电工设备/工业自动化
东莞市恒钜机械	东莞-东城区	大专,经验1年	6-10千/月	外贸主管	仪器仪表/电工设备/工业自动化
东莞市恒钜机械	东莞-东城区	经验不限	5-8.5千/月	英语翻译 外	仪器仪表/电工设备/工业自动化
东莞市恒钜机械	东莞-东城区	大专,经验1年	5-8千/月	绘图设计	仪器仪表/电工设备/工业自动化
东莞市恒钜机械	东莞-东城区	大专,经验1年	6-8千/月	外贸业务	仪器仪表/电工设备/工业自动化
东莞市恒钜机械	东莞-东城区	大专,经验1年	6-8千/月	外贸业务员	仪器仪表/电工设备/工业自动化
东莞市恒钜机械	东莞-东城区	大专,经验1年	4-8千/月	市场营销专	仪器仪表/电工设备/工业自动化
东莞市恒钜机械	东莞-东城区	经验不限	5-8千/月	外贸精英	仪器仪表/电工设备/工业自动化
东莞市恒钜机械	东莞-东城区	经验不限	5-8千/月	外贸销售代	仪器仪表/电工设备/工业自动化
东莞市恒钜机械	东莞-东城区	经验不限	5-8千/月	外贸销售员	仪器仪表/电工设备/工业自动化
东莞市恒钜机械	东莞-东城区	经验不限	5-8千/月	外贸经理	仪器仪表/电工设备/工业自动化
东莞市恒钜机械	东莞-东城区	高中,经验1年	4-8千/月	销售主管	仪器仪表/电工设备/工业自动化
东莞市恒钜机械	东莞-东城区	高中,经验不限	3.5-7千/月	销售代表	仪器仪表/电工设备/工业自动化
东莞市恒钜机械	东莞-东城区	经验不限	3.5-6.5千/	国际业务 外	仪器仪表/电工设备/工业自动化
东莞市恒钜机械	东莞-东城区	大专,经验1年	3-6千/月	投标 投标	仪器仪表/电工设备/工业自动化
东莞市恒钜机械	东莞-东城区	大专,经验1年	3-6千/月	投标 投票	仪器仪表/电工设备/工业自动化
东莞市恒钜机械	东莞-东城区	经验不限	4-6千/月	外贸	仪器仪表/电工设备/工业自动化
东莞市恒钜机械	东莞-东城区	经验不限	3-6千/月	销售专员	仪器仪表/电工设备/工业自动化
东莞市恒钜机械	东莞-东城区	经验不限	3-6千/月	外贸专员	仪器仪表/电工设备/工业自动化
东莞市恒钜机械	东莞-东城区	大专,经验1年	3-5千/月	业务助理	仪器仪表/电工设备/工业自动化
东莞市永青绣章	东莞-茶山镇	经验1年	4.5-8千/月	激光机操作	生产/制造/加工
东莞信易电热机	东莞-大朗镇	大专,经验2年	5-8千/月	机械设计工	钢铁/机械/设备/重工

图 9-20　使用 get_dydata(i,cursor)方法获取的动态数据持久化

9.7 小结

本综合案例是对前面所学知识的综合运用，包括使用 Chrome 浏览器的开发者工具综合分析智通人才网的网页结构和内容，找到该网站的登录入口以及静态和动态数据；使用 Selenium 和 ChromeDriver 实现网站的可视化模拟登录；使用 requests 库和 lxml 库编写和解析自定义的爬虫代码，获取字段为公司名称（comname）、地址（address）、招聘要求（requirement）、工资（salary）、招聘岗位（name）、招聘信息（information）的静态和动态数据；最后，使用 PyMySQL 库在 MySQL 中创建指定的数据库 test 和数据表 zhitong，实现数据的持久化存储。

“十二五”职业教育国家规划教材

<table>
<tr>
<td>

书号：978-7-111-60932-2
作者：刘瑞新</td>
<td>

书号：978-7-111-46585-0
作者：刘瑞新</td>
<td>计算机专业英语 第4版
书号：978-7-111-48541-4
作者：王小刚</td>
<td>

书号：978-7-111-48213-0
作者：鲁家皓</td>
</tr>
<tr>
<td>

书号：978-7-111-58334-9
作者：刘瑞新</td>
<td>

书号：978-7-111-49177-4
作者：李红</td>
<td>ASP.NET软件开发实用教程 第2版
书号：978-7-111-48861-3
作者：华驰</td>
<td>

书号：978-7-111-50837-3
作者：黄能耿</td>
</tr>
<tr>
<td>

书号：978-7-111-56919-0
作者：吴建平</td>
<td>

书号：978-7-111-47042-7
作者：尹敬齐</td>
<td>

书号：978-7-111-49490-4
作者：邹利华</td>
<td>

书号：978-7-111-43577-8
作者：邹利华</td>
</tr>
<tr>
<td>

书号：978-7-111-48799-9
作者：朱宪花</td>
<td>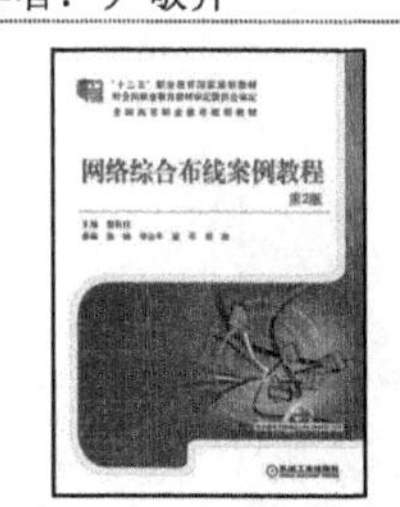

书号：978-7-111-50360-6
作者：裴有柱</td>
<td>

书号：978-7-111-49505-5
作者：王国鑫</td>
<td>

书号：978-7-111-51184-8
作者：杨英梅</td>
</tr>
</table>

大数据系列教材推荐

书号：978-7-111-64903-8
作者：黄源

书号：978-7-111-63198-9
作者：董付国

书号：978-7-111-64915-1
作者：王正霞

书号：978-7-111-60950-6
作者：赵增敏

书号：978-7-111-65126-0
作者：李俊翰

书号：待定
作者：黄源